用于国家职业技能鉴定

国家职业资格培训教程

YONGYU GUOJIA ZHIYE JINENG JIANDING

GUOJIA ZHIYE ZIGE PEIXUN JIAOCHENG

车工

（初级）

第2版

编审委员会

主　任　刘　康
副主任　张亚男
委　员　韩英树　张　琦　肖有才　顾　闯　韩　宁
　　　　陈　虹　李丹娜　赵东旭　林　征　陈　蕾
　　　　张　伟

编写人员

主　编　韩　宁　韩英树
编　者　张　琦　肖有才　顾　闯　葛叶红　穆家峰

中国劳动社会保障出版社

图书在版编目(CIP)数据

车工：初级/中国就业培训技术指导中心组织编写. —2版. —北京：中国劳动社会保障出版社，2013

国家职业资格培训教程

ISBN 978-7-5167-0236-9

Ⅰ. ①车… Ⅱ. ①中… Ⅲ. ①车削-技术培训-教材 Ⅳ. ①TG51

中国版本图书馆 CIP 数据核字（2013）第 084144 号

中国劳动社会保障出版社出版发行

（北京市惠新东街1号 邮政编码：100029）

出 版 人：张梦欣

＊

北京市白帆印务有限公司印刷装订 新华书店经销
787毫米×1092毫米 16开本 20.25印张 352千字
2013年5月第2版 2022年3月第5次印刷
定价：39.00元

读者服务部电话：(010)64929211/84209101/64921644
营销中心电话：(010)64962347
出版社网址：http://www.class.com.cn

版权专有 侵权必究

如有印装差错，请与本社联系调换：(010)81211666
我社将与版权执法机关配合，大力打击盗印、销售和使用盗版图书活动，敬请广大读者协助举报，经查实将给予举报者奖励。
举报电话：(010)64954652

前　言

为推动车工职业培训和职业技能鉴定工作的开展，在车工从业人员中推行国家职业资格证书制度，中国就业培训技术指导中心在完成《国家职业技能标准·车工》（2009年修订）（以下简称《标准》）制定工作的基础上，组织参加《标准》编写和审定的专家及其他有关专家，编写了车工国家职业资格培训系列教程（第2版）。

车工国家职业资格培训系列教程（第2版）紧贴《标准》要求，内容上体现"以职业活动为导向、以职业能力为核心"的指导思想，突出职业资格培训特色；结构上针对车工职业活动领域，按照职业功能模块分级别编写。

车工国家职业资格培训系列教程（第2版）共包括《车工（基础知识）》《车工（初级）》《车工（中级）》《车工（高级）》《车工（技师　高级技师）》5本。《车工（基础知识）》内容涵盖《标准》的"基本要求"，是各级别车工均需掌握的基础知识；其他各级别教程的章对应于《标准》的"职业功能"，节对应于《标准》的"工作内容"，节中阐述的内容对应于《标准》的"技能要求"和"相关知识"。

本书是车工国家职业资格培训系列教程中的一本，适用于对初级车工的职业资格培训，是国家职业技能鉴定推荐辅导用书，也是初级车工职业技能鉴定国家题库命题的直接依据。

本书在编写过程中得到辽宁省人力资源和社会保障厅职业技能鉴定中心、沈阳职业技师学院等单位的大力支持与协助，在此一并表示衷心的感谢。

中国就业培训技术指导中心

目录

CONTENTS 国家职业资格培训教程

第1章 车床加工操作基础 ……………………………………（1）
- 第1节 普通卧式车床的使用、维护与保养 ………………（1）
- 第2节 车床切削用量基本知识 ……………………………（37）
- 第3节 车床润滑保养 ………………………………………（45）
- 第4节 常用量具的识读、使用及保养 ……………………（51）
- 第5节 车刀的刃磨与装夹 …………………………………（80）

第2章 短光轴、3~4个台阶的轴类零件加工 ………………（109）
- 第1节 零件装夹的工艺性 …………………………………（109）
- 第2节 短光轴、3~4个台阶的轴类工件车削 ……………（119）
- 第3节 工件切槽和切断技术 ………………………………（123）
- 第4节 滚花加工及抛光加工 ………………………………（129）

第3章 套类零件加工 ……………………………………………（137）
- 第1节 车直孔 ………………………………………………（137）
- 第2节 车台阶孔、平底盲孔及内沟槽 ……………………（158）

第4章 圆锥面加工 ………………………………………………（168）
- 第1节 标准锥度与锥角加工 ………………………………（168）
- 第2节 零件结构性设计的任意圆锥角加工 ………………（202）

第5章 成形曲面加工 ……………………………………………… (215)
第1节 双手控制法车削成形曲面 ………………………………… (215)
第2节 成形圆弧刀对光滑曲面的加工 …………………………… (230)
第3节 靠模法对光滑曲面的加工 ………………………………… (235)

第6章 螺纹加工 …………………………………………………… (241)
第1节 米制普通螺纹（M）加工 ………………………………… (241)
第2节 英制螺纹加工 ……………………………………………… (279)

第7章 车床设备维护与调整 ……………………………………… (284)
第1节 卡盘清洗与修复 …………………………………………… (284)
第2节 滑动部位清洗、调整 ……………………………………… (292)

附录 …………………………………………………………………… (304)
附录表1　标准公差数值 …………………………………………… (304)
附录表2　轴的基本偏差数值 ……………………………………… (305)
附录表3　线性尺寸的极限偏差数值 ……………………………… (307)
附录表4　倒圆半径与倒角高度尺寸的极限偏差数值 …………… (308)
附录表5　一般用圆锥的锥度和锥角 ……………………………… (309)
附录表6　特殊用途圆锥的锥度和锥角 …………………………… (310)
附录表7　工具柄自锁外圆锥尺寸及公差 ………………………… (311)
附录表8　工具柄自锁内圆锥尺寸及公差 ………………………… (314)
附录表9　普通螺纹钻底孔用钻头直径尺寸 ……………………… (315)
附录表10　粗牙普通螺纹套丝时工件圆杆直径的确定 ………… (317)
附录表11　英寸制螺纹钻底孔用钻头直径尺寸 ………………… (318)

第1章 车床加工操作基础

第1节 普通卧式车床的使用、维护与保养

学习单元1 CA6140 车床部件名称和作用

 学习目标

- 掌握卧式、立式车床型号及作用
- 掌握卧式、立式车床主要部件名称和结构

 **知识要求**

车床有很多种，划分成10大组近80个系，有不同的加工功能。作为一般加工又比较普遍的车床有第5组的单柱和双柱立式车床和第6组的卧式车床，而且以第6组的卧式车床C6140为最常见，C6140属于中型车床，加工时具有普遍性的基础工艺内容。这里选择CA6140典型车床作为主要内容加以详细介绍，便于了解和掌握车床加工知识。

一、车床概述

车床是主要用车刀对旋转的工件进行车削加工的机床。在车床上还可用钻头、

扩孔钻、铰刀、丝锥、板牙和滚花刀等工具进行相应的加工。

二、机床的分类及分类代号相关知识

1. 机床的分类及分类代号

机床的分类及分类代号，见表1—1。

表1—1　　　　机床的分类及分类代号　　（GB/T 15375—2008）

类别	车床	钻床	镗床	磨床			齿轮加工机床	螺纹加工机床	铣床	刨插床	拉床	锯床	其他机床
代号	C	Z	T	M	2M	3M	Y	S	X	B	L	G	Q
读音	车	钻	镗	磨	二磨	三磨	牙	丝	铣	刨	拉	割	其

【例1—1】　"C"，用"车床"汉语拼音"chechuang"的头一个大写字母缩写表示为车床类。

2. 认知机床的通用特性代号

机床的特性代号用于表示机床所具有的特殊性能，包括通用特性和结构特性。机床的通用特性代号，见表1—2。

表1—2　　　　机床的通用特性代号　　（GB/T 15375—2008）

通用特性	高精度	精密	自动	半自动	数控	加工中心（自动换刀）	仿形	轻型	加重型	柔性加工单元	数显	高速
代号	G	M	Z	B	K	H	F	Q	C	R	X	S
读音	高	密	自	半	控	换	仿	轻	重	柔	显	速

3. 车床分类

车床类组、系划分，见表1—3。

三、常用车床介绍

1. 单、双柱立式车床

单、双柱立式车床如图1—1所示。主要适用于尺寸粗而短的工件加工。

表1—3　　车床类组、系划分表（GB/T 15375—2008）

组		系		组		系	
代号	名称	代号	名称	代号	名称	代号	名称
0	仪表小型车床	0	仪表台式精整车床	3	回轮、转塔车床	0	回轮车床
		1				1	滑鞍转塔车床
		2	小型排刀车床			2	棒料滑枕转塔车床
		3	仪表转塔车床			3	滑枕转塔车床
		4	仪表卡盘车床			4	组合式转塔车床
		5	仪表精整车床			5	横移转塔车床
		6	仪表卧式车床			6	立式双轴转塔车床
		7	仪表棒料车床			7	立式转塔车床
		8	仪表轴车床			8	立式卡盘车床
		9	仪表卡盘精整车床			9	
1	单轴自动车床	0	主轴箱固定型自动车床	4	曲轴及凸轮轴车床	0	旋风切削曲轴车床
		1	单轴纵切自动车床			1	曲轴车床
		2	单轴横切自动车床			2	曲轴主轴颈车床
		3	单轴转塔自动车床			3	曲轴连杆轴颈车床
		4	单轴卡盘自动车床			4	
		5				5	多刀凸轮轴车床
		6	正面操作自动车床			6	凸轮轴车床
		7				7	凸轮轴中轴颈车床
		8				8	凸轮轴端轴颈车床
		9				9	凸轮轴凸轮车床
2	多轴自动、半自动车床	0	多轴平行作业棒料自动车床	5	立式车床	0	
		1	多轴棒料自动车床			1	单柱立式车床
		2	多轴卡盘自动车床			2	双柱立式车床
		3				3	单柱移动立式车床
		4	多轴可调棒料自动车床			4	双柱移动立式车床
		5	多轴可调卡盘自动车床			5	工作台移动单柱立式车床
		6	立式多轴半自动车床			6	
		7	立式多轴平行作业半自动车床			7	定梁单柱立式车床
		8				8	定梁双柱立式车床
		9				9	

续表

组		系		组		系	
代号	名称	代号	名称	代号	名称	代号	名称
6	落地及卧式车床	0	落地车床	8	轮、轴、辊、锭及铲齿车床	0	车轮车床
		1	卧式车床			1	车轴车床
		2	马鞍车床			2	动轮曲拐销车床
		3	轴车床			3	轴颈车床
		4	卡盘车床			4	轧辊车床
		5	球面车床			5	钢锭车床
		6	主轴箱移动型卡盘车床			6	
		7				7	立式车轮车床
		8				8	
		9				9	铲齿车床
7	仿形及多刀车床	0	转塔仿形车床	9	其他车床	0	落地镗车床
		1	仿形车床			1	
		2	卡盘仿形车床			2	单能半自动车床
		3	立式仿形车床			3	气缸套镗车床
		4	转塔卡盘多刀车床			4	
		5	多刀车床			5	活塞车床
		6	卡盘多刀车床			6	轴承车床
		7	立式多刀车床			7	活塞环车床
		8	异型多刀车床			8	钢锭模车床
		9				9	

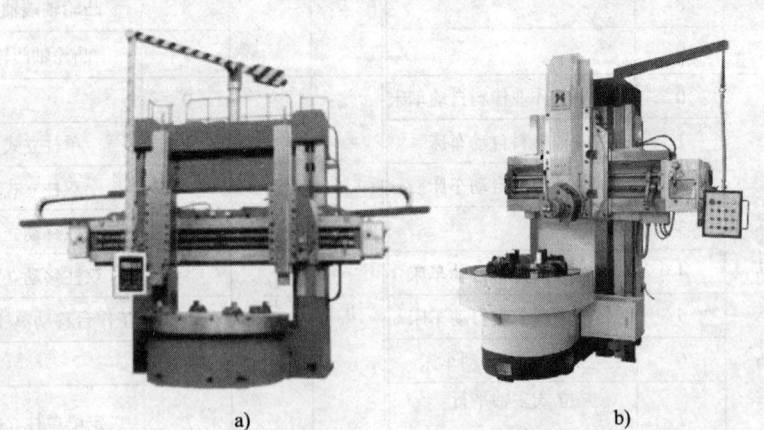

图1—1 立式车床
a) 双柱 b) 单柱

2. 六角车床

六角车床如图 1—2 所示，主要适用于工件批量较大的孔加工。

3. 落地车床

落地车床（俗称"大头车床"），主要适用于直径非常大的盘体类工件加工，如图 1—3 所示。

图 1—2　六角车床

图 1—3　落地车床

4. 液压多刀半自动车床

液压多刀半自动车床如图 1—4 所示。主要适用于批量生产定型产品的几个加工面的加工。

5. 高速立式数控车床

高速立式数控车床如图 1—5 所示。主要适用于对机械制造行业中的大规格、精密、复杂或异形类的工件（如齿坯、法兰、盘套、短轴及泵体、阀体类）的精密、高效、省力车削加工。

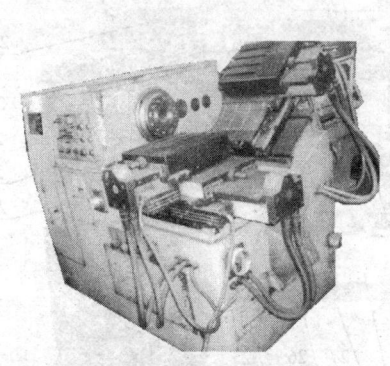

图 1—4　多刀半自动车床

图 1—5　高速立式数控车床

6. 卧式数控车床

卧式数控车床如图 1—6 所示，主要适用于对机械制造行业中的轴类、套类螺纹、曲面工件进行精密、高效车削加工，或者快速切出余量的省力的粗、半精车加工。

图1—6 卧式数控车床

四、CA6140车床操纵系统

CA6140车床属于车床生产设备中最常用的一种，基本属于中型卧车。在生产中承担着大量中小零件的加工任务。此车床所涉及的技术是比较全面的。认识和熟练操作此车床，能够比较容易操作此车床上下范围的其他车床。同时，在日常生产中CA6140车床在车床中所占的比例较大。

认知CA6140手动刹车机床操纵系统，如图1—7所示。

CA6140手动刹车机床部件及操纵手柄名称，见表1—4。

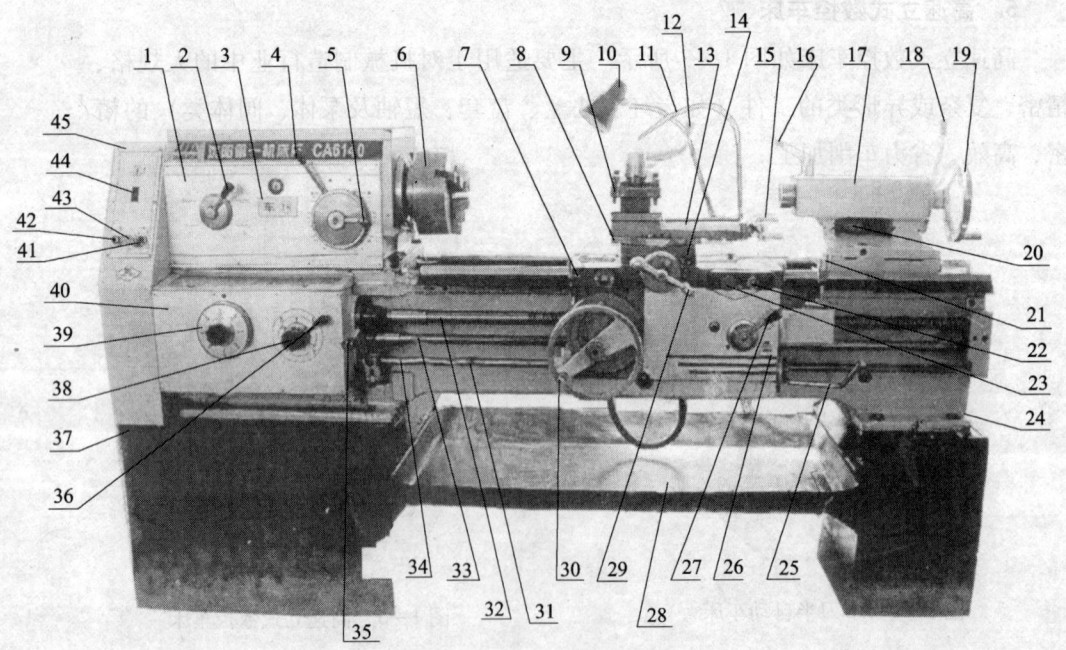

图1—7 CA6140手动刹车机床操纵图

表1—4　　CA6140手动刹车机床部件及操纵手柄名称

图上编号	名称及用途	图上编号	名称及用途
1	主轴变速箱（主运动）	23	急停按钮
2	加大螺距及左右螺纹变换手柄	24	冷却润滑泵
3	切削速度表	25（35）	主轴正、反转操纵手柄
4	四色快慢挡变速手柄	26	溜板变速箱（吃刀运动）
5	六个变速组变速手柄	27	开合螺母操纵手柄
6	卡盘	28	盛液盘
7	床鞍（纵向吃刀）	29	中滑板横向移动手柄
8	小滑板斜向移动度盘	30	床鞍纵向移动手轮
9	方刀架	31	限位碰停环
10	照明灯	32	丝杠（切削螺纹）
11	冷却喷嘴	33	光杠（光滑切削）
12	方刀架转位及固定手柄	34	变向杠（改变主轴旋转方向）
13	小滑板	36	螺纹种类及丝杠、光杠变速手柄
14	中滑板（横向吃刀）	37	油箱、主电动机
15	小滑板移动手柄	38	螺距及四挡进给量调整圆手柄
16	尾座顶尖套筒固定手柄	39	每挡进给量微调手柄
17	尾座	40	进给变速箱（进给运动）
18	尾座快速紧固手柄	41	冷却泵总开关
19	尾座顶尖套筒移动手柄	42	电器开关锁
20	尾座缩紧螺母	43	照明灯开关
21	刀架纵横自动进给及快移手柄	44	电源总开关
22	主电动机启动按钮	45	挂轮箱（普通螺纹及光滑车削与模数变换）

 技能要求1

CA6140机床车床传动系统认知

一、操作准备

序号	名称	准备事项
1	设备	CA6140车床
2	劳动保护用品	三紧（袖口紧、下摆紧、裤脚紧）工作服

二、操作步骤

步骤1 认知 CA6140 车床主运动传动系统

如图1—8所示车床传动系统框图，车床的动力由电动机传至主轴箱皮带轮，带动Ⅰ轴（见图1—9）旋转运动，逐渐传至主轴，经变速使主轴带动卡盘旋转。

电动机 → 皮带轮 → 主轴箱 → 主轴 → 卡盘 → 工件作旋转运动

图1—8 车床传动系统框图

步骤2 认知 CA6140 车床进给运动传动链

CA6140 车床进给运动传动链系统如图1—9所示，当车床的动力由电动机皮带传至主轴箱，一条路线经变速传至主轴，带动卡盘旋转，另一路线由主轴旋转开始传至挂轮箱，传至进给箱，变动手柄双向选择传至丝杠或光杠，进入溜板箱，带动溜板、滑板移动，动力最后归入刀架带动刀具纵横车削。以上所述的核心为进给运动的动力由主轴返出、受主轴转速的影响，主轴每转一转，刀具的移动量（mm/r）定义为进给量。

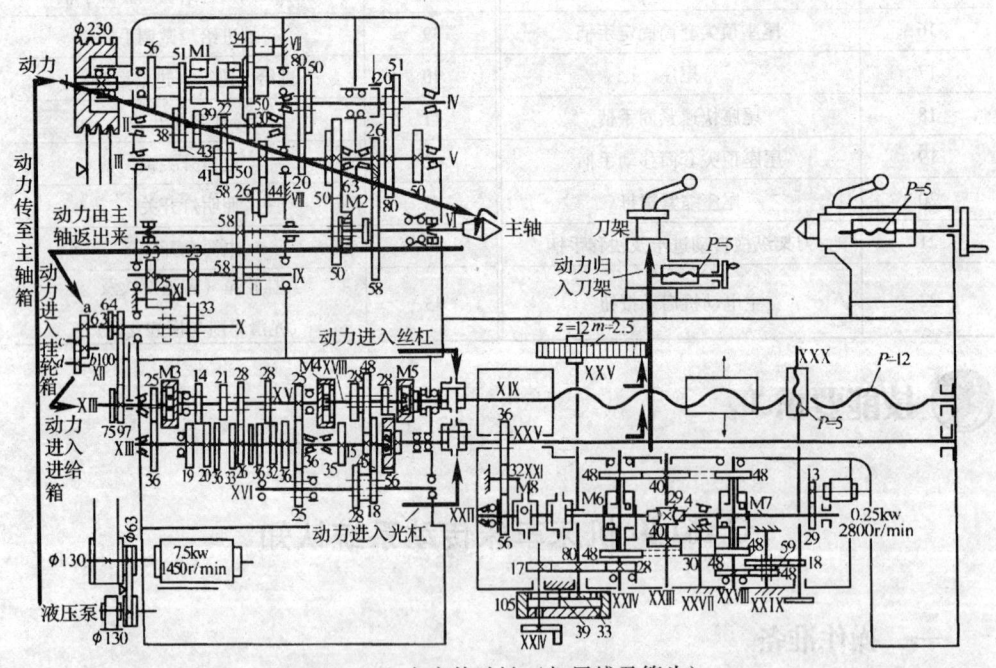

图1—9 车床传动链（加黑线及箭头）

实际生产时，先由卡盘等夹持工件，选择主轴转速进行变速等待开机（主轴箱不准开车变速，可用手动卡盘挂挡），再选择进给量，进行进给量变速（主轴转速低时可开车进行进给量变速)。接通电源后,动力传至丝杠或光杠后进行选择:如车螺纹,选择丝杠,反之则选择光杠带动床鞍与滑板运动,进行光切削;如工件长或重时,可选择尾座顶尖支撑,或用尾座装上工具进行钻、扩、铰孔加工;如车削锥度工件时,可旋转小滑板下的度盘,摇动小滑板车出锥体。

 技能要求 2

CA6140 机床车床主要部件认知

一、操作准备

序号	名称	准备事项
1	设备	CA6140 车床

二、操作步骤

序号	操作步骤	操作简图
步骤1	认知主轴箱 1) 主轴箱功能是进行主轴旋转运动,可变换主轴转速,主轴旋转运动的同时,将运动最后传给方刀架,带动车刀进行不同速度的切削运动 2) 主轴箱内主轴为中空轴,中间为贯通孔,可送进长料进行加工。主轴前端锥度为公制1:20,可锁紧锥尾工具,作为定位基准	
步骤2	认知挂轮箱 1) 车削时,米制、模数挂轮变换,螺距和进给量与蜗杆数据要进行变换,需将挂轮架上下两对双联齿轮翻转重新连接。挂轮箱主动轮接收来自主轴箱的运动,通过介轮传给从动轮,进入进给箱 2) 挂轮架的齿轮间隙调整。挂轮架的齿轮间隙问题指齿轮咬合过紧或过松,过紧产生尖叫声,过松齿轮受力会脱开,长时间转动也会损坏齿轮	1—主动轮 2—介轮 3—从动轮 4—挂轮架

续表

序号	操作步骤	操作简图
步骤3	认知进给箱 进给箱接收来自挂轮箱的运动，功能是完成车刀进给运动快慢的变换，完成螺纹螺距、蜗杆模数、纵横进给量数据的变换	
步骤4	认知溜板箱及丝杠、光杠、操纵变向杠 1）溜板箱接收来自进给箱的运动，上传给刀具，使车刀进行纵横的吃刀运动 2）丝杠进行车削螺纹、车削蜗杆、车削大导程油槽等的传动 3）光杠进行光滑圆柱表面的车削传动 4）操纵变向杠功能是在主轴箱内，将电动机传给主轴的运动进行离合，即开车与停车	
步骤5	认知电气箱 1）电气箱主要用于车床的电动力供给 2）电气箱设有过载保护和接地保护装置	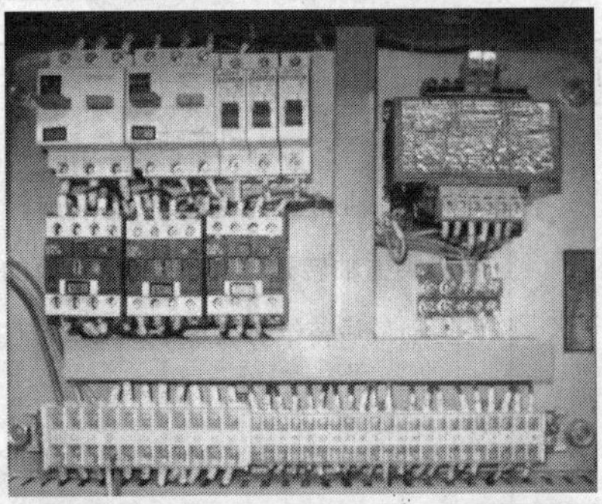
	主要发动机 发动机装在机床主轴箱底部，作用是将动力传给主轴箱	
步骤6	认知尾座 1）尾座的功能是套筒内锥孔可装莫氏圆锥体刃具，对工件进行钻、扩、铰加工	

续表

序号	操作步骤	操作简图
步骤6	2）尾座的功能是套筒内锥孔可装莫氏圆锥体工具，对工件进行定位支撑和质量支撑，并对工件进行装夹或靠模加工 3）调整尾座位置时，将手柄1、3松开，使尾座底部的压板与床身导轨脱开，用手推动尾座，尾座可沿导轨移动。扳紧尾座快速紧固手柄3可使尾座锁紧在床身导轨上。固定螺母5可调整尾座底部压板与床身导轨之间的相对位置	1—锁紧套筒手柄　2—尾座　3—快速锁紧尾座手柄 4—摇动套筒手轮　5—固定尾座螺栓 6—调整尾座偏移螺钉　7—套筒
步骤7	认知床鞍、中滑板、小滑板、方刀架、照明灯、冷却管 1）床鞍为位于导轨上的鞍形溜板，下面用来连接溜板箱体，上面用来连接中滑板、度盘、小滑板、方刀架。从刀架工艺系统刚度方面划分，床鞍以上视为总体刀架部分，床鞍视为大刀架，中滑板视为中刀架，小滑板视为小刀架 2）方刀架是用来装夹车刀对工件进行车削。通过转位可获得四个刀位 3）冷却管为工件加工时，喷射润滑冷却液，由冷却泵带动。冷却油箱在尾座的下部	1—机床照明灯　2—冷却管　3—方刀架 4—小滑板　5—度盘　6—中滑板 7—床鞍　8—刻度照明灯
步骤8	认知油箱 油箱在机床进给箱的下部，对叶片泵等泵体进行注油，对机床的主轴箱、进给箱进行润滑，此处应了解液压泵及液压系统管路、油箱等	液压润滑叶片泵　HL46液压油注油口　油箱

续表

序号	操作步骤	操作简图
步骤9	认知刀架纵横自动进给及快移手柄 1）扳动刀架自动进给手柄可进行纵、横向的正、反自动进给 2）刀架快速移动时，按图中手柄顶部快移按钮。松开按钮，快移停止	 顶部快移按钮 自动进给纵横方向手柄
步骤10	认知三、四爪卡盘 1）三爪自定心卡盘，如图 a 所示，完成一般圆棒料的装夹 2）四爪单动卡盘，如图 b 所示，完成质量较重或异形件的装夹	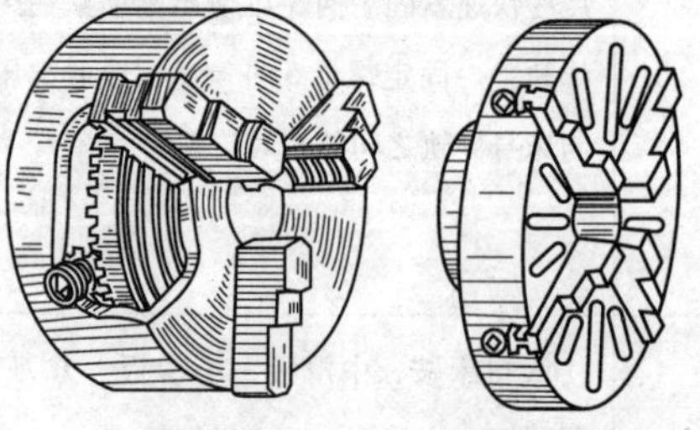 a）三爪自定心卡盘　　b）四爪单动卡盘
步骤11	认知 CA6140 车床限位碰停环的作用 限位碰停环 31 套在变向杠上，可以调节到任意位置并用螺钉固定。作用为保证在溜板箱机动进给到一定的限定位置时（如越过该位置就可能碰在中心架上或卡盘上等）能自动停止前进	 31

学习单元 2　车床操纵

学习目标

➤ 掌握 CA6140 车床各主要箱体的功能
➤ 掌握启动车床，模拟进行纵横进给运动

 **知识要求**

CA6140普通车床的操纵需要掌握主轴箱、挂轮箱、进给箱、溜板箱、尾座等主要组成部件的操作技能，有了这个基础，才能对各种车床有一个广泛的认识，才能灵活、准确、安全地操作，高质量地加工零件。

一、主轴箱

主轴箱用来使主轴旋转，前面的手柄用来对主轴24级转速进行变换，向挂轮箱、进给箱、溜板箱传递动力，控制进给的增大螺距和正反螺距方向。

二、挂轮箱

挂轮箱用来接收主轴箱传递的动力，经过齿轮的变换，将普通的螺纹形式或蜗杆形式传递给进给箱。

三、进给箱

进给箱接收动力后，前面的手柄对车刀的进给螺距进行变换，实现进给量的变换，进而实现光滑车削和螺距车削。

四、溜板箱

溜板箱通过丝杠接收螺距定量进给后，实现纵横的螺距车削；通过光杠接收螺距定量进给后，实现纵横的光滑车削。溜板箱前面的手柄及其上的中滑板、小滑板手柄用来进行手动操作，有刻度盘显示数值。

五、尾座

尾座通过推动进行移动，尾座套筒内装上刃具等工具，摇动手轮对工件进行加工。

 **技能要求1**

主轴箱手柄变换

熟练掌握主轴箱手柄操作，才能将车床有效地启动。

一、操作准备

序号	名称	准备事项
1	设备	CA6140 车床
2	劳动保护用品	三紧工作服

二、操作步骤

序号	操作步骤	操作简图
步骤1	选取次高转速 160 r/min 手柄的位置 主轴转速的调整是由变速手柄来实现的。变速手柄，如图 a 所示。手柄 4 除两个空挡（白色）外，有 4 个大挡位，即红（转速最高）、黑（转速次高）、黄（转速次低）、蓝（转速最低）；手柄 5 有 6 个变速组，其中每个变速组有 4 级转速值，这 4 级转速值分别对应着红、黑、黄、蓝四个大挡位，选择其中之一的转速值由手柄 4 来控制 1）图中手柄 4 的挡位为扳至黑框 2）手柄 5 转至对应的"25、100、400、1120"变速组，此时机床转速为：与手柄 4 的挡位"黑框"相对应的是次高转速 400 r/min，如图 b 所示	a) CA6140手柄示意说明图 b) CA6140手柄实物示意图
步骤2	主轴左右螺距、扩大螺距手柄变换转至当前位置为右旋螺纹标准螺距	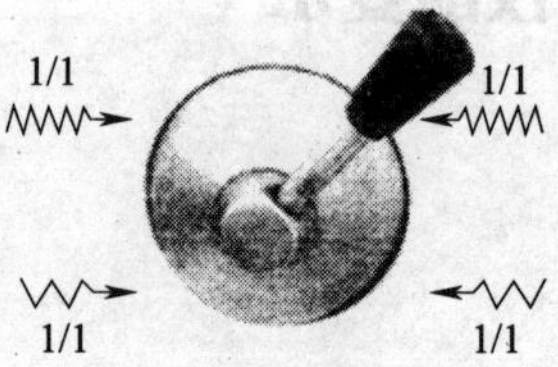

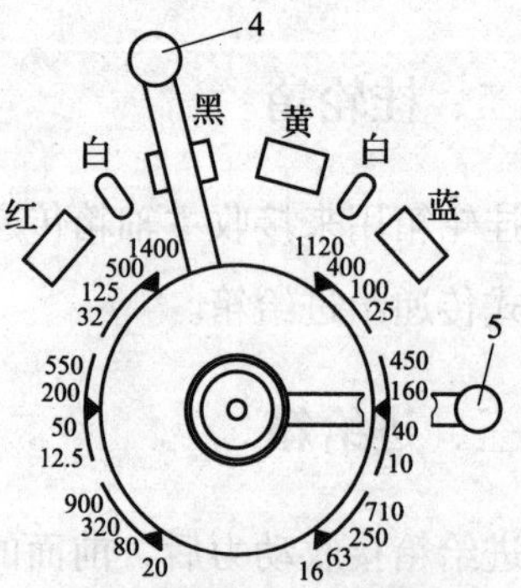

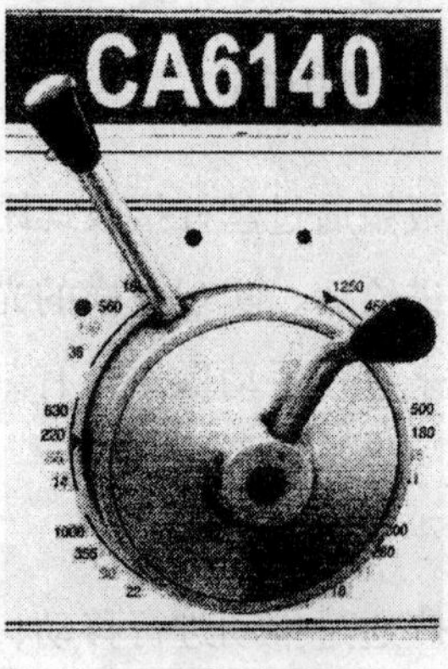

续表

序号	操作步骤	操作简图
步骤2	转至当前位置为右旋螺纹增大螺距	
	转至当前位置为左旋螺纹标准螺距	
	转至当前位置为左旋螺纹增大螺距	

 技能要求2

挂轮箱交换齿轮变换

熟练掌握挂轮箱交换齿轮操作，才能保证各种螺距的正常啮合。

一、操作准备

序号	名称	准备事项
1	设备	CA6140 车床
2	劳动保护用品	三紧工作服

二、操作步骤

序号	操作步骤	操作简图
步骤1	挂轮式为普通螺纹及光滑车削挂轮 $\frac{63}{100} \times \frac{100}{75}$ 时，可采取靠外侧齿啮合 如图所示，主轴动力输出为 a 轮，由 c 轮输入进给箱。b 轮为中间轮（介轮，齿数 $z=100$），a 轮与 c 轮为挂轮架上的 2 套双联轮，齿数分别为 63 与 64 及 75 与 97，图中为普通螺纹及光滑车削挂轮 $\frac{63}{100} \times \frac{100}{75}$，挂轮 $\frac{63}{75}$ 在外侧	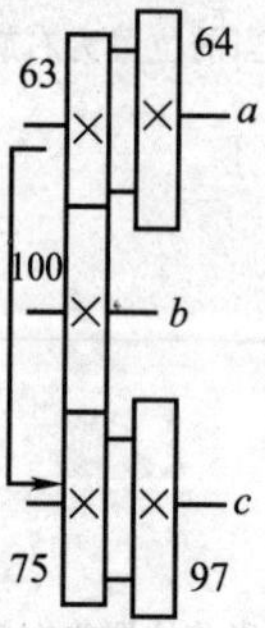 （图：63、64—a；100—b；75、97—c）
步骤2	挂轮式为普通螺纹及光滑车削挂轮 $\frac{63}{100} \times \frac{100}{75}$ 时，可采取靠内侧齿啮合 也可以调整交换齿轮架，图中为普通螺纹及光滑车削挂轮 $\frac{63}{100} \times \frac{100}{75}$，挂轮 $\frac{63}{75}$ 在内侧	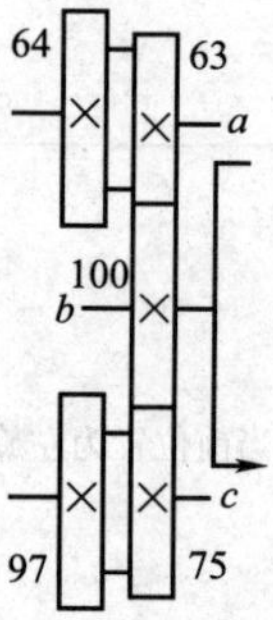 （图：64、63—a；100—b；97、75—c）
步骤3	挂轮式为蜗杆车削挂轮 $\frac{64}{100} \times \frac{100}{97}$ 时，可采取靠内侧齿啮合 图为模数车削挂轮 $\frac{64}{100} \times \frac{100}{97}$，模数挂轮 $\frac{64}{97}$ 在内侧，双联轮 63 与 64 及 75 与 97 倒换位置，可通过交换齿轮架的调整进行，是将 2 个双联轮翻转位置 1）交换齿轮架调整齿轮时，松开交换齿轮架锁紧螺母 2）松开主动轮螺母 3）松开被动轮螺母 4）重新组合后，再锁紧各个螺母	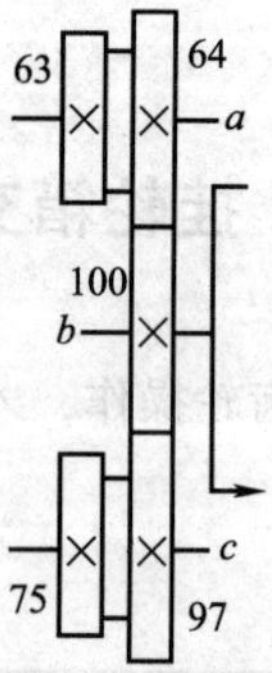  （图：63、64—a；100—b；75、97—c）

续表

序号	操作步骤	操作简图
步骤4	挂轮式为蜗杆车削挂轮 $\frac{64}{100} \times \frac{100}{97}$ 时，可采取靠外侧齿啮合	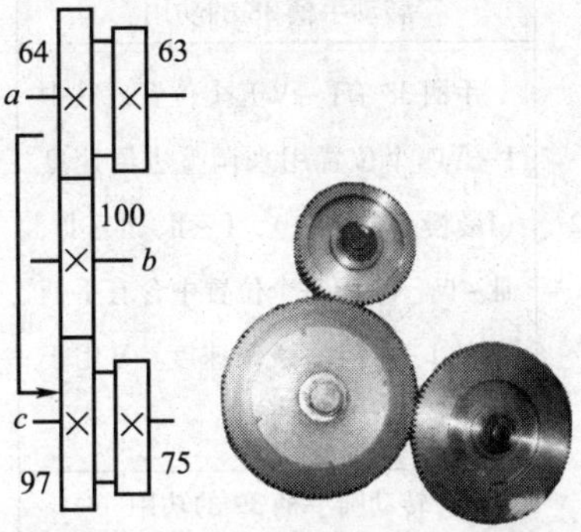
	可以调整交换齿轮架，按照图中的装法，模数车削挂轮 $\frac{64}{100} \times \frac{100}{97}$，模数挂轮 $\frac{64}{97}$ 在外侧	

技能要求 3

进给箱手柄变换

熟练掌握进给箱手柄变换操作，才能保证各种进给螺距的正确。

一、操作准备

序号	名称	准备事项
1	设备	CA6140 车床
2	劳动保护用品	三紧工作服

二、操作步骤

序号	操作步骤	操作简图
步骤1	**转动手柄 36 的功用** 手柄 36 为米制、英制和丝杠、光杠变换手柄，有 A、B、C、D 四个位置。A 为光杠旋转，B 为公制丝杠旋转，D 为英制丝杠旋转，C 为光杠扩大螺距旋转	

续表

序号	操作步骤	操作简图
步骤2	转动手柄38的功用	
	手柄38有Ⅰ~Ⅴ五个位置，其中Ⅰ~Ⅳ四个位置用来调整进给速度（Ⅰ最慢、Ⅳ最快），Ⅰ~Ⅱ、Ⅱ~Ⅲ、Ⅲ~Ⅳ、Ⅳ~Ⅰ每个位置中含有手柄39的1~8挡的微调速度。Ⅴ用于直连丝杠传动路线	CA6140 进给箱手柄示意说明图
步骤3	转动圆手柄39的功用	
	圆手柄39有8个位置，操作时，将其向外拉出，转到需要的位置后将其推入，即可改变进给量或螺距的大小（1~8挡中，8挡进给速度最快，1挡进给速度最慢）	
步骤4	在车床铭牌表中查进给量及螺距	
	进给量及螺距的选择是由进给箱上的手柄36、38及39相互配合来实现的。各手柄的位置是根据进给量的大小或螺距的大小、在进给箱盖上的铭牌中查到的，铭牌实物如图所示	CA6140 车床螺纹和进给量调配表示意图

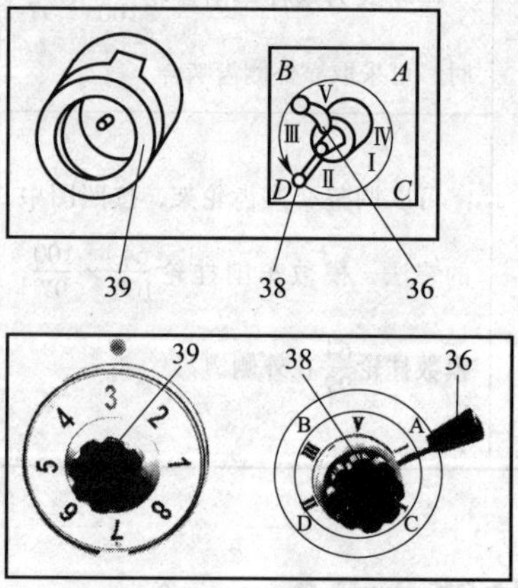

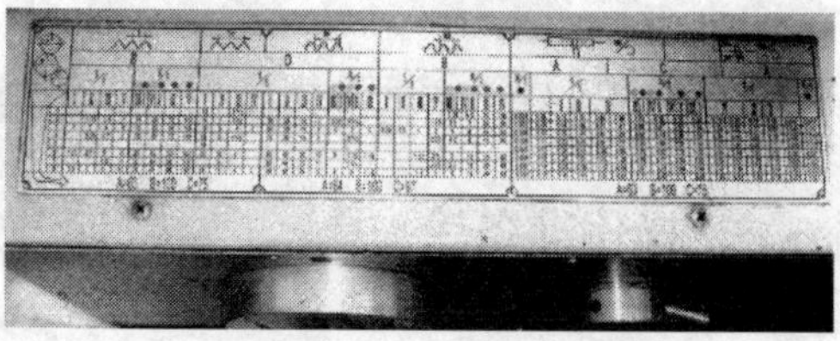

技能要求4

溜板箱手柄变换

熟练掌握溜板箱手柄操作，才能保证各种螺距和光滑表面精度的正确值。

一、操作准备

序号	名称	准备事项
1	设备	CA6140 车床
2	劳动保护用品	三紧工作服

二、操作步骤

序号	操作步骤	操作简图
步骤1	转动大手轮（溜板箱手柄功能变换如图所示） 大手轮30是床鞍纵向移动手柄，是用来摇动床鞍7做轴向移动，床鞍7下部把合（指将两个物体的平面用螺栓连接到一起）有溜板，床鞍7上部装有中、小滑板和方刀架9，随床鞍移动	溜板箱手柄功能
步骤2	转动中手把 中手把29是中滑板横向移动手柄，是用来摇动中滑板做垂直于主轴轴线移动，中滑板上部安装小滑板和方刀架9，随床鞍移动	
步骤3	转动小手把 小手把15是小滑板移动手柄，是用来摇动小滑板使刀具沿不同的角度进行直线车削，小滑板下部安装有小滑板斜向移动度盘8，上部安装有方刀架9，随小滑板移动	
步骤4	转动中、小滑板移动手柄方向 中滑板横向移动手轮、小滑板移动手柄的操作方向应为：当手轮顺时针方向旋转时（从操作者面对着安装该手轮的轴端看），被控制部件中滑板、小滑板产生一个远离操作者的直线运动，如图所示	中、小滑板手轮与滑板运动方向
步骤5	转动刀架，使刀架旋松与压紧 如图所示，手柄12用于使方刀架转位和紧固之用。逆时针转动手柄12，可松开方刀架，继续转动，方刀架随手柄逆时针转动至所需的位置；顺时针转动手柄12，直至将刀架紧固为止，停止转动	方刀架的操作

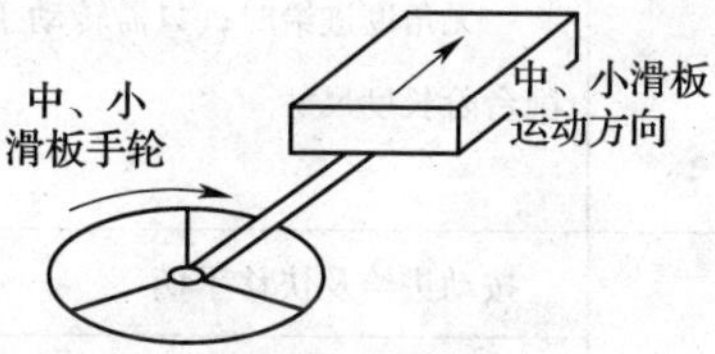

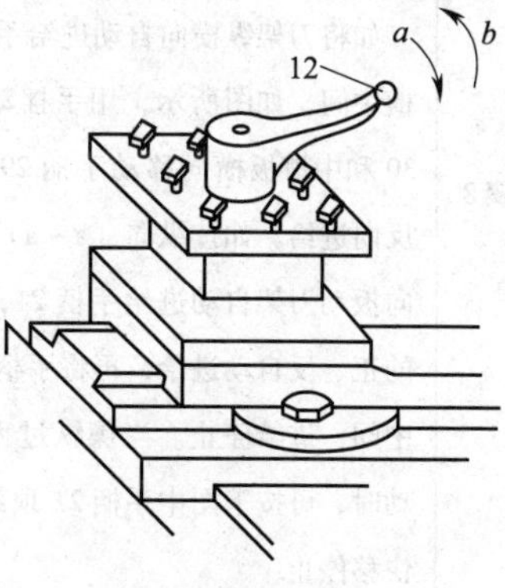

续表

序号	操作步骤	操作简图
步骤6	**压下或抬起溜板箱开合螺母** 当丝杠转动时，将手柄27顺时针压下时，刀具的进给运动接收由丝杠传来的动力，用于螺纹车削；将手柄27逆时针抬起时，刀具的进给运动接收由光杠传来的动力，用于光滑圆柱车削	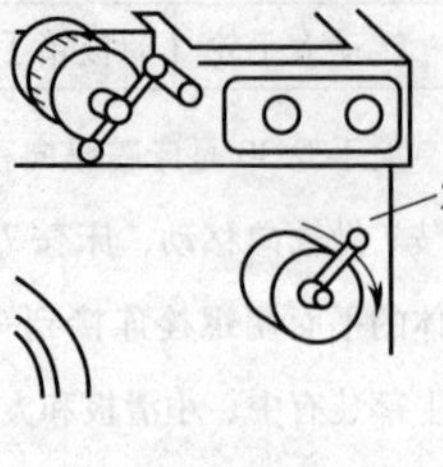
步骤7	**小滑板斜向移动转动度盘** 小滑板斜向移动转动度盘8固定在中滑板上，中滑板上刻有角度刻度值，手动控制小滑板移动手柄15车削锥度时，松开螺母a，如图所示。度盘可分别向左、向右转动任意角度，扳动所需锥度的半角，再拧紧度盘8的螺母固定后，转动手柄15移动小滑板斜向车削短圆锥面。正常情况下（车削圆锥形工件），度盘上的刻线应对准中滑板上的零度刻线 无角度进给时，只需转动手柄15即可精确切削台阶长度尺寸	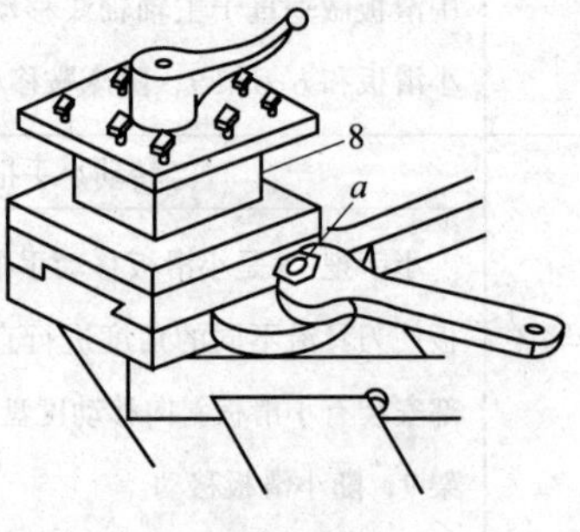 度盘的使用
步骤8	**按动进给及快移手柄** 手柄21用于床鞍轴向移动及中滑板横向移动的进给及快移操作 如将刀架纵向自动进给手柄21扳到十字开口槽中间，如图所示，用手摇床鞍纵向移动手轮30和中滑板横向移动手柄29，即可实现手动正、反向进给。如按纵向（a~a）或横向（b~b）方向扳动刀架自动进给手柄21，即可进行纵或横向的正、反自动进给，再将手柄21扳到十字开口槽中间，进给停止。当操纵过程中需要刀架快速移动时，可按下图中手柄21顶部按钮c。松开按钮，快移停止	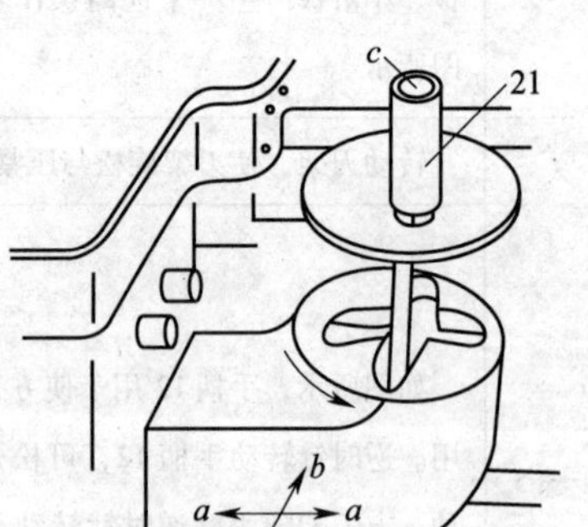 CA6140刀架纵横向自动进给及快移手柄

技能要求 5

尾座手柄的作用

尾座各部润滑点润滑,准备实现功能操作。

一、操作准备

序号	名称	准备事项
1	设备	CA6140 车床
2	劳动保护用品	三紧工作服

二、操作步骤

序号	操作步骤	操作简图
	尾座手柄操作,如图所示,在其上有三个手柄和两个螺母	
步骤 1	转动手柄 16 锁紧套筒 a,防止套筒在加工中产生晃动	
步骤 2	转动手柄 19 锁紧尾座 17,防止尾座在加工中产生移动	
步骤 3	转动手柄 18 快速锁紧尾座 17,防止尾座在加工中产生移动,但未达到最紧的状态	
步骤 4	转动手柄 19 摇动套筒 a 移动,每摇动一圈,套筒移动 5 mm	
步骤 5	锁紧螺母 b 必要时,为增加锁紧力,也可将固定螺母 b 旋紧,使尾座更加牢固地锁紧在床身导轨上	

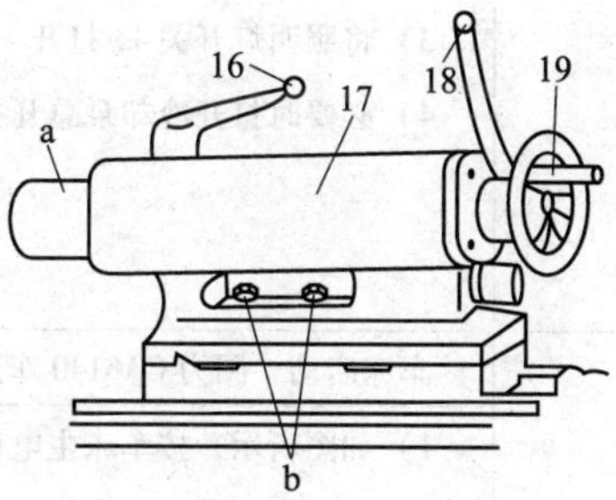

尾座

技能要求6

启 动 车 床

一、操作准备

序号	名称	准备事项
1	设备	CA6140 车床
2	劳动保护用品	三紧工作服

机床电器完好；摩擦离合器及制动器功能良好；刻度盘准确，并认知刻度值。

二、操作步骤

序号	操作步骤	操作简图
步骤1	车床送电，图为 CA6140 车床电源开关 1）将电器开关锁 42 打开 2）将电源总开关 44 向上扳起，机床送电 3）将照明灯开关 43 打开 4）必要时打开冷却泵总开关 41	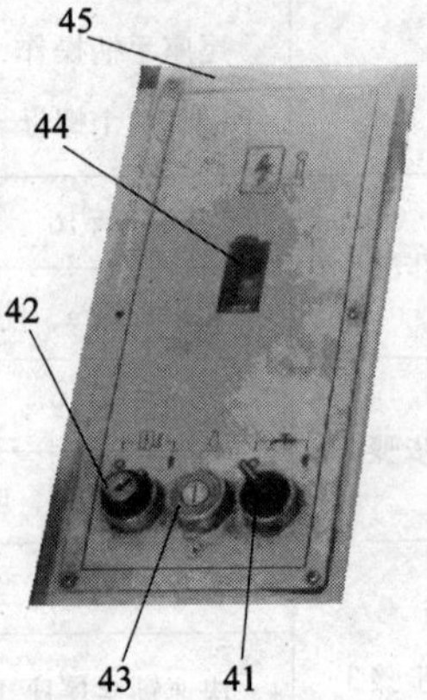 （图示：45、44、42、43、41）
步骤2	车床启动，图为 CA6140 车床电源启动及停止按钮 1）如图所示，按车床主电动机启动按钮 22，使主电动机旋转 2）按停止红色按钮 23 使主电动机停止工作。注意：停止按钮 23 有自锁机构装置，应先将按钮 23 自锁装置按箭头 a 指示方向旋出（不能硬性拔出），再启动按钮 3）紧急状态下的救护 如操作者被机床有关旋转件卷入或缠绕发生危险时，应首先按下红色紧急停止按钮，切断电源 4）机床断电或紧急停车后的再启动	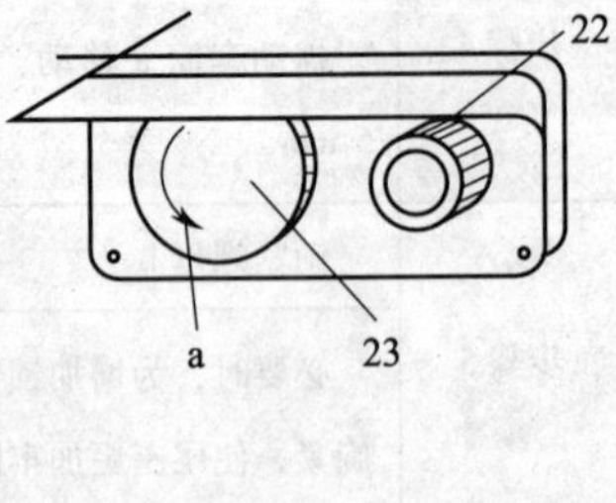 （图示：22、23、a）

续表

序号	操作步骤	操作简图
步骤2	①机床要断电时，按下红色急停按钮 ②机床突然断电时，应关闭总电源 ③机床出现故障或危险状态时，应按下红色急停按钮。不论哪种情况出现，都应将操纵手柄放到中位制动位置。送电后，再提起操纵手柄为正转或压下操纵手柄为反转，不允许带负载送电	
步骤3	主轴旋转 手握正反转操纵手柄35（或25）向上抬起，控制变向杠34使主轴旋转，如图a所示。机床主轴正反转操纵手柄35（或25）的操纵方向与主轴的旋转方向的关系如图b所示	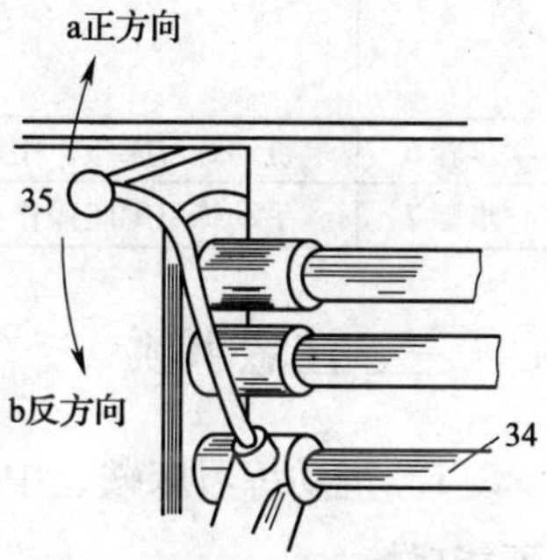 a) 主轴旋转启动 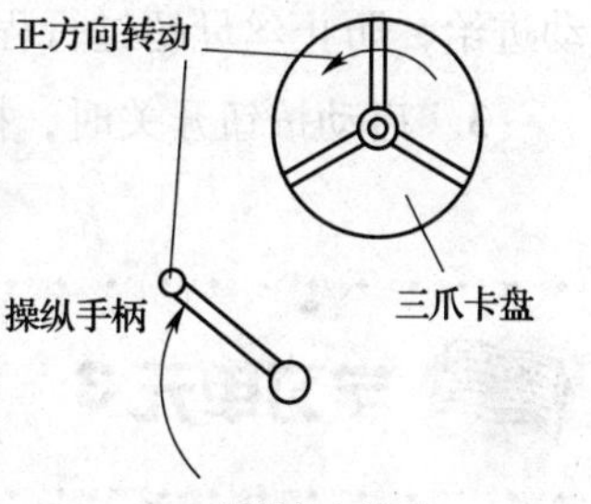 b) 旋转方向关系
步骤4	主轴旋转时的正车、停车、反车控制 1）正车：操作手柄向上抬起，听见滚珠定位"咔"一声即可，主轴产生逆时针的正方向旋转运动 2）反车：当反车时，手柄向下压到底，听见滚珠定位"咔"一声即可，主轴产生顺时针的反方向旋转运动 3）停车：机床正车停车和反车停车都需将手柄压到中位，这时为了消除因机床振动而操纵手柄自由下落和人工操作复位不准的因素，应将操纵手柄压（抬）到中位后，听见滚珠定位"咔"一声后有一个稍抬起的过程，然后再轻轻放到中位如图所示	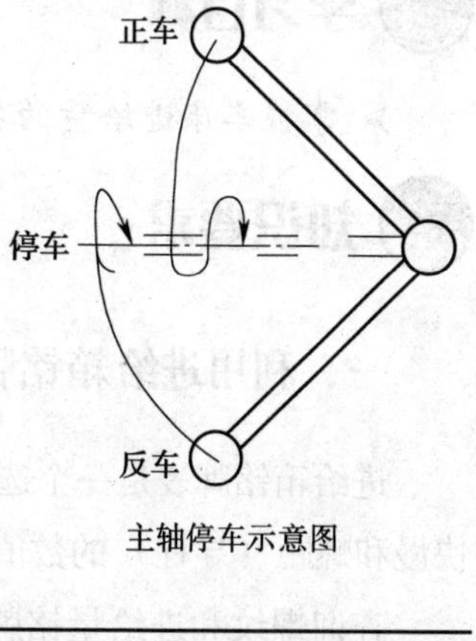 主轴停车示意图

续表

序号	操作步骤	操作简图
步骤5	手动练习摇动床鞍、中、小滑板 双手交替摇动床鞍、中、小滑板手柄，使纵、横、斜向进给慢而均匀，如图用双手匀速手摇中滑板手柄实现进给运动	
步骤6	机动练习床鞍、中、小滑板的进给运动	
步骤7	手动练习尾座操作	

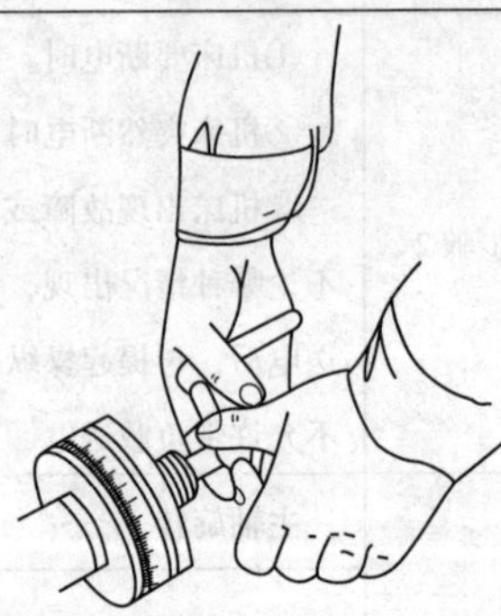

三、注意事项

1. 机动练习床鞍、中、小滑板的进给运动时，应在安全范围内，前后左右均不能碰撞。

2. 机动练习中滑板的进给运动时，当刀尖的位置超过主轴中心后，应停止机动进给，防止丝母超过行程，顶弯丝杆。

3. 启动按钮开关时，操纵杠应在停车位置，严禁带负载启动。

学习单元3　进给箱铭牌数据查询

学习目标

➢ 掌握车床进给量的各种给定值查询方法

知识要求

一、利用进给箱铭牌表查询 CA6140 车床进给量及螺距车削的数据

进给箱铭牌表是一个选择进给量及螺距的表格，对工件切削时，车刀纵横进给的快慢和螺距（导程）的数值，都要查看铭牌，以选择合适的数据变换手柄进行挂轮。查询螺纹和进给量铭牌表，见表1—5。

表1-5 螺纹和进给量调配表

公制螺距 P				n/1"				DP				$m_s\pi$				外圆进给 mm				端面进给 mm			
B				C				D				B				A				C			A
A=63, B=100				C=75				A=64				B=100, C=97				A=63				B=100			C=75
I	II	III	IV	I	II	III	IV	I	II	III	IV	I	II	III	IV	I	II	III	IV	I	II	III	IV
1.75	3.5	7	14	3¼	7	14	28	56	28	14		1.75	3.25	6.5	13	0.028	0.08	0.16	0.33	1.58	3.16	6.33	0.79
2	4	8	16		8	16	32	64	32	16		2	3.5	7	14	0.032	0.09	0.18	0.36	1.46	2.93	5.87	0.73
2.25	4.5	9	18	3½	9	18	36	72	36	18		2.25	4	8	16	0.036	0.10	0.20	0.41	1.28	2.57	5.14	0.64
	5		19										4.5	9	18	0.039	0.11	0.22	0.45	1.14	2.28	4.56	0.57
1.25	2.5	5	10	5		20	40	80	40	20		1.25	2.5	5	10	0.043	0.12	0.24	0.48	1.08	2.16	4.32	0.54
6	1.25	2.5			11	22	44	88	44	22			2.75	5.5	11	0.046	0.13	0.26	0.51	1.02	2.05	4.11	0.51
7	1.5	3				24	48	96	48	24			3	6	12	0.051	0.14	0.28	0.56	0.94	1.88	3.74	0.47
8						12				48													

注：
1. 〇 主轴转速为10~32 r/min。
   ⊘ 主轴转速为40~125 r/min。
   ● 主轴转速为450~1 400 r/min(500除外)。
   应用此表时，应和主轴箱上手柄5、4、1及进给箱手柄32、33、34上的各种标牌符号配合使用。
2. 应用此表时，应和主轴箱上手柄5、4、1及进给箱手柄32、33、34上的各种标牌符号配合使用。

二、查询进给量铭牌表方法

全面了解 CA6140 车床的进给量铭牌表的内容及查询方法,见表 1—6 查询数据在铭牌表上所在的查询位置。

1. 主要查询数据

表 1—6　　　　　　　　　　　主要查询数据

序号	查询数据	查询位置
1	纵向进给量	见表 1—5 上数第一行右数第二图形,查询纵向进给量表格 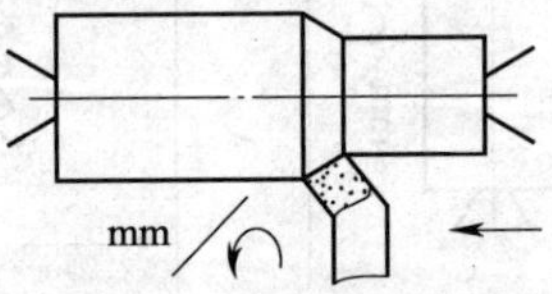
2	横向进给量	见表 1—5 上数第一行右数第一图形,查询横向进给量表格 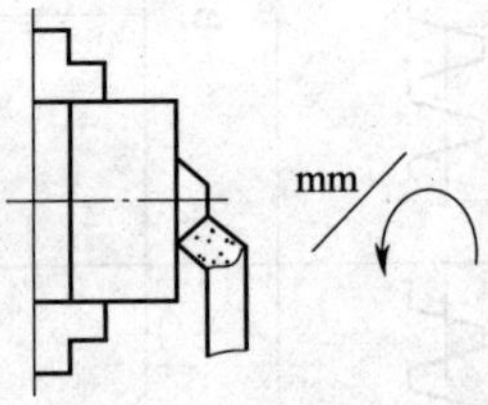
3	米制螺纹螺距	见表 1—5 上数第一行左数第一图形,查询米制螺纹螺距进给量表格 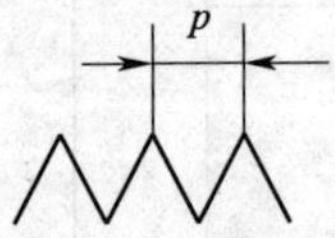
4	多线米制螺纹螺距	见表 1—5 上数第一行左数第一图形,查询米制螺纹螺距进给量表格,查询值 = 螺距 × 线数
5	英制螺纹螺距进给量	见表 1—5 上数第一行左数第二图形,查询英制螺纹螺距进给量表格 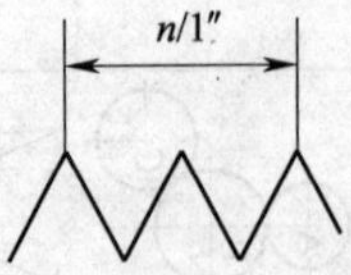

续表

序号	查询数据	查询位置
6	米制蜗杆进给量	见表1—5 上数第一行左数第四图形,查询米制蜗杆进给量表格
7	多线米制蜗杆进给量	见表1—5 上数第一行左数第四图形,查询米制蜗杆进给量表格,查询值＝模数×线数
8	英制蜗杆进给量	见表1—5 上数第一行左数第三图形,查询英制蜗杆进给量表格,DP（径节：Diametral Pitch）表明英制轮齿大小

2. 按表1—5 查询车削螺距数据

表1—5 铭牌表显示按交换齿轮齿数分为以下三个区间。

（1）左侧 $\dfrac{63}{100} \times \dfrac{100}{75}$ 为米制 P、英制 $n/1$ in 螺纹螺距。

（2）中间 $\dfrac{64}{100} \times \dfrac{100}{97}$ 为米制 $m_s\pi$、英制 DP 模数量。

（3）右侧 $\dfrac{63}{100} \times \dfrac{100}{75}$ 为纵横走刀 f 进给量。

3. 铭牌表按标准螺距和增大螺距分为两种区间

（1）标准螺距为一般的螺纹。

（2）增大螺距为多线螺纹或超长螺距。

（3）选择增大螺距时,需考虑主轴转速与之的配合。

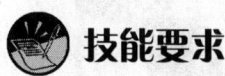 技能要求

查询车削螺距数据的手柄变换

需要简单了解车削中,外圆与端面的车削、米制与英制螺纹的车削、一般螺纹

与模数的区别等概念。

一、操作准备

序号	名称	准备事项
1	设备	CA6140 车床
2	劳动保护用品	三紧工作服

二、操作步骤

以下查询资料，除英制蜗杆未设查询内容外，基本涵盖了 CA6140 车床的进给量铭牌表，对所查询内容进行挂轮操作。

序号	操作步骤	操作简图
步骤1	查表 1—5，选择纵向进给量为 0.33 mm 的手柄位置 在外圆车削区内，向下找到 0.33，以此 0.33 处查表 1）横向看微调手柄39，拉出转至位置1 2）竖向看四挡进给调整手柄38，扳至位置Ⅲ 3）丝杠与光杠变换手柄36扳至光滑切削位置A	
步骤2	选择横向进给量为 0.33 mm 的手柄位置 在端面车削区内，向下找到 0.33，以此 0.33 处查表 1）横向看微调手柄39，拉出转至位置1 2）竖向看四挡进给调整手柄38，扳至位置Ⅳ 3）丝杠与光杠变换手柄36扳至光滑切削位置A	

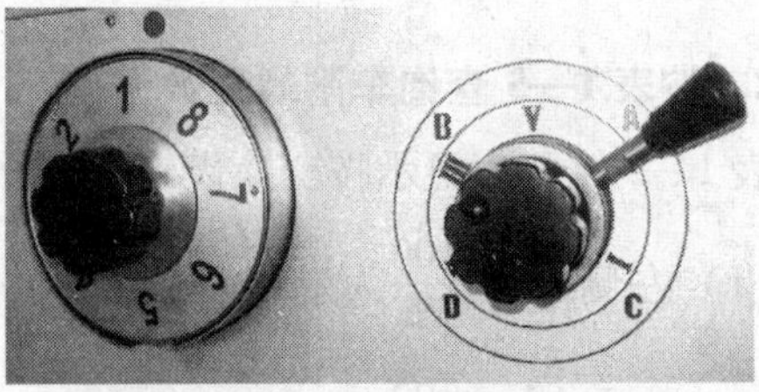

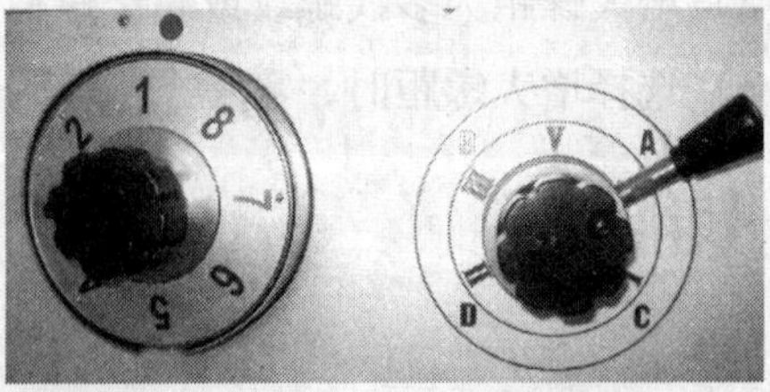

续表

序号	操作步骤	操作简图
步骤3	选择米制螺纹螺距为2 mm的手柄位置 在最左面P米制螺纹车削区内，向下找到2，以此2处查表 1）横向看微调手柄39，拉出转至位置3 2）竖向看四挡进给调整手柄38，扳至位置Ⅱ 3）丝杠与光杠变换手柄36扳至光滑切削位置B	
步骤4	选择双线左旋米制螺纹螺距为1.5 mm的手柄位置 在最左面P米制螺纹车削区内，向下找到（1.5×2）3，以此3处查表 1）横向看微调手柄39，拉出转至位置8 2）竖向看四挡进给调整手柄38，扳至位置Ⅱ 3）丝杠与光杠变换手柄36扳至光滑切削位置B	
步骤5	选择英制螺纹螺距为14牙的手柄位置 在左面n/1″英制螺纹车削区内，向下找到14，以此14处查表 1）横向看微调手柄39，拉出转至位置2 2）竖向看四挡进给调整手柄38，扳至位置Ⅰ 3）丝杠与光杠变换手柄36扳至光滑切削位置D	

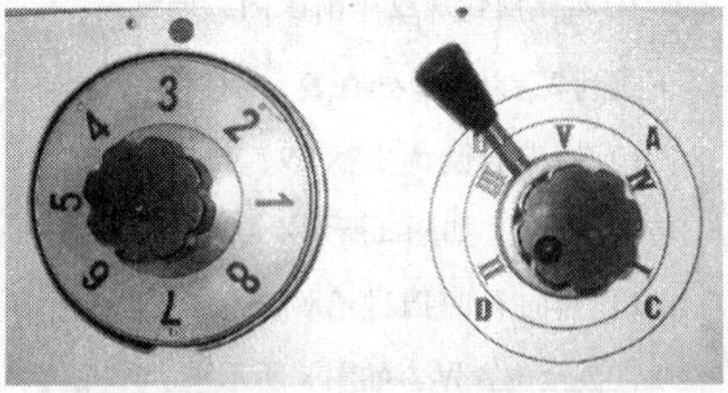

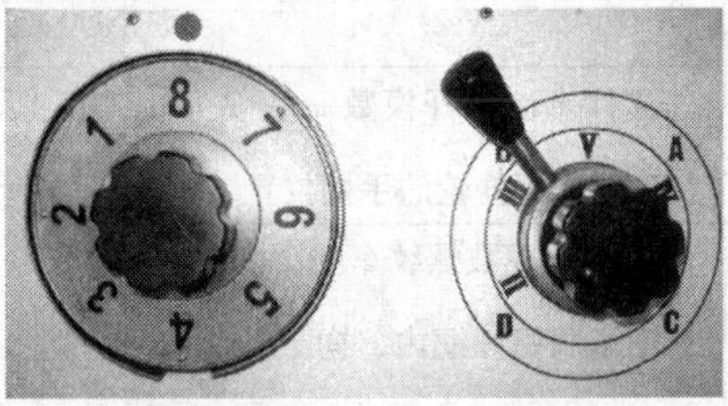

续表

序号	操作步骤	操作简图
步骤6	选择米制蜗杆模数 $m_x = 2$ mm 的手柄位置 在 $m_s\pi$ 模数螺纹车削区内,向下找到2,以此2处查表 1)横向看微调手柄39,拉出转至位置3,如图a所示 2)竖向看四挡进给调整手柄38,扳至位置Ⅳ,如图a所示 3)丝杠与光杠变换手柄36扳至光滑切削位置B,如图a所示 4)挂轮箱挂轮式由 $\frac{63}{100} \times \frac{100}{75}$ 转为 $\frac{64}{100} \times \frac{100}{97}$ 模数式,如图b所示	 a) 手柄位置  $z=64$ $z=97$ b) 转换模数式
步骤7	选择米制蜗杆模数 $m_x = 2$ mm 的四线蜗杆挂轮的手柄位置 在 $m_s\pi$ 模数螺纹车削区内,在车削米制蜗杆框内,向下找到模数(2×4)8 mm,以此8处查表,有两种交换齿轮方式 1)方式一如下所述 ①横向看微调手柄39,拉出转至位置3,如图b所示 ②竖向看四挡进给调整,手柄38,扳至位置Ⅱ,如图b所示 ③主轴转速选择 10~32 r/min(黑色),如图a所示 ④丝杠与光杠变换手柄36,扳至螺纹切削位置B,如图b所示 ⑤主轴左右螺距、扩大螺距变换手柄扳到右下角,形成扩大螺距机构,如图a所示 ⑥挂轮箱挂轮式为 $\frac{64}{97}$ 模数式	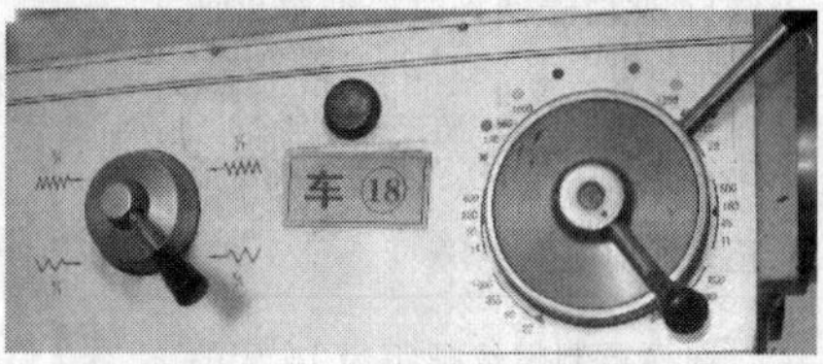 a) 手柄位置 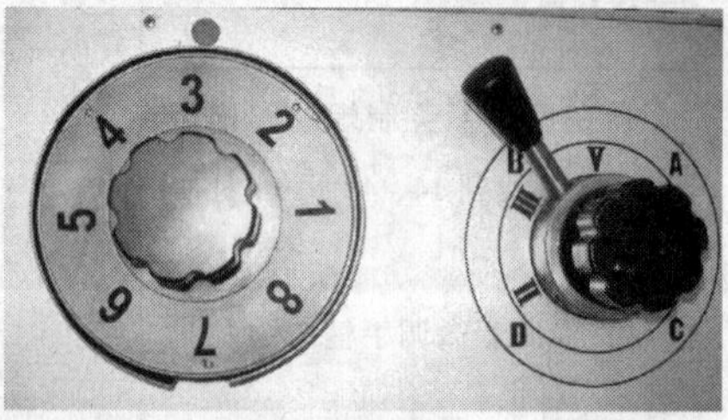 b) 手柄位置

续表

序号	操作步骤	操作简图
步骤7	2）方式二如下所述 ①横向看微调手柄39，拉出转至位置3，如图b所示 ②竖向看四挡进给调整手柄38，扳至位置Ⅳ，如图b所示 ③主轴转速选择40～120 r/min（黄色），如图a所示 ④丝杠与光杠变换手柄36扳至螺纹切削位置B，如图b所示 ⑤主轴左右螺距、扩大螺距变换手柄扳到右下角，形成扩大螺距机构，如图a所示 ⑥挂轮箱挂轮式为64/97模数式	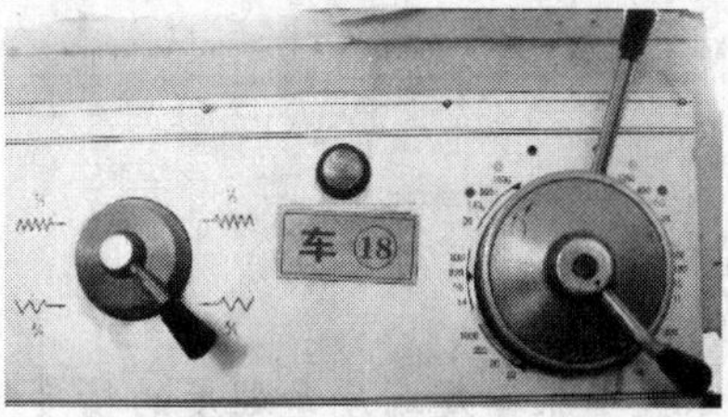 a) 手柄位置  b) 手柄位置

三、操作质量标准

以表1—5 螺纹和进给量调配表需要达到的标准要求作为操作质量标准。

（1）考核进给量手柄位置。

1）选择纵向进给量为0.33 mm的手柄位置。

2）选择纵向进给量为0.10 mm的手柄位置。

3）选择横向进给量为0.33 mm的手柄位置。

4）选择纵向细进给量为0.028 mm的手柄位置。

5）选择横向细进给量为0.014 mm的手柄位置。

（2）考核螺距手柄位置

1）选择米制螺纹螺距为2 mm的手柄位置。

2）选择双线米制螺纹螺距为1.5 mm的手柄位置。

3）选择英制螺纹螺距为14牙的手柄位置。

（3）考核模数手柄位置

1）选择米制蜗杆模数 $m_x = 2$ mm 的手柄位置。

2）选择米制蜗杆模数 $m_x = 2$ mm 的四线蜗杆挂轮的手柄位置。

学习单元4 车床各处刻度盘刻度

 学习目标

➤ 掌握车床各处刻度盘刻度的精度

 知识要求

一、车床刻度盘

车床刻度盘是车床加工精度的直接保证，不识刻度值或掌握不好刻度值，都会直接导致工件质量不合格，造成废品。

正确使用车床刻度盘是车床加工精度的直接保证措施。对刀时要调整刻度盘刻度；试切时要用量具对照尺寸值调整刻度盘的准确度。切深时用刻度盘指示正确读数，根据刻度盘显示的切深计算加工余量。对刀、试切、切深时，刻度盘能精确显示正确值是控制工件尺寸精度的必要手段，调整、使用刻度盘是车床操作者的基本功，一定要熟练掌握。

二、机床大、中、小刻度盘刻度值（见表1—7）

表1—7　　　　　　　　　　机床刻度值

序号	刻度盘	刻度值
1	CA6140 中滑板刻度盘	每小格 0.1 mm（直径），一圈 10 mm
2	CA6140 小滑板刻度盘	每小格 0.05 mm，一圈 5 mm
3	CA6140 床鞍大刻度盘	每小格 1 mm，一圈 300 mm
4	CA6140 度盘	每小格 1°
5	CA6136 中滑板刻度盘	每小格 0.04 mm（直径），一圈 10 mm
6	CA6136 小滑板刻度盘	每小格 0.05 mm，一圈 5 mm
7	CA6136 床鞍大刻度盘	每小格 0.5 mm（直径），一圈 200 mm
8	CA6136 尾座刻度盘	每小格 0.02 mm（直径），一圈 5 mm

三、CA6140 车床刻度盘

在 CA6140 车床的床鞍纵向移动手轮、中滑板横向移动手轮、小滑板移动手柄、尾座转动手柄转动时，都有刻度盘显示进给的刻度值。

1. CA6140 车床床鞍大刻度盘

溜板箱大手轮刻度盘有锁紧装置。旋紧滚花螺钉可将刻度盘锁紧，松开螺钉即可用手转动刻度环调整零位。

如图 1—10 所示床鞍刻度盘共分 300 格，每格为 1 mm，即床鞍刻度盘每转一周，床鞍便纵向移动 300 mm。

图 1—10 CA6140 车床床鞍刻度盘

2. CA6140 车床中滑板刻度盘

中滑板刻度盘如图 1—11 所示，手把 29 装在中滑板丝杠上，丝母和中滑板连为一体。如图 1—11 所示刻度盘分为 100 格，刻度盘上每小格为 0.05 mm（单面），一大格为 0.5 mm（单面）。摇手柄一周时，共 10 大格为 5 mm（单面）。

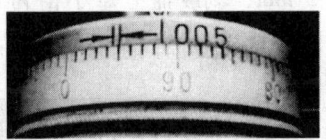

图 1—11 车床中滑板刻度盘

3. CA6140 车床小滑板刻度盘的刻度

小刻度盘如图 1—12 所示。

CA6140 的刻度圈一般没有间隙，间隙存在于丝杆与丝母之间，因此正反向转动时，尤其在小量的左右靠形中，要以刀尖动为准，消除丝杆与丝母的空行程。刻度盘上每小格为 0.05 mm，一大格为 0.5 mm。摇手柄一周时，共 10 大格，为 5 mm。

四、CA6136 车床刻度盘

在 CA6136 车床的床鞍纵向移动手柄、中滑板横向移

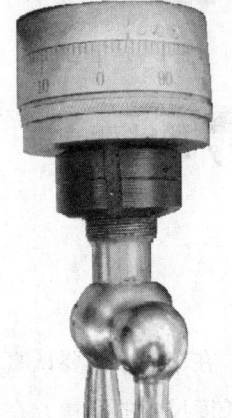

图 1—12 小滑板刻度盘

动手柄、小滑板移动手柄、尾座转动手柄转动时，都有刻度盘显示进给的刻度值。

1. CA6136 车床床鞍大刻度盘

床鞍刻度盘，如图 1—13 所示。

CA6136 床鞍刻度盘共分 400 格，每格为 0.5 mm，一圈为 200 mm。

图 1—13　CA6136 车床床鞍刻度盘

2. CA6136 车床中滑板刻度盘

中滑板刻度盘如图 1—14 所示。刻度盘分为 250 格，丝杠螺距为 5 mm，刻度盘上每小格为 0.02 mm（单面），一大格为 0.2 mm（单面），摇手柄一周时，共 25 大格，中滑板横向移动一圈为 5 mm（单面）。

3. CA6136 车床尾座刻度盘

如图 1—15 所示，尾座刻度盘每小格 0.05 mm，刻度盘分为 250 格，丝杠螺距为 5 mm，刻度盘上每小格为 0.02 mm，一大格为 0.2 mm，摇手柄一周时，共 25 大格，尾座套筒向前移动 5 mm。

图 1—14　CA6136 中滑板刻度盘

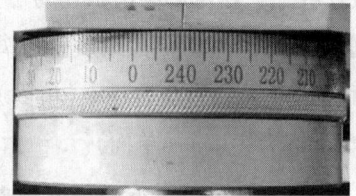
图 1—15　CA6136 尾座刻度盘

刻度盘调整

在车削中需要认真核对刻度盘的刻度值，它是每次进给的重要数据参考。直径与长度尺寸的测量，在一般未注公差标注时，往往采用刻度盘的刻度值直接定尺寸，而不再用量具进行测量。这时需要学会校准刻度盘。

一、操作准备

序号	名称	准备事项
1	设备	CA6140 车床
2	劳动保护用品	三紧工作服

二、操作步骤

序号	操作步骤	操作简图
步骤1	床鞍刻度盘消除空行程,刻度圈反向旋转对零位,消除间隙 1）当床鞍向前移动时,应首先将刀尖对准工件的起始尺寸 2）将床鞍手轮向进给方向稍用下力 3）将刻度圈反向旋转对零位,消除间隙,如图所示 4）刻度圈会无间隙随着手轮的转动进行刻度的变换。要求该刻度盘有锁紧装置。旋紧滚花螺钉可将刻度盘锁紧,松开螺钉即可用手转动刻度圈调整零位	2.向后拨刻度圈,对准刻度值 1.向前摆动手轮,消除空行程
步骤2	中滑板刻度盘切入深度（CA6140 车床） 中滑板刻度盘手柄位置如图 a 所示,手把 29 装在中滑板丝杠上,丝母和中滑板连为一体。在摇动时也需要将刻度圈反向消除间隙对零位。如图 b 所示,车刀切入工件的深度为 5 mm,手柄每转一周（丝杠螺距为 5 mm）,中滑板横向移动 5 mm,在直径方向	a)中滑板刻度盘手柄位置 b)车刀切入工件深度

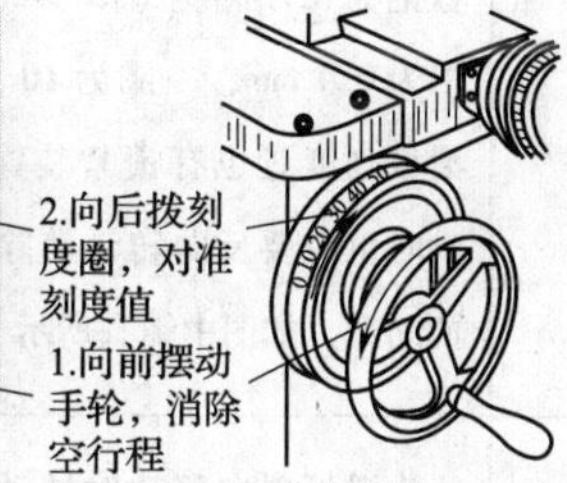

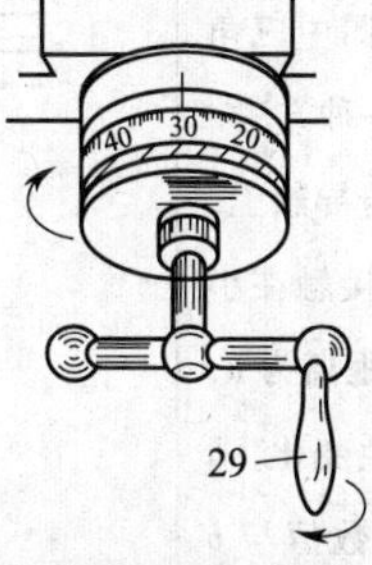

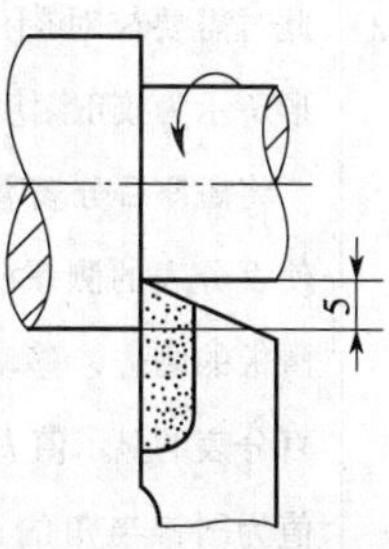

续表

序号	操作步骤	操作简图
步骤2	车削量为切入工件深度的2倍，故工件直径旋转被车去10 mm，（常按直径车削量，记为每小格为0.1 mm）中滑板刻度盘也有锁紧装置	
步骤3	中滑板刻度盘消除空行程（CA6136车床） 中滑板刻度盘刻度值，记为每小格为0.02 mm，每大格为0.2 mm，在直径方向中滑板刻度盘记为每小格为0.04 mm，每大格为0.4 mm，一圈为10 mm。中滑板刻度盘也有锁紧装置。在转动时也需要反向转动消除刻度圈的间隙，如图中箭头所示	
步骤4	小滑板斜向移动时转动刻度盘角度的确定，移动床鞍测量锥度斜角 在一般角度尺寸车削时，只需对刻度盘按刻度值进行转动即可。但在有较严格的角度要求时，刻度盘的刻度值已不能满足要求。此时需要校对刻度值。图中三角形所示为校正刻度值的一种方法 将磁座百分表吸在床身导轨上，使百分表的测量头垂直接触在小滑板的侧边，移动床鞍距离为b，百分表的显示值h值发生变化，h值为圆锥半角的正切函数值与b的乘积，计算值与百分表显示值相等时，小滑板转过的角度正确	

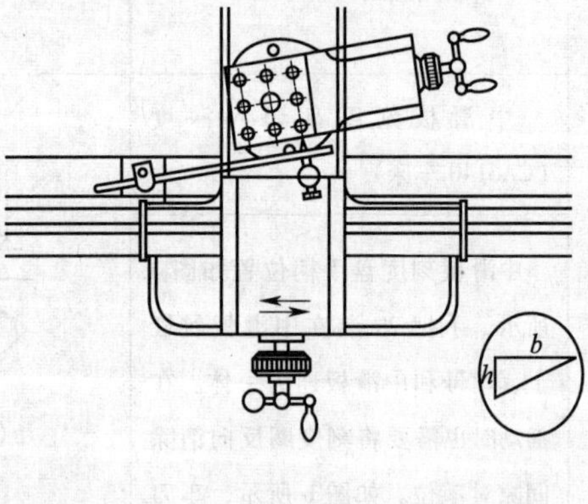

三、操作质量标准

按图 1—10 CA6140 车床床鞍刻度盘、图 1—11 CA6140 车床中滑板刻度盘、图 1—12 CA6140 车床小滑板刻度盘的刻度所示需要达到标准的操作要求。

第 2 节 车床切削用量基本知识

 学习目标

➢ 掌握切削运动及切削用量三要素

 知识要求

一、切削用量三要素

如图 1—16 所示为 75°偏刀车削外圆示意图，体现切削用量三要素的存在关系。

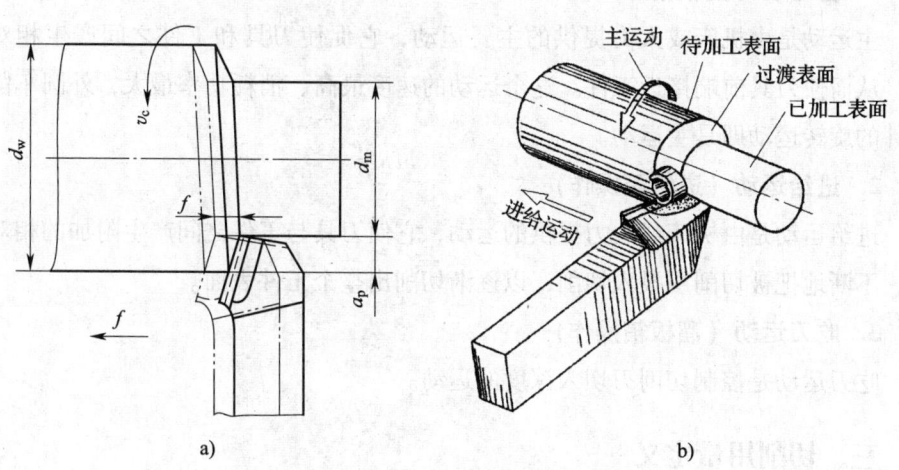

图 1—16 偏刀车削外圆示意图

a) 切削用量三要素　b) 三个表面

1. 图 1—16a 表达的含义

在车削外圆过程中，v_c 为车刀在车削一定外圆尺寸上产生的线速度（视为刀尖

在外圆上划线，每分钟内刀尖划过并展开成直线的圆弧长度）；a_p为在切削外圆过程中，每次走刀之间产生的进刀深度；f为在切削外圆过程中产生的刀具每圈之间的进给距离。以上三者即为切削用量三要素。怎样定义切削用量三要素，这是本节所重点讨论的技术观点。

2. 图1—16b 表达的含义

由于车削外圆运动，车削时工件上产生了三个不断变化的表面。

（1）待加工表面：工件上将要被车去多余金属的表面。

（2）已加工表面：已经车去金属层而形成的新表面。

（3）过渡表面：刀具切削刃在工件上形成的表面，即连接待加工表面和已加工表面的表面。用不同的加工方法，在不同的加工表面会产生不同的待加工表面、已加工表面和过渡表面，这也是本节所重点讨论的技术观点。

根据以上的运动关系来阐述在车削运动中发生的切削用量、刀具、测量等一系列车工工艺技术。

二、切削运动

车床在车削工件的过程中，主轴的旋转形成了切削运动中的主运动，车刀车削工件在纵横两面的吃深和进给又形成了切削运动中的进给运动、吃刀运动。

1. 主运动（主轴箱操作）

主运动是由机床或人力提供的主要运动，它促使刀具和工件之间产生相对运动，从而使刀具前端接近工件。这个运动的速度最高、消耗功率最大，外圆车削时工件的旋转运动即是主运动。

2. 进给运动（进给箱操作）

进给运动是由机床或人力提供的运动，它使刀具与工件之间产生附加的相对运动，不断地把被切削层投入切削，以逐渐切削出整个工件表面。

3. 吃刀运动（溜板箱操作）

吃刀运动是控制切削刃切入深度的运动。

三、切削用量定义

切削用量（又称"切削用量三要素"）是衡量车削运动大小的参数。切削用量是切削速度（v_c）、进给量（f）、背吃刀量（a_p）的总称。

1. 切削速度（v_c）

切削刃选定点相对于工件的主运动的瞬时速度，单位及计算式：

$$v_c = \frac{\pi dn}{1\,000} \text{m/min 或 m/s}$$

式中 d——工件直径，mm；

n——主轴转速，r/min。

单位为车刀具每分钟或每秒钟车过圆周若干米，如图1—17所示。

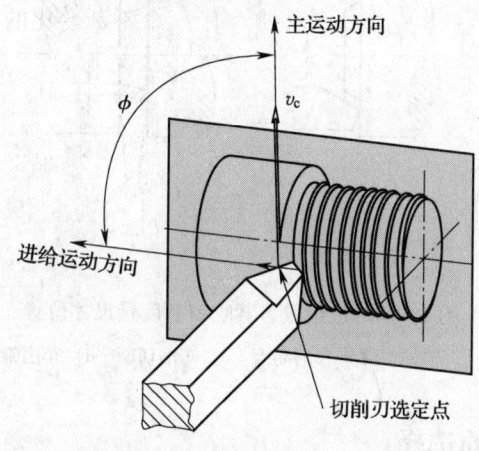

图1—17 刀具和工件的运动

2. 车床转速（n）

车床转速即主轴的转速，单位为 r/min（每分钟若干转，既每分钟主轴转 n 转）。

3. 进给量（f）

刀具在进给运动方向上相对工件的位移量，可用刀具或工件每转或每行程的位移量来表达和度量，即刀具纵、横向进给的速度，单位为 mm/r 或 mm/行程，其含义为每转若干毫米或每行程若干毫米，即主轴每转一转时，刀具在进给方向上移动的距离。

4. 背吃刀量（a_p）

背吃刀量是指在通过切削刃基点并垂直于工件平面的方向上测量的吃刀量。对车削是指工件上已加工表面和待加工表面间的垂直距离。单位及计算式：

$$a_p = \frac{d_w - d_m}{2}$$

式中 a_p——背吃刀量，mm；

d_w——工件待加工表面直径，mm；

d_m——已加工表面直径，mm。

如图 1—18 所示为进给量、背吃刀量在车削外圆、端面、切断、锥面时的度量尺寸位置。

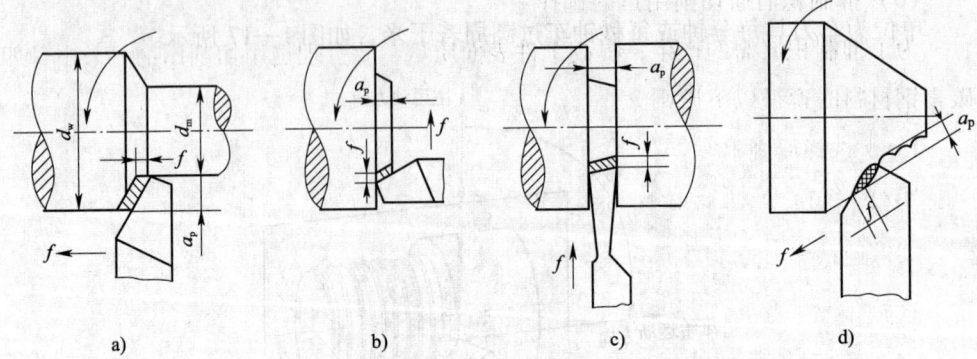

图 1—18 进给量、背吃刀量度量尺寸位置
a) 车削外圆 b) 车削端面 c) 车削切断 d) 车削锥面

四、切削用量的选择

1. 选择切削用量的一般原则

合理的切削用量应该是能保证工件的质量要求（主要是加工精度和表面粗糙度），并在工艺系统强度和刚度许可的条件下充分利用机床功率和发挥刀具切削性能时的最大切削用量。

2. 切削用量的选择

（1）粗车时切削用量的选择

粗车时的切削用量，一般是以提高生产率为主，但也应考虑经济性和加工成本。提高切削速度、加大进给量和切削深度都能提高生产率。但对刀具寿命影响最小的是 a_p，其次是 f，最大的是 v_c。这是因为切削速度对切削温度的影响最大，温度升高，刀具磨损快，寿命明显下降。所以合理选择粗车切削用量应该首先选择一个尽量大的切削深度 a_p，其次选择一个较大的进给量 f，最后根据已选定的 a_p 和 f，并在工艺系统刚度、刀具寿命和机床功率许可的条件下选择一个合理的切削速度 v_c。

（2）半精车、精车时的切削用量的选择

半精车、精车时的切削用量，应以保证加工质量为主，并兼顾生产率和必要的刀具寿命。

半精车、精车时的切削深度是根据加工精度和表面粗糙度要求由粗车后留下的余量确定的。原则上取一次切削的余量数。

半精车、精车的切削深度较小,产生的切削力不大,所以加大进给量对工艺系统的强度和刚度的影响较小,主要受表面粗糙度的限制。

(3) 抑制积屑瘤切削用量的选择

为了抑制积屑瘤的产生,提高工件表面质量,要合理选用切削用量。采用一般碳素钢材料时遵循以下原则。

1) v_c 选择原则:

①粗车时 v_c 为 15~30 m/min。

②低速精车时 v_c 为 5 m/min 以下。

③高速精车时 v_c 为 80 m/min 以上。

2) a_p 选择原则:

①粗车时 a_p 为 3~5 mm。

②低速精车时 a_p 为 0.10 mm 以下。

③高速精车时 a_p 为 0.15 mm 以下。

3) f 选择原则:

①粗车时 f 为 0.3 mm。

②低速精车时 f 为 0.2~0.3 mm。

③高速精车时 f 为 0.10 mm 以下。

技能要求

查表和计算切削用量

一、操作准备

序号	名称	准备事项
1	设备	CA6140 车床
2	工、附具	活扳手、旋具等常用工具

从切削用量三要素的关系和定义,通过计算和查表求解切削速度、背吃刀量、进给速度选定值。

二、操作步骤

序号	求题	计算值操作步骤	操作简图
步骤1	计算工件直径 $d = 20$ mm 处的切削速度 v_c，已选择 $n = 900$ r/min	解：$v_c = \dfrac{\pi d n}{1\,000}$ m/min $v_c = \dfrac{3.14 \times 20 \times 900}{1\,000} = 56.52$ m/min	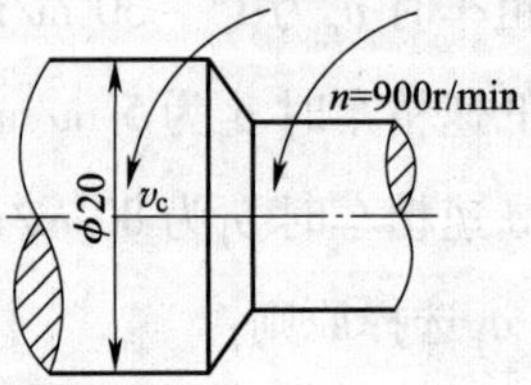
步骤2	计算精车直径 $d = 20$ mm 时的主轴转速。选择切削速度 $v_c \geq 75$ m/min	在实际生产中，往往是已知工件直径，而后根据工件材料、刀具材料和加工要求等因素再选定切削速度，根据切削速度再算出主轴转速 即 $n = v_c \dfrac{1\,000}{\pi d}$ 或 $n \approx v_c \dfrac{318}{d}$，选择 $v_c = 75$ m/min 解：$n = v_c \dfrac{1\,000}{\pi d} = \dfrac{1\,000 \times 75}{3.14 \times 20} \approx 1\,194$ r/min 计算所得的转速再对照转速铭牌上与之相近的转速 1 120 r/min 选取	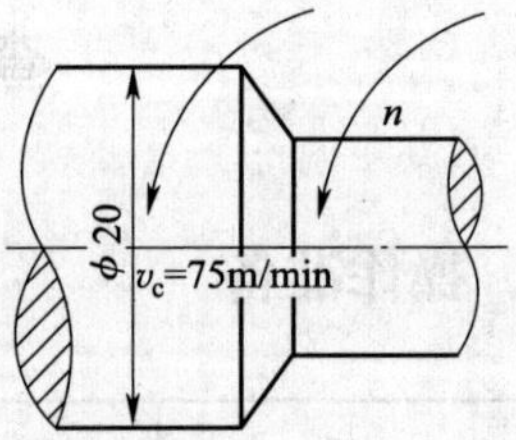

续表

序号	求题	计算值操作步骤	操作简图
步骤3	计算第一刀车削外圆直径 $d=60$ mm,第二刀车削外圆直径 $d=50$ mm,求背吃刀量	解: $a_p = \dfrac{d_w - d_m}{2}$ $a_p = \dfrac{60-50}{2} = 5$ (mm)	
步骤4	查表确定粗车外圆直径 $d=60$ mm、高速精车外圆直径 $d=40$ mm 的进给量,并确定机床手柄位置	解:根据 f 选择原则,粗车时 $f=0.3$ mm 主轴转速 n 取 320~710 r/min,根据表1—5的纵向走刀量数据查得:丝杠、光杠变速手柄挂 A 柄,进给量调整圆手柄挂罗马Ⅱ,微调手柄挂 8	
步骤5	查表确定高速精车时 $f=0.05$ mm	根据表1—5查得为细走刀量:主轴转速 n 取 450~1 400 r/min,丝杠、光杠变速手柄挂 A 柄,进给量调整圆手柄挂罗马Ⅰ,微调手柄挂 7	

外圆进给0.33

	Ⅳ	Ⅰ	Ⅱ	Ⅲ	Ⅳ
4	26	0.028 0.08	0.16	0.33	0.66 1.59
4	28	0.032 0.09	0.18	0.36	0.71 1.47
5	32	0.036 0.10	0.20	0.41	0.81 1.25
8	36	0.039 0.11	0.23	0.46	0.91 1.15
		0.043 0.12	0.24	0.48	0.96 1.09
9	40	0.046 0.13	0.26	0.51	1.02 1.03
2	44	0.050 0.14	0.28	0.56	1.12 1.94
4	48	0.054 0.15	0.30	0.61	1.22 1.86

注:黑点(机床上为红点)为主轴转速 450~1 400 r/min。

表1—5的纵向走刀量数据

续表

序号	求题	计算值操作步骤	操作简图
步骤6	查表确定：当工件直径 $d=100$ mm、转速 $n=320$ r/min 时，切削速度	表中显示：当工件直径 $d=100$ mm、转速 $n=320$ r/min 时，切削速度 $v_c \approx 100$ m/min	注：表中上方 ϕ 为直径值，右侧数值为转速值，左侧和下方数值为切削速度值
步骤7	查表确定：当车削工件直径 $d=36$ mm、转速选 $n=900$ r/min 时，切削速度	解：这时应在 ϕ36 mm 处垂直向下与所选的转速 900 r/min 横线相交成一点，这时离 1 400 下来的斜线很近，再沿着转速 1 400 下来的斜线（平行于斜线）向下查找，到 450～500 处拐弯处跟着拐弯继续沿斜线向下，这时基本沿着 $v_c=100$ m/min 线向左下方查到：切削速度 v_c 约等于 100 m/min	
步骤8	查表确定：当工件直径 $d=50$ mm，精车时取切削速度 $v_c \approx 80$ m/min，主轴转速 n（r/min）	解①$n=v_c\dfrac{1\,000}{\pi d}=\dfrac{1\,000\times 80}{3.14\times 50}\approx 510$ r/min ②用表查主轴转速 n（r/min），从上侧查到 ϕ50 mm 直径，沿线向下查，从左侧查到 80 m/min，沿线向上查，交叉后向右方沿线查，指向 500 r/min 快速查找切削速度表中的切削速度值，或掌握各种切削条件下的切削速度值，对于粗、精车时加工质量的保证，都会起到事半功倍的作用。应遵循切削速度值的选择原则和范围	

第3节　车床润滑保养

 学习目标

➤ 掌握CA6140车床各主要润滑点及润滑方式

 知识要求

一、润滑的概念

对车床进行润滑保养，是生产质量的要求；对机床进行润滑保养，是机床保持设备完好的综合指标。机床必须保养，只有学会保养，才能充分发挥机床的潜能。

二、全部润滑点的润滑

车床必须要要经常进行润滑保养，车床上常用的润滑方式有：浇油润滑、油绳润滑、直通式压注油杯润滑、旋盖式油杯润滑、溅油润滑（齿轮箱内的零件利用齿轮的转动把润滑油飞溅到各处进行润滑）和油泵循环润滑等。CA6140车床的主轴箱与进给箱采用油泵循环润滑方式，如图1—19所示，交换齿轮架采用旋盖式油杯润滑，其他部位用油枪采用浇油润滑、油绳润滑、直通式压注油杯润滑。

为保证车床的正常运转和减小摩擦，必须对车床上需要减小摩擦的部分进行充分的润滑。操作者应了解所使用机床的各个润滑点的分布和所用的润滑剂牌号、润滑周期以及润滑方式等。

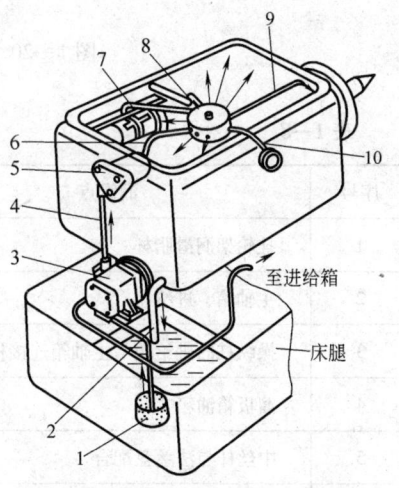

图1—19　主轴箱油泵循环润滑
1—网式滤油器　2—回油管
3—油泵　4，6，7，9，10—油管
5—过滤器　8—分油器

对床鞍压板、中小滑板镶条（稍铁）、丝杠、光杠、变向操纵杠等结构能不拆卸进行擦拭及润滑油注油操作。

三、CA6140车床润滑点分布

CA6140车床各主要润滑点如图1—20及表1—8所示。

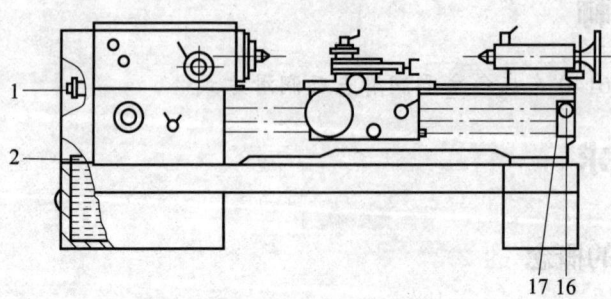
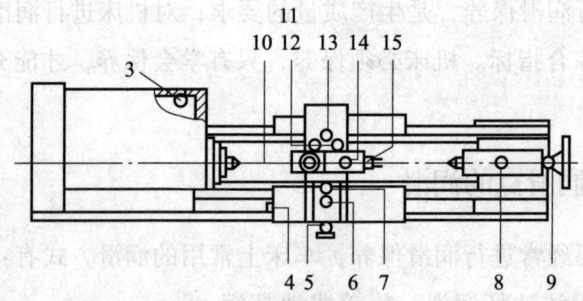

图1—20 CA6140润滑点的分布图

表1—8　　　　　　　　润滑点分布位置

序号	润滑点	序号	润滑点
1	挂轮架润滑脂杯	9	尾座丝杠与法兰盘配合
2	主轴箱、进给箱	10	方刀架轴
3	操纵杠的进给箱与主轴箱连接杆	11、12	中滑板两侧燕尾导轨
4	溜板箱油箱	13	中丝杠与螺母配合
5	中丝杠与法兰盘配合	14	小滑板丝杠与螺母配合
6	中丝杠与齿轮连接	15	小丝杠与刻度盘配合
7	床鞍和床身导轨配合油盒	16	三杠端头与座配合
8	套筒与尾座配合	17	丝杠、光杠、操纵变向杠表面与溜板箱机件配合

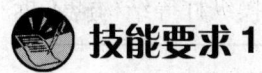 **技能要求 1**

润滑点润滑的时间、部位和作用

一、操作准备

序号	名称	准备事项
1	设备	CA6140 车床
2	工、附具	油枪、油壶、HL46 润滑油和 2 号钙基润滑脂

二、操作步骤

实行润滑点润滑是每班开始工作前必须做的事情,对于机床的保养和人工的操作都是有利的。

序号	操作步骤	操作要求
步骤 1	挂轮架润滑脂杯	每次填满 2 号钙基润滑脂,每班拧一次,5 天填一次,防止挂轮架轴与套干摩擦、研死
步骤 2	主轴箱、进给箱油箱	通过油窗观察,油不在中心位置就应加油,保证两大箱体的润滑
步骤 3	电器箱中操纵杠连接杆部位	润滑轴套
步骤 4	溜板箱油箱	将润滑油注入至游标的中心,保证储油槽内羊毛线将油引入各轴承等部件
步骤 5	中丝杆与法兰盘配合	法兰盘托住中滑板丝杆进行转动,每日最少润滑一次
步骤 6	中丝杆与齿轮连接	动力由溜板箱传至中滑板丝杆,每日最少润滑一次
步骤 7	床鞍和床身导轨配合油盒	在中滑板内的盒体,每天往盒内注油,保证床身导轨的润滑量
步骤 8	套筒与尾座配合	视使用情况进行润滑,保证套筒的使用精度
步骤 9	尾座丝杆与法兰盘配合	承受尾座丝杆的轴承润滑,视使用情况进行润滑
步骤 10	方刀架轴	方刀架转动的配合圆柱面,每日最少润滑一次
步骤 11、12	中滑板两侧燕尾导轨	最容易进脏物的配合面,每日一般擦拭和润滑最少两次
步骤 13	中丝杆与螺母配合	关系到配合精度和螺母、丝杆的间隙磨损,每日最少润滑一次

续表

序号	操作步骤	操作要求
步骤14	小滑板丝杆与螺母配合	视使用情况进行润滑,一般每日最少润滑一次
步骤15	小丝杆与刻度盘配合	视使用情况进行润滑,一般每日最少润滑一次
步骤16	三杠端头与座配合	保证三杠的传动精度,防止三杠的端头与座研死,每日最少润滑一次,将油灌满
步骤17	丝杠、光杠、操纵变向杠表面与溜板箱机件配合	丝杠的表面与开合螺母进行配合,车削螺纹时,一般每日最少擦拭和润滑一次;光杠与溜板箱轴套齿轮配合,运动是最频繁的一组部件,一般每日最少润滑一次。其他润滑点（不在每日润滑之内,可一段时间润滑一次）
步骤18	丝杠左接头	按润滑点润滑
步骤19	滤油器清洗	清洗床头箱后端三角形滤油器的滤油铜网,每周应用煤油清洗一次

三、操作质量标准

1. 挂轮架润滑杯的润滑脂保持油不断绝。
2. 主轴箱、进给箱、油箱、溜板箱不断油。
3. 其他各部润滑点保持每天润滑。

技能要求2

部分容易损坏、研死的表面的润滑措施

一、操作准备

序号	名称	准备事项
1	设备	CA6140车床
2	工、附具	油枪、油壶、HL46润滑油和2号钙基润滑脂及活扳手、旋具等常用工具

二、操作步骤

序号	操作步骤		操作简图
步骤1	挂轮架润滑脂杯	5天旋开一次,将润滑脂填满,每天拧一扣	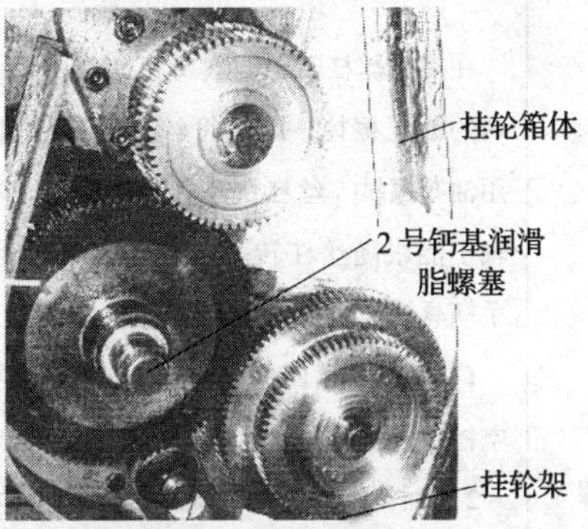 挂轮箱体；2号钙基润滑脂螺塞；挂轮架
步骤2	滤油器清洗	1) 松开并取下螺钉1 2) 取下三角盖2 3) 取出铜网3在煤油中清洗 4) 依次装回,清理完毕	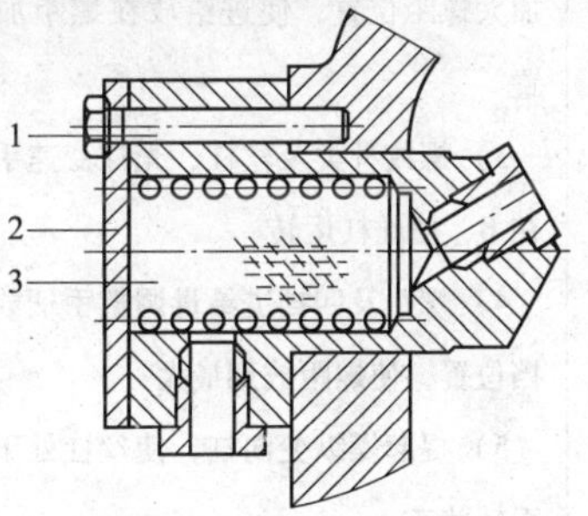 1—螺钉 2—三角盖 3—铜网
步骤3	床鞍和床身导轨配合面,用油枪射油	1) 露出安装在溜板1上的、中滑板下面的油盒 2) 打开盖2 3) 向盒内倒油,倒满后,盖好盖子	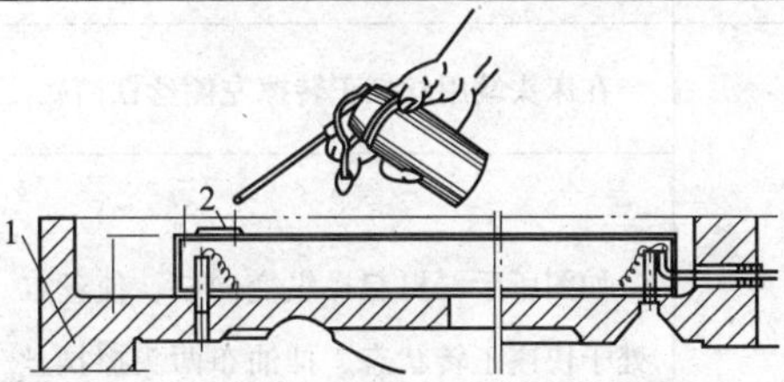 1—溜板 2—盖
步骤4	方刀架轴	1) 清洗方刀架 2) 用油枪射入润滑油	 弹子油杯

续表

序号	操作步骤	操作简图
步骤5	丝杠擦拭润滑准备 在擦拭丝杠时，一般要将丝杠螺纹沟内的油泥擦掉，因此将丝杠快速转动，用油布擦拭。丝杠快速转动的同时，主轴不能跟随丝杠转，这时主轴需空转。手柄具体操作如图所示 1) 将主轴箱四色快慢挡变速手柄放在空挡位置，使主轴空转 2) 加大螺距及左右螺纹变换手柄放在加大螺距位置，使进给放在螺距加大位置 3) 螺纹种类及丝杠、光杠变速手柄放在 B，使丝杠运转 4) 螺距及四挡进给量调整手柄放在Ⅳ挡位置，使螺距放到最大 5) 提起操纵变向杠，使丝杠处于快速正转状态	
步骤6	在床头端用丝杠正转擦左侧丝杠槽底 如图所示，提起操纵变向杠，使丝杠处于快速正转状态，抻油布两头擦拭丝杠 在尾座端用丝杠反转擦右侧丝杠槽底 如图所示，压下操纵变向杠，使丝杠处于快速反转状态，抻油布两头擦拭丝杠	

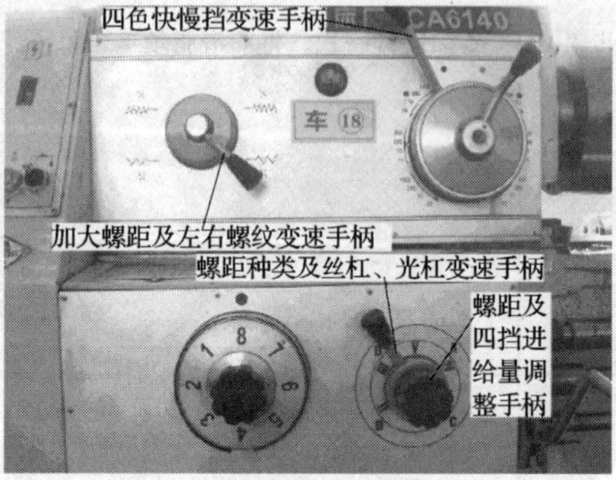

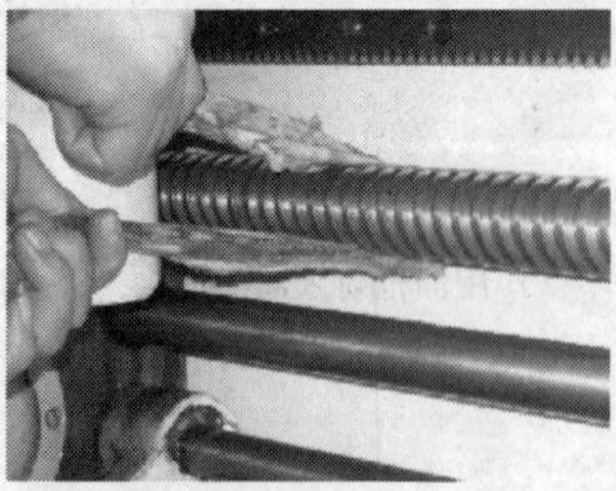

续表

序号	操作步骤	操作简图
步骤7	丝杠润滑 如图所示，用油壶注油 光杠及操纵变向杠注油 1）光杠及操纵变向杠在静止状态下擦拭，要将键槽内擦拭干净 2）光杠及操纵变向杠擦拭后，注油	
步骤8	三杠端头与座配合 1）拨开上盖 2）灌满润滑油 3）盖好上盖	

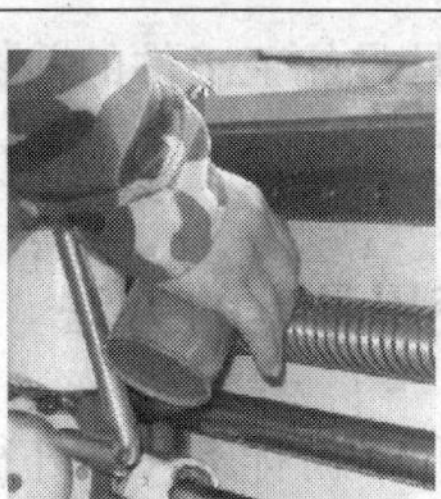

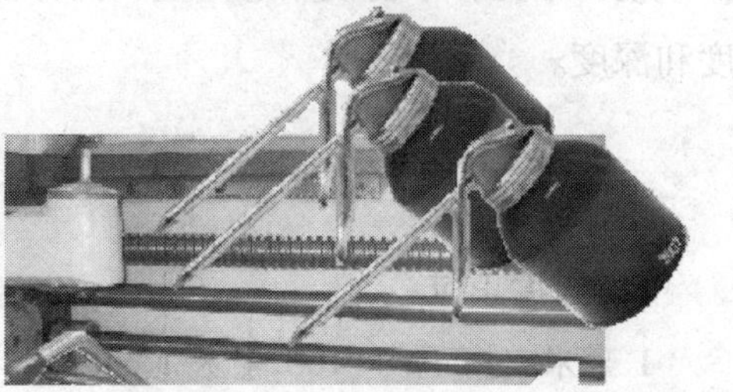

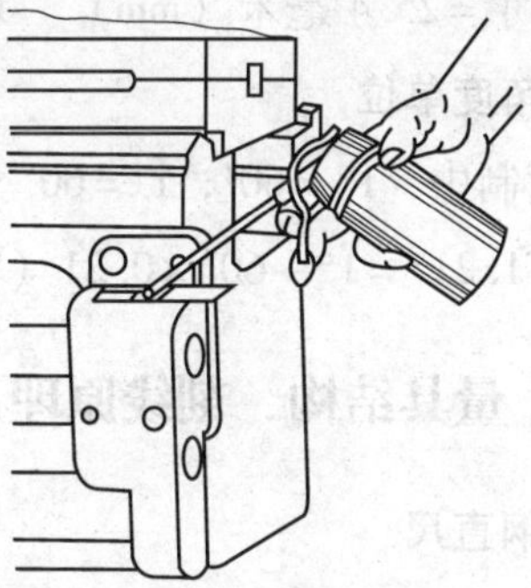

第4节 常用量具的识读、使用及保养

 学习单元1 直径及长度量具的识读

 学习目标

➢ 掌握游标卡尺、外径千分尺、深度游标卡尺的结构、刻线原理及测量方法

识读量具是加工工件的前提条件,用这些量具涉及使用方法和观察能力,需要在长期的加工和测量工作中,巩固测量技术,使测量技术精益求精。

一、使用量具的方法

用钢直尺、游标卡尺、外径千分尺和深度游标卡尺测量工件的轴径和长度在工作中较为常见,学会使用这些量具的方法,就能够测量一般常见的工件的直径、长度和深度。

二、常用单位

1. 长度单位

1 毫米(mm) = 100 忽米(cmm) = 1 000 微米(μm)

1 英寸 = 25.4 毫米(mm)　　1 英分 = 3.175 毫米(mm)

2. 角度单位

角度制中,1° = 60′,1′ = 60″。

例:1.21° = 1° + 60′×0.21 (°) = 1°12.6′ = 1°12′ + 60″×0.6 (′) = 1°12′36″

三、量具结构、刻线原理及测量方法

1. 钢直尺

钢直尺可以直接用来测量工件的尺寸。常用的钢直尺刻有公制尺寸,如图 1—21 所示,它的长度规格有 150 mm、200 mm、300 mm、500 mm、600 mm 和 1 000 mm 等。其测量精度为 0.5 mm。

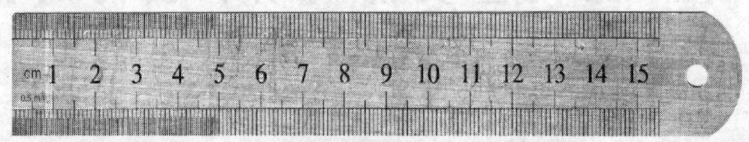

图 1—21　钢直尺

用钢直尺测量工件时,应将钢直尺拿稳,用拇指贴靠工件。若手指位置不准确,易使钢直尺不稳定,造成测量不准确。读数时,视线应与钢直尺垂直不应倾斜,否则会影响测量的精确度。钢直尺起始端是测量的基准,应保持其轮廓完整,以免影响测量的精度。如果钢直尺端部已经磨损,应以另一刻度线作为基准。

2. 游标卡尺

在车削加工中,工件的测量需要用一些通用的量具进行,必须识读和使用这些量具,在机械加工的生产中,保证工件质量。

(1) 结构形式

游标卡尺的常用式样有两用游标卡尺和双面游标卡尺。

1) 两用游标卡尺。两用游标卡尺的结构如图 1—22 所示。它由尺身 3 和游标 5 组成,螺钉 4 可旋松或拧紧游标。下量爪 1 用来测量工件的外径和长度,上量爪 2 可以测量孔径和槽宽,深度尺 6 用来测量孔的深度和台阶长度。

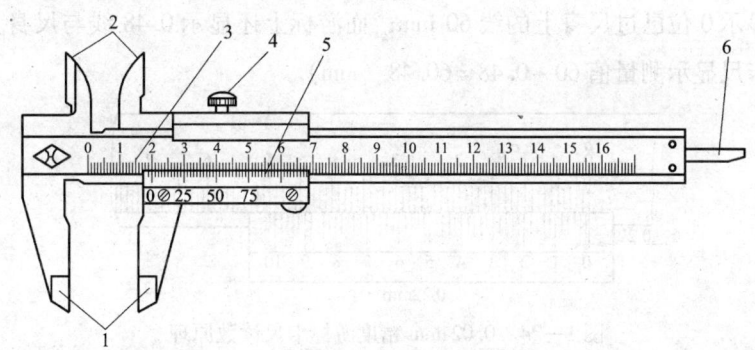

图 1—22 两用游标卡尺

1—下量爪 2—上量爪 3—尺身 4—螺钉 5—游标 6—深度尺

2) 双面游标卡尺。双面游标卡尺的结构如图 1—23 所示,在游标 3 上增加了微调装置 5。拧紧固定微调螺钉 4,松开螺钉 2,用手指转动滚花螺母 6,通过小螺杆 7 即可微调游标。上量爪 1 用来测量沟槽宽度或孔距,下量爪 8 用来测量工件的外径和孔径。当用下量爪测量孔径时,游标卡尺的读数值必须加上下量爪的厚度 b(一般为 10 mm)。

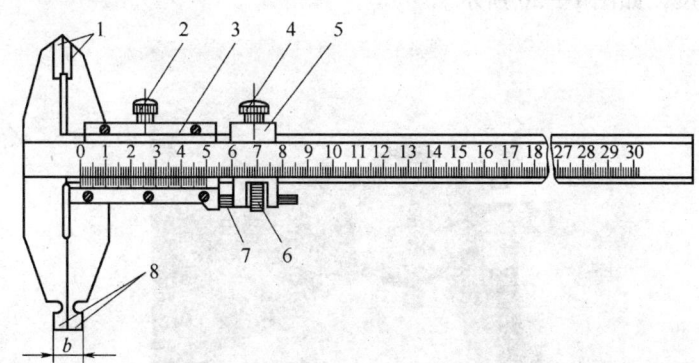

图 1—23 双面游标卡尺

1—上量爪 2,4—螺钉 3—游标 5—微调装置 6—滚花螺母 7—小螺杆 8—下量爪

(2) 刻线原理及读数方法

游标卡尺的读数精度是利用主尺和游标刻线间的距离之差来确定的。0.02 mm (1/50) 精度游标卡尺，尺身为每小格 1 mm，游标刻线总长为 49 mm，并等分为 50 格，因此每格为 49/50 = 0.98（mm），则尺身和游标相对一格之差为 1 - 0.98 = 0.02（mm），所以它的测量精度为 0.02 mm。根据这个刻线原理，如果游标第 11 根刻线与尺身刻线对齐，如图 1—24 所示，则小数尺寸的读数为 $ab = ac - bc = 11 - (11 \times 0.98) = 0.22$（mm）。简便看尺方法为：游标显示 0.22 线与尺身上的刻线对齐，即卡尺显示测量值为 0.22 mm。如图 1—25 所示的尺寸为 60.48 mm。简便看尺方法为：游标显示 0 位已过尺身上的线 60 mm，而游标上还显示 0.48 线与尺身上的刻线对齐，即卡尺显示测量值 60 + 0.48 = 60.48（mm）。

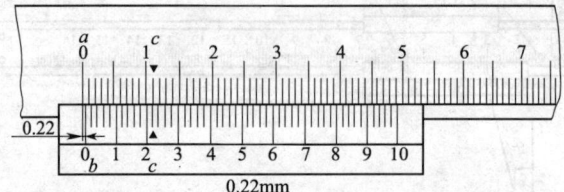

图 1—24　0.02 mm 精度游标卡尺读数原理

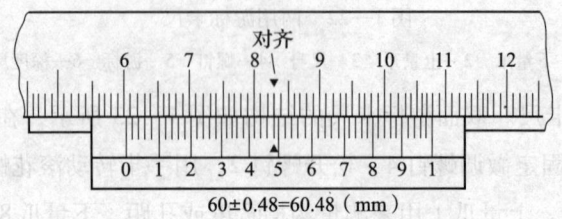

图 1—25　0.02 mm 精度游标卡尺读数方法

(3) 高精度卡尺

1) 附表卡尺，如图 1—26 所示。

图 1—26　附表卡尺

2）电子数显卡尺，如图1—27所示。

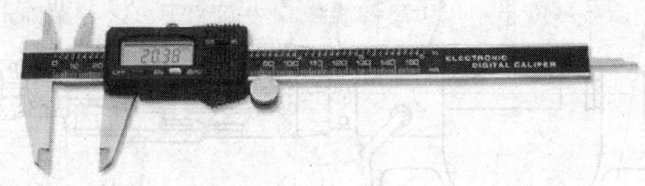

图1—27 电子数显卡尺

电子数显卡尺的特点是读数直观准确，使用方便且功能多样。当使用电子数显卡尺测得某一尺寸时，数字显示部分就清晰地显示出测量结果。使用米制/英制/转换键，可选择用米制或英制长度单位进行测量。电子数显卡尺的测量范围分别为 0～150 mm、0～200 mm、0～300 mm 和 0～500 mm。电子数显卡尺的分辨率为 0.01 mm。电子数显卡尺主要用于测量精密工件的内、外径尺寸，以及宽度、厚度、深度和孔距等。

3. 外径千分尺

千分尺是生产中最常用的精密量具之一，它的测量精度为 0.01 mm。

千分尺的种类很多，按用途分有外径、内径、深度、内测、螺纹和壁厚千分尺等。

测微螺杆的长度受到制造上的限制，其移动量通常为 25 mm，所以千分尺的测量范围分别为 0～25 mm、25～50 mm 等，每隔 25 mm 为一种规格。

（1）结构形式

外径千分尺的外形和结构如图1—28所示，它由尺架1、砧座2、测微螺杆3、锁紧装置4、螺纹轴套5、固定套管6、微分筒7和测力装置10等部分组成。测力装置10保证测量面与工件接触时具有恒定的测量力，以便测出正确的尺寸。棘轮爪12在弹簧11的作用下与棘轮13啮合。当千分尺的测量面与工件接触，并超过一定压力时，棘轮13沿着棘轮爪的斜面滑动，发出嗒嗒声，这时就可读出工件尺寸。

测量前千分尺必须校正零位。测量时，为防止尺寸变动，可转动锁紧装置4的手柄锁紧测微螺杆。

（2）刻线原理

千分尺固定套管沿轴向刻度，每格为 0.5 mm。测微螺杆的螺距为 0.5 mm。当微分筒转1周时，测微螺杆就移动1个螺距 0.5 mm。微分筒的圆周斜面上共刻50个格。因此，微分筒转1格（1/50）时，测微螺杆移动 0.5 mm/50 = 0.01 mm，所以千分尺的测量精度为 0.01 mm。

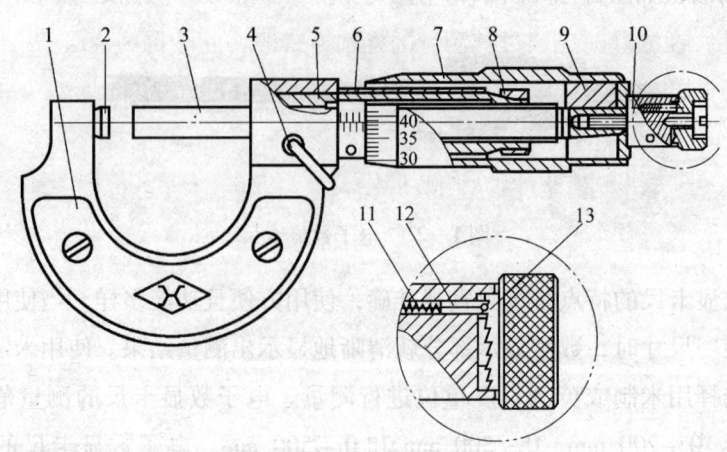

图1—28 千分尺的结构形状

1—尺架 2—砧座 3—测微螺杆 4—锁紧装置 5—螺纹轴套 6—固定套管 7—微分筒
8—螺母 9—接头 10—测力装置 11—弹簧 12—棘轮爪 13—棘轮

（3）读数方法

1）先读出固定套管上露出刻线的整毫米数和半毫米数。

2）微分筒上的哪一格与固定套管的基准线对齐，读出小数部分，即0.01mm乘以转过的格数。

3）将上述两部分尺寸相加即为被测工件的尺寸。在图1—29a中为12 mm + 0.01 mm × 24 = 12.24 mm；图1—29b中为32.5 mm + 0.01 mm × 1.5 = 32.65 mm。

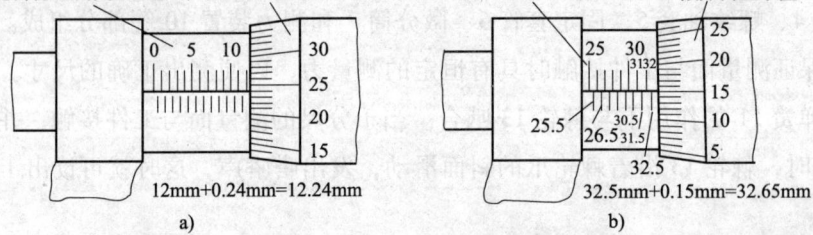

图1—29 千分尺的读数方法

a）读数图例1 b）读数图例2

4. 卡规

在大批量生产时，使用游标卡尺或千分尺等量具测量工件的外圆不太方便，且会加剧精密量具的磨损，因此，常使用卡规来检验工件的外径或其他外表面。

卡规的形状如图1—30所示，它有两个测量面，尺寸大的测量面等于外圆的最大极限尺寸，在测量时应通过被测量的外圆，一般将此端称为通端T；尺寸小的测量面等于外圆的最小极限尺寸，在测量时不应通过被测量的外圆，一般将此端称为止端Z。

用卡规能直接判断工件外表面的尺寸是否合格，如果卡规通端能通过，止端不能通过，则说明被测表面的尺寸在允许的公差范围之内，为合格工件，否则为不合格工件。卡规的优点是测量方便，缺点是不能测量出被测表面的具体尺寸。

5. 量块

在生产中有时用量块进行工件的测量，量块的形状如图1—31示。

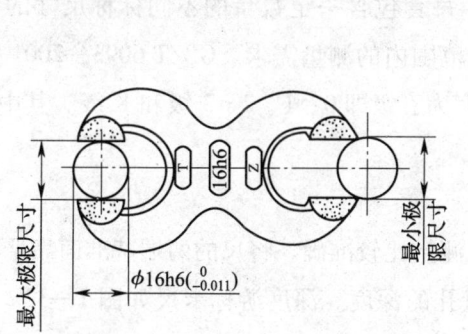

图1—30 卡规的检测

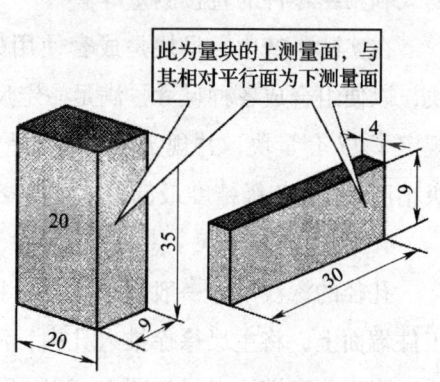

图1—31 量块的形状

（1）量块的概念

量块是没有刻度的平行端面量具，也称块规。量块是用微变形钢（属低合金刃具钢）或陶瓷材料制成的长方体。量块具有线膨胀系数小、不易变形、耐磨性好等特点。量块中经过精密加工很平很光的两个平行平面，叫做测量面。两测量平面之间的距离为工作尺寸，又称标称尺寸，该尺寸具有很高的精度。量块的标称尺寸大于或等于10 mm时，其测量面的尺寸为35 mm×9 mm；标称尺寸在10 mm以下时，其测量面的尺寸为30 mm×9 mm。

（2）量块的特性和应用

量块的测量面非常平整和光洁，用少许压力推合两块量块，使它们的测量面紧密接触，两块量块就能黏合在一起。量块的这种特性称为研合性。利用量块的研合性，就可用不同尺寸的量块组合成所需的各种尺寸，如图1—32所示。

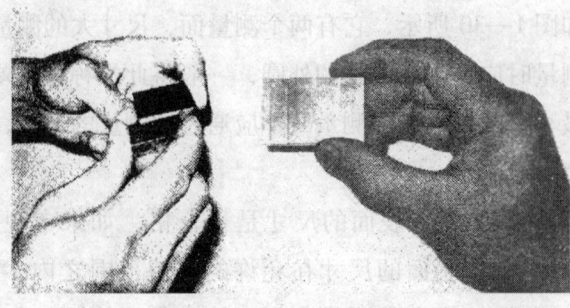

图 1—32　量块的研合性

量块的应用较为广泛，可用于检定和校准其他量具、量仪。相对测量时，用量块组合成一标准尺寸来调整量具和量仪的零位。量块也用于精密机床的调整、精密划线和精密零件的直接测量等。

在实际生产中，量块是成套使用的，每套包含一定数量的不同标称尺寸的量块，以便组合成各种尺寸，满足一定尺寸范围内的测量需求。GB/T 6093—2001 共规定了 17 套量块，并规定量块的制造精度为五级即 0、1、2、3 级和 K 级。其中 0 级精度最高，3 级精度最低，K 级是校准级。

6. 深度游标卡尺

孔径的深浅尺寸一般用深度游标卡尺测量比较准确。将尺的两端基准面靠严在工件端面上，将主尺徐徐推入孔内，测量孔的深度。深度游标卡尺如图 1—33a 所示，附表深度游标卡尺如图 1—33b 所示。

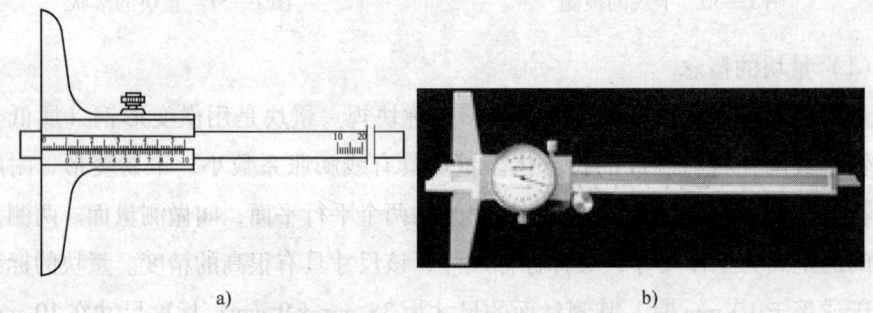

图 1—33　用深度游标卡尺测量孔径的深度尺寸
a）深度游标卡尺　b）附表深度游标卡尺

四、量具的维护知识与保养知识

1. 游标卡尺在测量前应检查零位是否对齐，双面游标卡尺还要检测下量爪的实际值（如标准为 10 mm，磨损后通常小于标准值），使用后要用油布擦拭干净。

2. 附表卡尺检查要用手将游标推到零位后，观察表盘指针是否有所晃动，纹丝不动为最佳状态,如发现几次用手将游标推到零位后的表盘指示值不同,就要检查卡尺是否有碰伤或锈蚀,指针有无松动现象,指针的转动是否平稳等,要进行修复。

3. 使用外径千分尺时,不要握住微分筒转圈摇晃千分尺尺架,防止尺寸变化或造成千分尺损坏。使用外径千分尺时,更不要握住微分筒拧动。

4. 各种量具在测量完毕后,应用汽油或酒精洗净,用干净纱布仔细擦干,涂上防锈油,然后装入匣内。

技能要求1

卡尺测量工件

一、操作准备

序号	名称	准备事项
1	设备	CA6140 车床
2	量具	普通游标卡尺、电子数显卡尺、附表卡尺
3	劳动保护用品	三紧工作服

二、操作步骤

序号	操作步骤	操作简图
步骤1	检查量具的准确性 检查普通游标卡尺（见图a）,核对游标尺上的两边零位是否与主尺线对齐,如果有偏差,说明卡尺有误差。检查电子数显卡尺（见图b）、附表卡尺（见图c）的准确性,用手推动尺身,使两下量爪并紧后,显示值应为零,并且没有缓劲。如图d所示就不归零,需要调整到零位	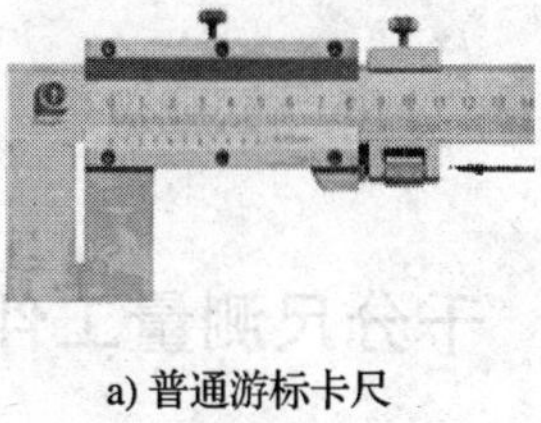 a) 普通游标卡尺 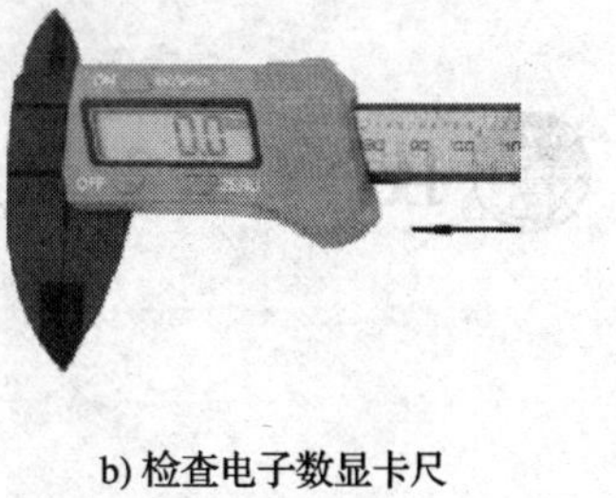 b) 检查电子数显卡尺 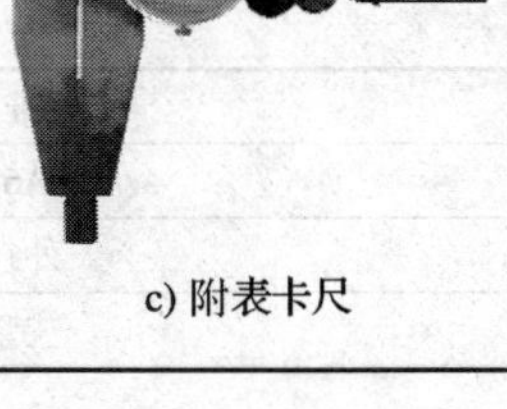 显示数值: 0.06 c) 附表卡尺 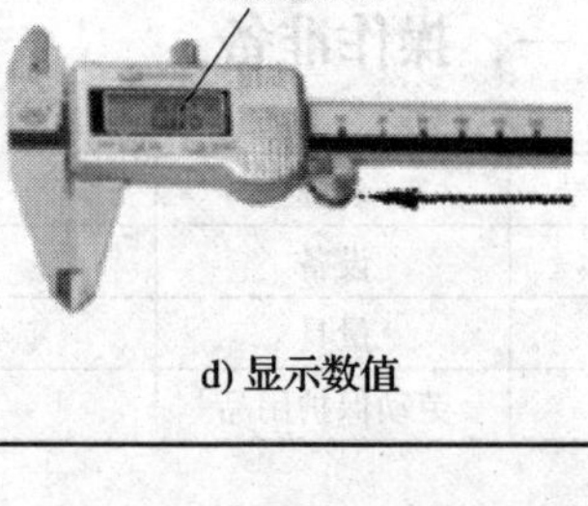 d) 显示数值

续表

序号	操作步骤	操作简图
步骤2	用手指将游标推到测量面,不可用力过猛。如果用力时测量结果有变化,说明卡尺间隙较大	
步骤3	测量时,视线要正对尺面观察数值,当拧紧紧定螺钉时,不要产生尺寸变化	
步骤4	测量内孔时,卡脚要平行于测量面观察数值,不要产生尺寸变化。图 a 是正确的,图 b 就是倾斜的,使尺寸变小	a) 正确　　b) 不正确

 技能要求3

千分尺测量工件

一、操作准备

序号	名称	准备事项
1	设备	CA6140 车床
2	量具	外径千分尺
3	劳动保护用品	三紧工作服

二、操作步骤

序号	操作步骤	操作简图
步骤1	在机床上用外径千分尺测量工件外径尺寸 在车床上测量工件时，最好将千分尺与机床垂直放置进行测量，如图所示	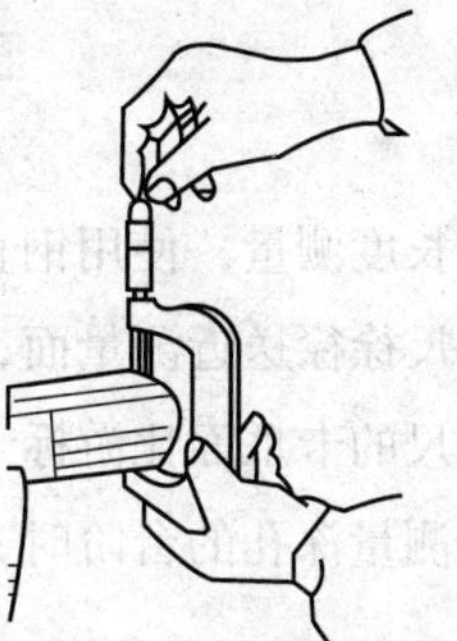
步骤2	手拿小件测量外径 手拿千分尺测量小件时，要将微分筒拧动的力量与测力装置一样，如图所示	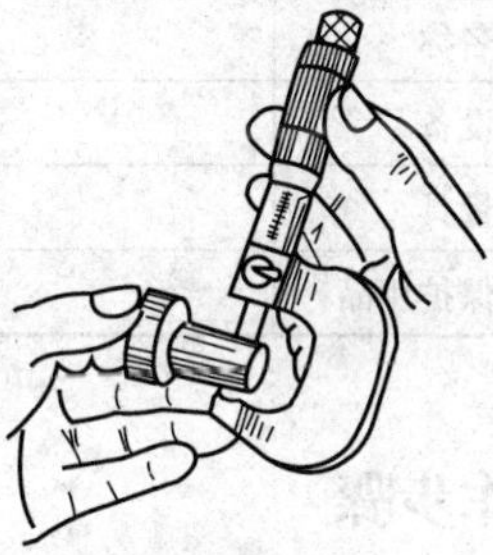
步骤3	防止千分尺热变形测量外径 由于长期使用千分尺，手握千分尺的尺架会产生热量，导致尺架的热变形，引起尺寸的变化，这时可将千分尺夹在夹具上，手拿工件进行测量，如图所示	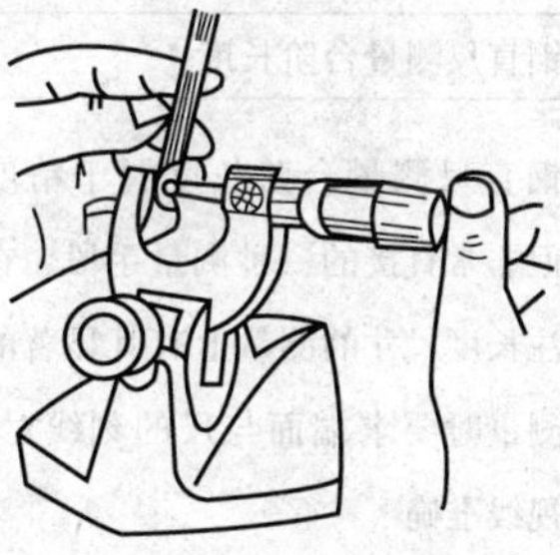
步骤4	测量大直径工件 在车床上测量大直径工件，可将大型千分尺从上往下移动，一面上下找最大直径处，一面旋转棘轮进行测量，如图所示	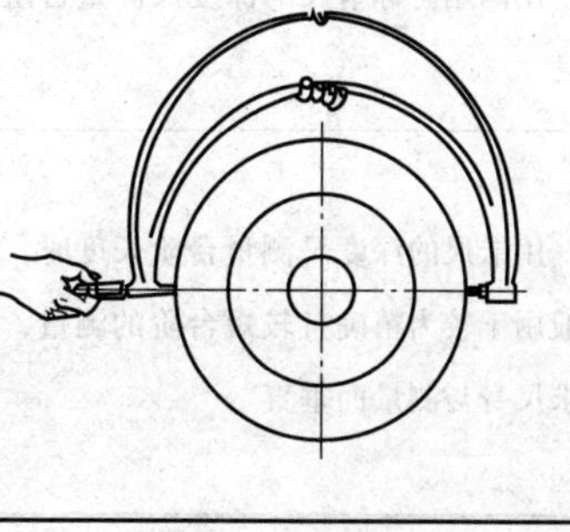

技能要求3

工件长度测量

进行工件长度测量,使用钢直尺、游标卡尺的深度尺、深度游标卡尺等量具操作一般将深度尺徐徐送近测量面,用游标深度卡尺测量工件长度尺寸比卡尺准,因为游标深度卡尺的卡爪面比游标卡尺长而宽,更容易利用工件端面进行基准面的精定位,尤其在测量深孔的台阶时,更显出它的优越性。

一、操作准备

序号	名称	准备事项
1	设备	CA6140 车床
2	量具	钢直尺、游标卡尺的深度尺、深度游标卡尺
3	劳动保护用品	三紧工作服

二、操作步骤

序号	操作步骤	操作简图
步骤1	用钢直尺测量台阶长度 用钢直尺测量台阶长度属于精度不高,但非常直接的一种测量手段,在一些未注长度尺寸的测量上有其显著的作用。测量时要求端面与尺的刻线对齐,要求视线准确	
步骤2	用两用游标卡尺的深度尺测量台阶长度 用卡尺的深度尺测量台阶长度时,一般用于较为精确且较短台阶的测量,要求尺身与测量面垂直	

续表

序号	操作步骤	操作简图
步骤3	用游标深度卡尺测量长度尺寸 用游标深度卡尺测量台阶长度时,一般用于精确的台阶长度尺寸公差测量,要求两端基准面靠严在工件端面上,主尺尺身与测量面垂直	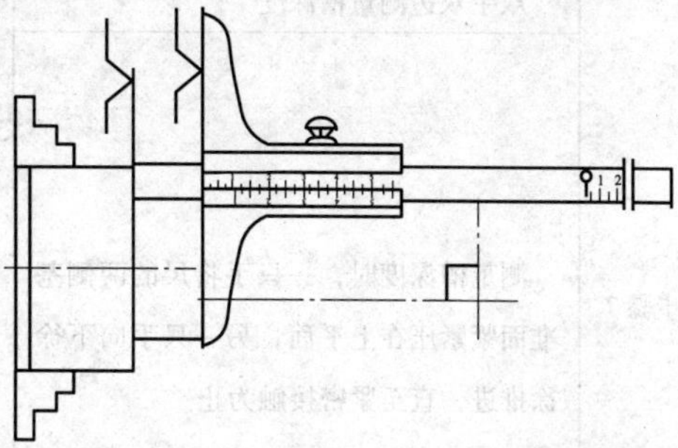
步骤4	单手测量台阶长度 台阶长度一般用深度游标卡尺测量比较准确。将尺的一端基准面靠严在工件端面上,将主尺徐徐推入,测量台阶的长度	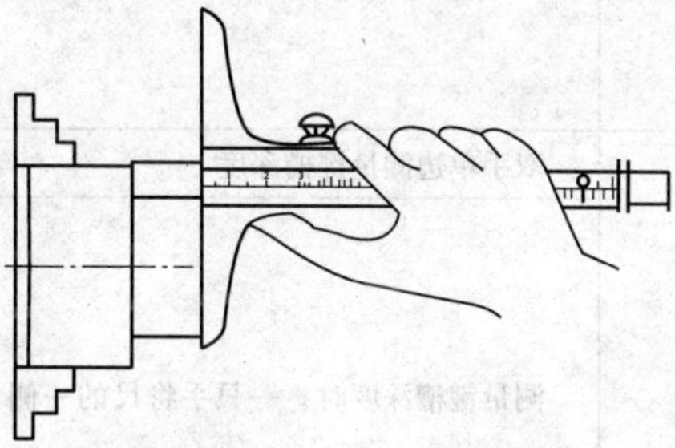
步骤5	单手测量孔径的深度尺寸 孔径的深度尺寸一般用深度游标卡尺测量比较准确。将尺的两端基准面靠严在工件端面上,将主尺徐徐推入孔内,测量孔的深度	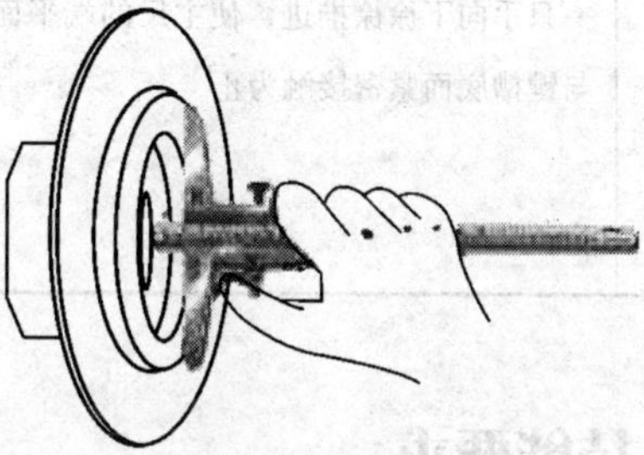
步骤6	双手单边测量燕尾槽深度 测量燕尾槽深度时,一只手将尺的一侧基准面紧紧压在导轨平面上,另一只手向下徐徐推进,直至紧密接触为止	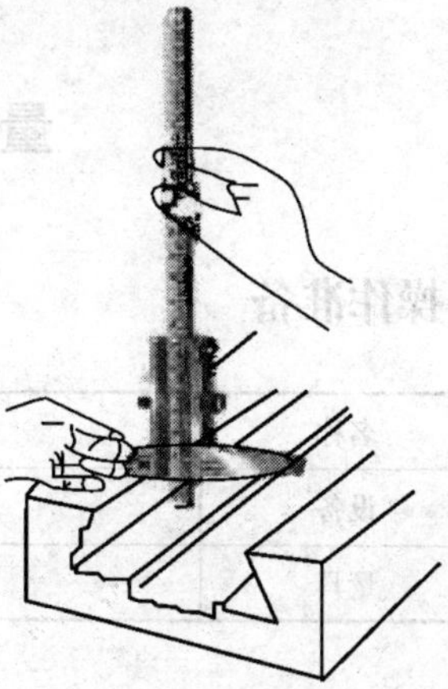

续表

序号	操作步骤	操作简图
步骤7	双手双边测量槽深度 测量槽深度时,一只手将尺的两侧基准面紧紧压在上平面,另一只手向下徐徐推进,直至紧密接触为止	
步骤8	双手单边测量键槽深度 测量键槽深度时,一只手将尺的一侧基准面紧紧压在工件圆面的上平面,另一只手向下徐徐推进,使主尺的端平面与键槽底面紧密接触为止	

技能要求

量块的使用方法

一、操作准备

序号	名称	准备事项
1	设备	CA6140 车床
2	量具	组合量块

二、操作步骤

序号		操作步骤
步骤1	量块的尺寸组合及使用方法	1）为了减少量块组合的累积误差，使用量块时，应尽量减少使用的块数，一般要求不超过5块 2）选用量块时，应根据所需组合的尺寸，从最后一位数字开始选择，每选一块，应使尺寸数字的位数减少一位，依此类推，直到组合成完整的尺寸
步骤2	使用量块时的注意事项	1）不能碰伤和划伤其表面，特别是测量面。要防止腐蚀性气体侵蚀量块，不能用手接触测量面，以免影响量块的组合精度 2）组合前，应先根据工件尺寸选择好量块 3）量块选好后，在组合前要用麂皮或软绸将各面擦净，用推压的方法逐块研合。在研合时应保持动作平稳，以免测量面被量块棱角划伤 4）使用后，拆开组合量块，清洗、擦拭干净（钢制量块涂上防锈油）后，装在特制的木盒内 5）绝不允许将量块研合在一起存放

学习单元2 百分表量具的识读

学习目标

➤ 掌握百分表测量知识

知识要求

一、百分表属性

在生产中经常用百分表（千分表）进行工件的测量，百分表如图1—34所示。

百分表属于机械式量仪的一种，它借助杠杆、齿轮、齿条或扭簧的传动，将测量杆的微小直线移动，经传动和放大机构转变为表盘上指针的角位移，从而指示出相应的数值，因而机械式量仪又称指示式量仪。

1. 百分表的结构

百分表是应用最为广泛的一种机械式量仪，其结构如图1—35所示。

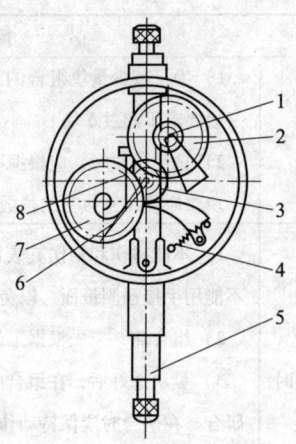

图1—34 百分表   图1—35 百分表的结构

1—小齿轮 2,7—大齿轮 3—中间齿轮
4—弹簧 5—测量杆 6—指针 8—游丝

如图所示,当切有齿条的测量杆5上下移动时,带动与齿条啮合的小齿轮1转动,此时与小齿轮1固定在同一轴上的大齿轮2也随着转动。通过大齿轮2即可带动中间齿轮3及与中间齿轮3同轴的指针6转动。这样通过齿轮传动系统可将测量杆5的微小位移放大并转变成指针6的转动,并在刻度盘上指示出相应的示值。

为了消除由齿轮传动系统中齿侧间隙引起的测量误差,在百分表内装有游丝8,由游丝8产生的转矩作用在大齿轮7上,大齿轮7也和中间齿轮3啮合,这样可以保证齿轮在正反转时都在齿的同一侧面啮合,因而可消除齿侧间隙的影响。大齿轮7的轴上装有小指针,以显示大指针的转数。

2. 百分表的分度原理

当百分表的测量杆移动1 mm,通过齿轮传动系统,使大指针回转一周。刻度盘沿圆周刻有100个刻度,当指针转过1格时,表示所测量的尺寸变化为1/100 = 0.01(mm),所以百分表的分度值为0.01 mm。

3. 百分表的特点

百分表具有体积小、结构紧凑、读数方便、测量范围大、用途广泛的特点。

百分表的示值范围通常有0~3 mm、0~5 mm、0~10 mm三种。

二、磁力表座及百分表

磁力表座及百分表由百分表和磁力表座及表架组成，用于孔、轴的几何精度的测量，如图1—36所示。磁力表座的磁性将使其吸在磁性物体上，将百分表的测头指向被测的表面，观察表针的变化。磁力表座上的百分表可以通过百分表架将百分表调整到任意的位置。

三、内径百分表

内径百分表由百分表和专用表架组成，用于测量孔的直径和孔的形状误差，特别适宜于深孔的测量。内径百分表的构造如图1—37所示，百分表的测量杆与传动杆5始终接触，弹簧6是控制测力的，并经过传动杆5、杠杆8向外顶住活动测头1。测量时，活动测头1的移动使杠杆回转，通过传动杆5推动百分表的测量杆，使百分表指针回转。由于杠杆是等臂的，百分表测量杆、传动杆5及活动测头1三者的移动量是相同的，所以，活动测头1的移动量可以在百分表上读出来。

定位装置9起找正直径位置的作用。活动测头1和可换测头2同轴，其轴线位于定位装置9的中心对称平面上，由于定位弹簧10的推力作用，使孔的直径处于定位装置的中心对称平面上，因而保证了可换测头2与活动测头1的轴线与被测孔的直径重合。

图1—36 磁力表座及百分表

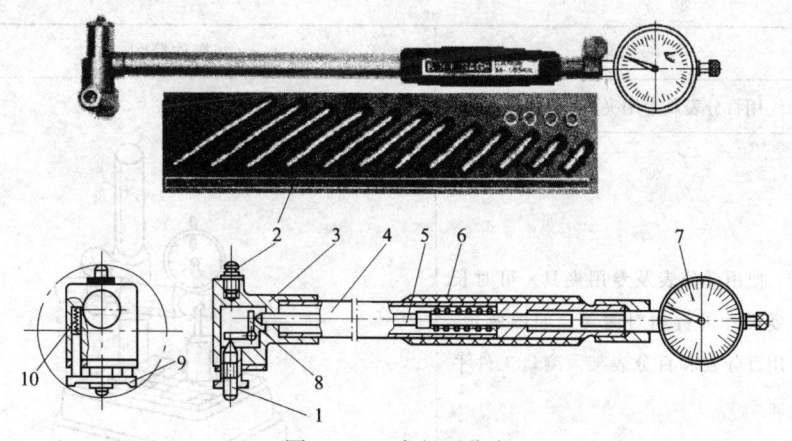

图1—37 内径百分表

1—活动测头 2—可换测头 3—表架头 4—表架套杆 5—传动杆
6—测力弹簧 7—百分表 8—杠杆 9—定位装置 10—定位弹簧

内径百分表活动测头的移动量很小，它的测量范围是通过更换或调整可换测头的长度来实现的，每只内径百分表都配有一套可换测头。

四、百分表量具的维护与保养

百分表测头开始与被测表面接触时，测量杆就应压缩 0.3～1 mm，以保持一定的初始测力。

用百分表测量前应检查表盘玻璃是否破裂或脱落，测头、测量杆、套筒等是否有碰伤或锈蚀，指针有无松动现象，指针的转动是否平稳等。

 技能要求

几何公差测量及孔径测量

一、操作准备

序号	名称	准备事项
1	设备	CA6140 车床
2	量具	磁性表架及万能表架、百分表、内径百分表

二、操作步骤

序号	操作步骤	操作简图
步骤1	用百分表及专用夹具，测量平面 使用百分表及专用夹具，可对长度尺寸进行相对测量。如图所示，用百分表和百分表架，测量工件平面	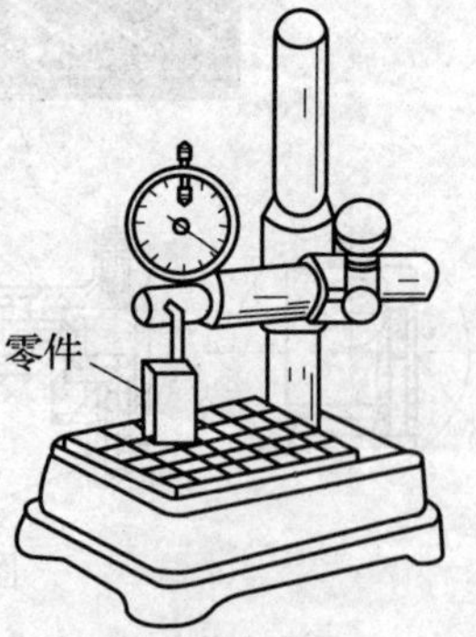 零件

续表

序号	操作步骤	操作简图
步骤2	用磁性百分表座和百分表测量圆跳动 如图所示，用磁性百分表座和百分表，将磁性百分表座吸附在机床的任何部位，或在偏摆仪等专用装置上对工件进行跳动等误差测量	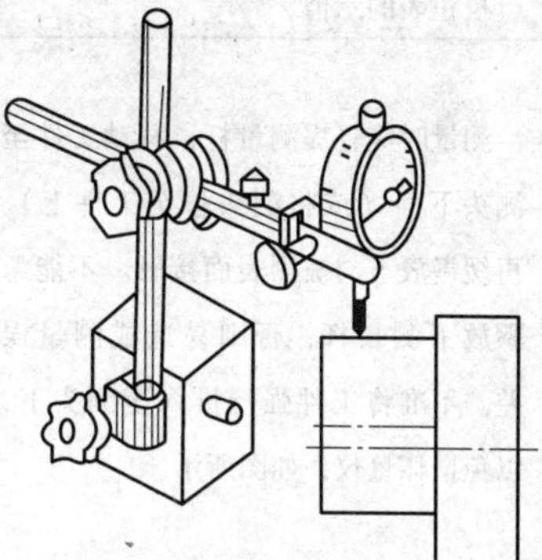
步骤3	用万能表架和百分表对工件进行几何公差等测量 如图所示，用万能表架和百分表，沿表架移动对工件进行直线度、平行度、平面度等测量。测量前先用标准件或量块校对百分表，转动表圈，使表盘的零刻度线对准指针，然后再测量工件，从表中读出工件尺寸相对标准件或量块的偏差，从而确定工件尺寸	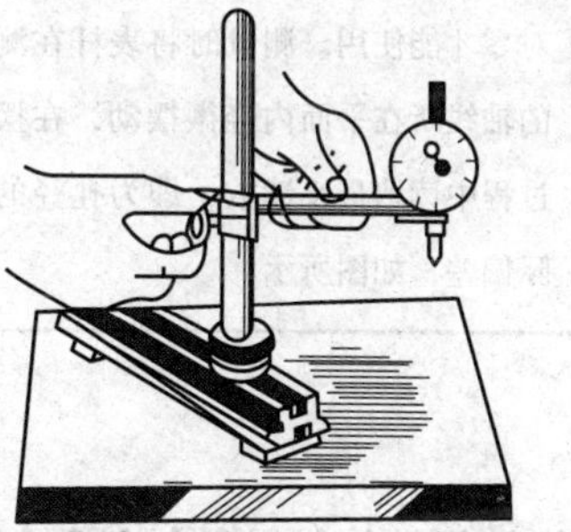
步骤4	测量杆应垂直零件被测表面 测量时应使测量杆垂直零件被测表面，如图所示	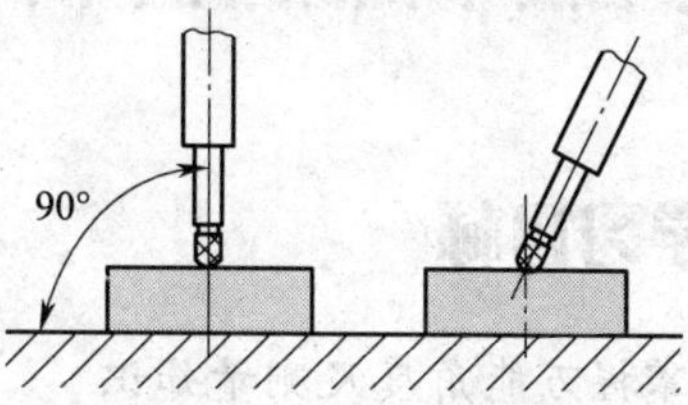 正确　　不正确
步骤5	测量杆的中心线要通过被测工件中心 测量圆柱面的直径时，测量杆的中心线要通过被测圆柱面的轴线，如图所示	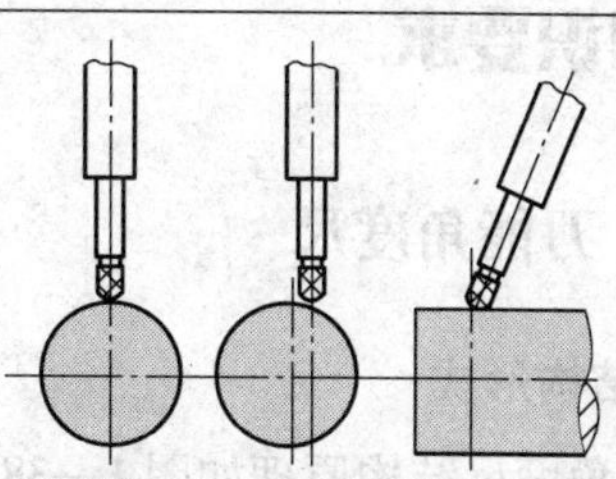 正确　　不正确

续表

序号	操作步骤	操作简图
步骤6	校正表的示值 测量时应轻提测量杆，移动工件至测头下面（或将测头移至工件上）。再缓慢放下与被测表面接触。不能急骤放下测量杆，否则易造成测量误差。不准将工件强行推入至测头下，以免损坏量仪，如图所示	（正确　　　　　不正确）
步骤7	用内径百分表测量孔径 测量前应根据被测孔径的大小，用千分尺或其他量具将内径百分表调整对零才能使用。测量时将表杆在测头的轴线所在平面内轻微摆动，在摆动过程中读取最小读数，即为孔径的实际偏差，如图所示	

学习单元3　角度量具的识读

学习目标

➢ 掌握万能角度尺测量知识

 知识要求

一、万能角度尺

1. 结构形式

万能角度尺结构原理如图1—38a所示。它可以测量0°~320°范围内的任何角度。

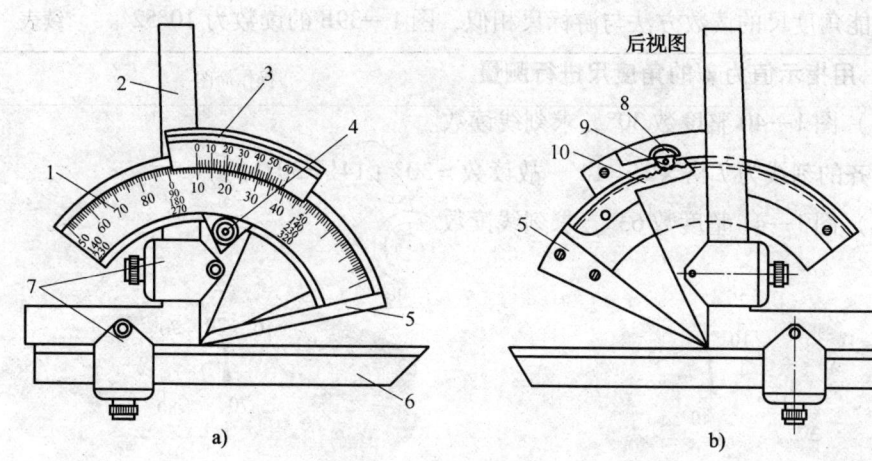

图 1—38 万能角度尺
a) 结构原理 b) 后视图
1—主尺 2—角尺 3—游标 4—制动器 5—基尺 6—直尺
7—卡块 8—捏手 9—小齿轮 10—扇形齿轮

万能角度尺由主尺 1、基尺 5、游标 3、角尺 2、直尺 6、卡块 7、制动器 4 等组成。基尺 5 可带着主尺 1 沿着游标 3 转动，转到所需角度时，可用制动器 4 锁紧。卡块 7 可将角尺 2 和直尺 6 固定在所需的位置上。

测量时，可转动背面的捏手 8，通过小齿轮 9 转动扇形齿轮 10，使基尺 5 改变角度，后视图如 1—38b 所示。

2. 读数原理及读法

如图 1—39a 所示，主尺每格为 1°，游标上总角度为 29°，并分成 30 格。因此，游标上每格的刻度值为 29°/30 = (60′×29)/30 = 58′，主尺一格和游标的一格之间相差：1°−58′=2′，即这种万能角度尺的指示值为 2′。

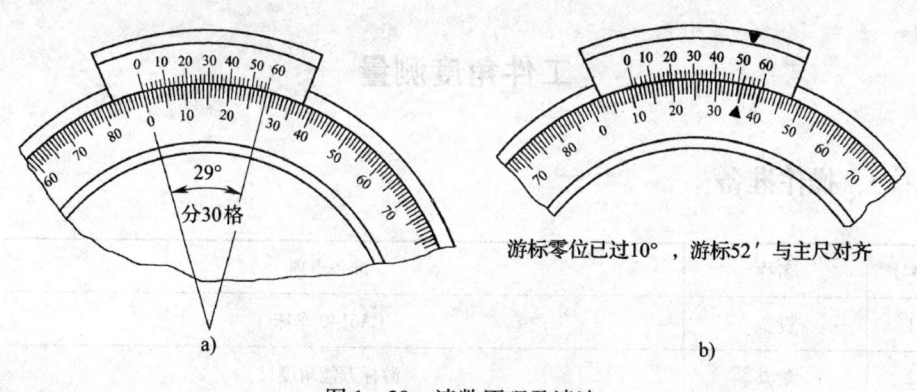

游标零位已过10°，游标52′与主尺对齐

图 1—39 读数原理及读法
a) 读数原理 b) 读法

万能角度尺的读数方法与游标尺相似,图1—39b的读数为10°52′。

3. 用指示值为2′的角度尺进行测量

(1) 图1—40 整度数30°,求刻线读数。

对齐的刻线为7格×2′=14′,故读数=30°+14′=30°14′。

(2) 图1—41 整度数63°,求刻线读数。

图1—40 刻线读数　　　　　图1—41 刻线读数

对齐的刻线为9格×2′=18′,故读数=63°+18′=63°18′。

二、测量步骤

1) 使用前,先将万能角度尺擦拭干净,再检查各部件的相互作用是否平稳可靠,止动后的读数是否不动,然后对零位。

2) 测量时,放松制动器上的螺母,移动主尺座作粗调整,再转动游标背面的手把作精细调整,直到使角度尺的两测量面与被测工件的工作面密切接触为止。然后拧紧制动器上的螺母加以固定,即可进行读数。

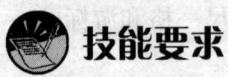 技能要求

工件角度测量

一、操作准备

序号	名称	准备事项
1	设备	CA6140车床
2	量具	游标万能角度尺
3	劳动保护用品	三紧工作服

二、操作步骤

序号	操作步骤	操作简图	
步骤1	用游标万能角度尺测量圆锥0°～50°之间角度 1）测量角尺和直尺全都装上，工件的被测部位放在基尺与各直尺的测量面之间进行测量，如图 a 所示。 2）例如，将被测工件放在基尺和直尺的测量面之间，如图 b 所示	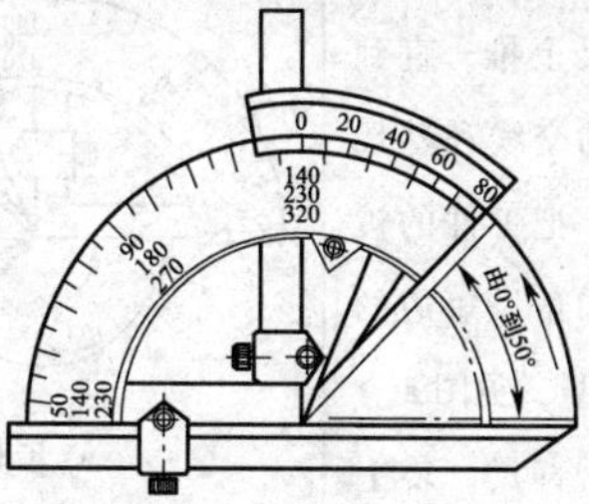 a) 步骤1 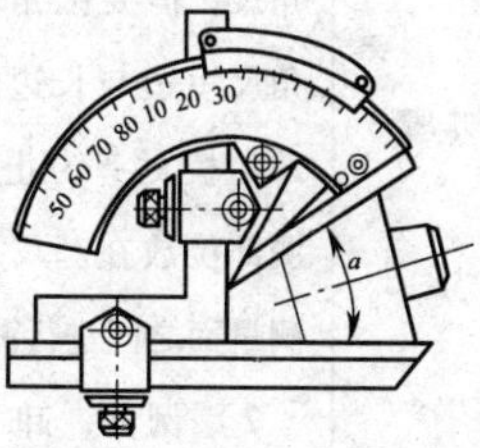	b) 实例
步骤2	用游标万能角度尺测量50°～140°之间角度 1）可把角尺卸掉，把直尺装上去，使它与扇形板连在一起。将工件的被测部位放在基尺和直尺的测量面之间进行测量，如图 a 所示 2）例如，卸下 90°角尺，用直尺代替，测量如图 b 所示 3）也可以不拆下角尺，只把直尺和卡块卸掉，再把角尺下拉，直到角尺短边与长边的交线和基尺的尖棱对齐为止。把工件的被测部位放在基尺和角尺短边的测量面之间进行测量	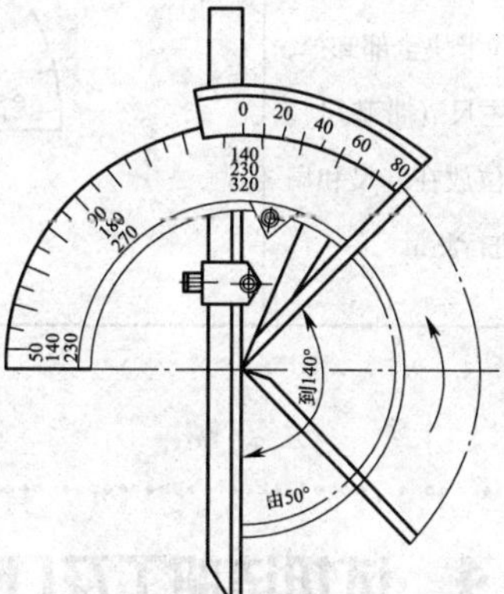 a) 步骤2 	b) 实例 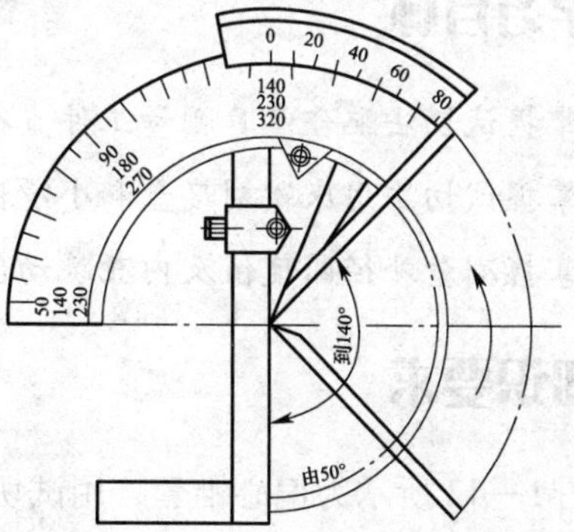

续表

序号	操作步骤	操作简图
步骤3	用游标万能角度尺测量140°~230°之间角度 1）把直尺和卡块卸掉，只装角尺，但要把角尺上推，直到角尺短边与长边的交线和基尺的尖棱对齐为止。把工件的被测部位放在基尺和角尺短边的测量面之间进行测量，见图a 2）例如，卸下直尺，装上90°角尺，测量如图b所示	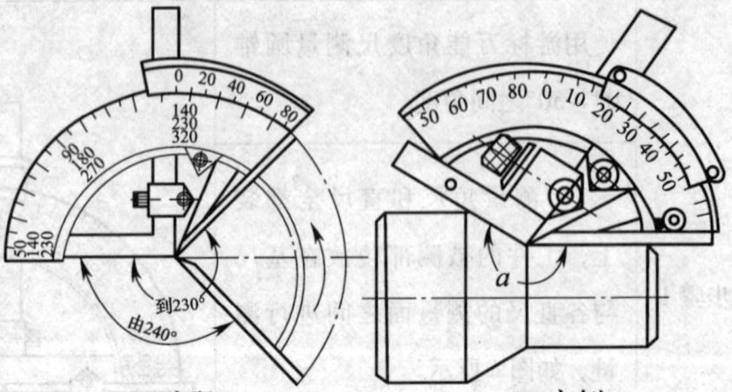 a) 步骤3　　　b) 实例
步骤4	用游标万能角度尺测量230°~320°之间角度 把角尺、直尺和卡块全部卸掉，只留下扇形板和主尺（带基尺）。把工件的被测部位放在基尺和扇形板测量面之间进行测量	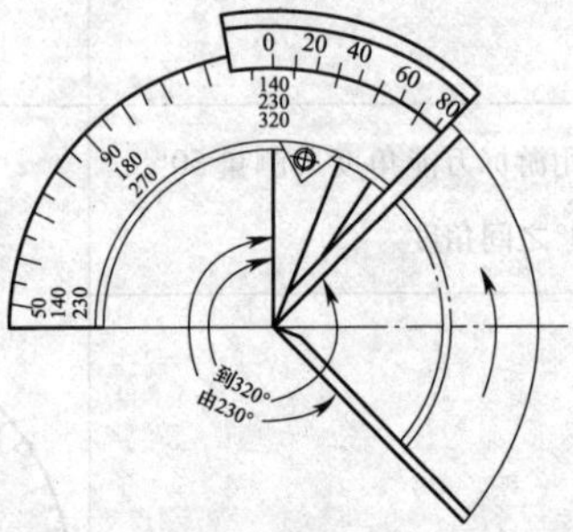

学习单元4　试切法加工及几何精度的检验

学习目标

- ➢ 掌握试切法配合量具测量工件直径方法
- ➢ 掌握试切法用床鞍刻度盘和小滑板刻度盘配合量具确定台阶长度的方法
- ➢ 掌握测量外径圆度值及内孔跳动值的方法

知识要求

如图1—42所示为偏心锥套，用试切法测量内、外径，用千分尺检测外圆不同位置的直径值，检测圆度误差并用磁座百分表检测内孔偏心跳动值。

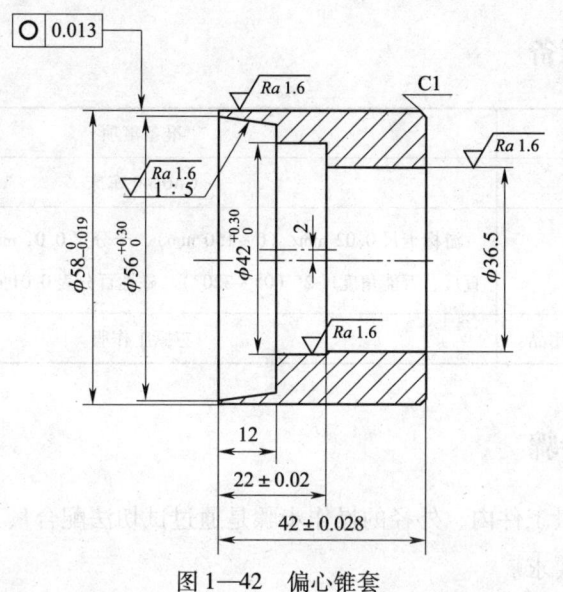

图 1—42　偏心锥套

图示工件的左侧有锥孔和偏心止口。外径有公差要求和较严的粗糙度要求。要进行试切削和测量。

1. 用试切法测量工件内、外径

为了测量工件直径的真值，应采取试切法，在工件外圆上试切一刀，然后退刀，用量具测出准确值后，再将中滑板刻度值校正准确。经过粗车、半精车、精车过程，不断地校准刻度值，供吃刀深度参考，不断地进行测量，然后将直径按公差要求车削完成。

2. 用床鞍刻度盘和小滑板刻度盘配合卡尺确定台阶长度

为了测量工件长度的真值，应采取试切法，在工件端面上试切一刀，然后将床鞍刻度和小滑板刻度同时对零，然后可以分别用床鞍刻度盘和小滑板刻度盘进行长度粗、精测量，也可以配合起来进行长度测量。

3. 测量工件的同轴度值的方法

为了测量工件的同轴度值，一般采取用百分表测量的方法。先用量具定位工件基准面，然后在转动中测量偏心值。

 技能要求 1

精确调整中滑板刻度值

试切法是用中滑板刻度盘配合卡尺、千分尺等量具精确地确定直径值。

一、操作准备

序号	名称	准备事项
1	设备	CA6140 车床
2	量具	游标卡尺 0.02 mm/（0~150 mm）、千分尺 0.01 mm/（50~75 mm）、钢直尺、万能角度尺 2′（0°~320°）、磁性百分表 0.01 mm（0~5 mm）
3	劳动保护用品	三紧工作服

二、操作步骤

用试切法测量工件内、外径的操作步骤是通过试切法配合量具测量外径，使工件直径尺寸达到要求。

序号	操作步骤	操作简图
步骤1	轻对刀 用刀在外径轻轻对刀，记住中滑板刻度值	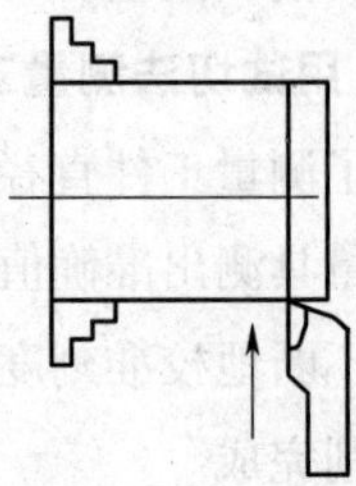
步骤2	退刀 在不伤刀尖情况下，按图示退刀	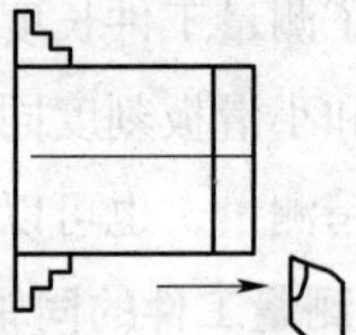
步骤3	试切 如图所示小量切深，试切一刀	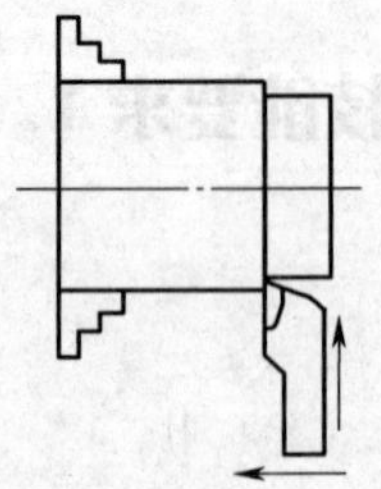

续表

序号	操作步骤	操作简图
步骤4	退刀、测量、校正刻度 再按图示退刀，用千分尺测量直径值，按直径值调整中滑板刻度值并与之对应，作为下一次进刀的依据和参考，图示为 $\phi21.4$ mm，因为中滑板刻度盘一圈示值为 10 mm，此时将刻度值拨至 1.4 mm，此时中滑板刻度值与尺寸相对应	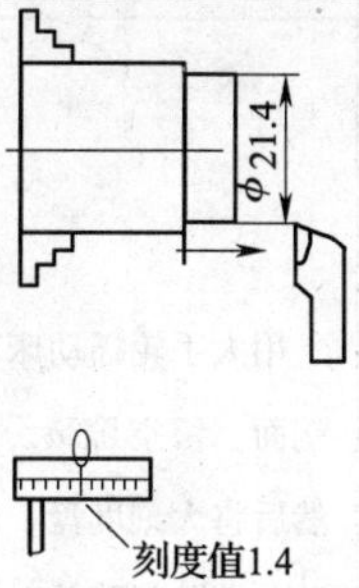 刻度值1.4
步骤5	反复校正刻度值 经过不断反复的车削、测量、校正中滑板刻度值，如图所示，刻度值将越来越准确，越来越接近尺寸的真值。这样在最后预留精车量时，由于刻度的准确，可以放大预留精车量，一刀精车，使表面达到预想的粗糙度值。反之刻度不准确，可能只留有 0.02~0.03 mm 的量，刀具压不住工件振动和主轴跳动，使表面比预想的粗糙	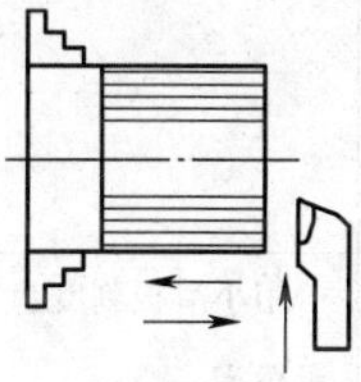

 技能要求 2

台阶长度的确定

用床鞍刻度盘和小滑板刻度盘配合卡尺确定台阶长度。

一、操作准备

序号	名称	准备事项
1	工件	—
2	设备	CA6140 车床

二、操作步骤

用床鞍刻度盘和小滑板刻度盘配合卡尺确定台阶长度操作步骤，是通过试切法配合量具测量长度，使工件长度尺寸达到要求。

<table>
<tr><th>序号</th><th>操作步骤</th><th>操作简图</th></tr>
<tr><td rowspan="2">步骤1</td><td>端面对刀前，床鞍刻度盘拨零</td><td rowspan="2">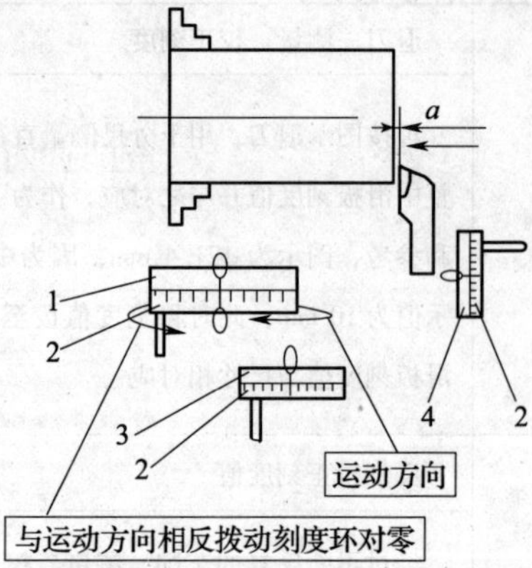
a
1
2
3
2
4
2
运动方向
与运动方向相反拨动刻度环对零
1—床鞍大刻度盘 2—大、中、小可拨动刻度环
3—中滑板刻度盘 4—小滑板刻度盘</td></tr>
<tr><td>用大手轮摇动床鞍将刀具摇近工件端面，留空隙 a，如图中刀具位置，然后将大刻度盘1的刻度环反方向转动，消除间隙并对零（即床鞍刻度调至为零）</td></tr>
<tr><td rowspan="2">步骤2</td><td>用小滑板刻度盘对刀，小滑板刻度盘拨零</td><td rowspan="2">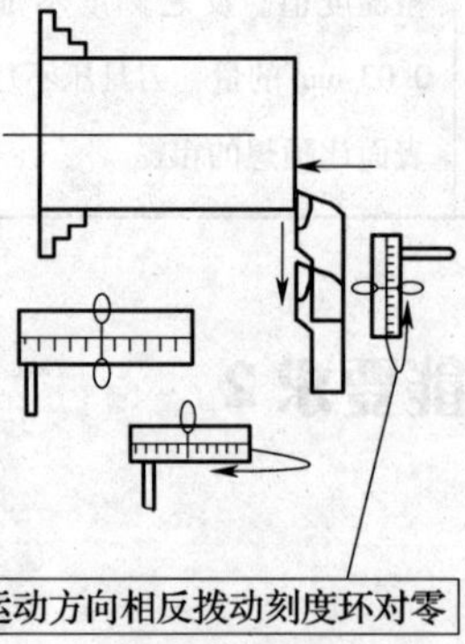
与运动方向相反拨动刻度环对零</td></tr>
<tr><td>用小滑板刻度盘将刀具手摇靠到工件端面，如图所示，然后将小刻度盘对零。这时将刀刃用中滑板刻度盘从端面摇出。此时，刀刃在端面定位</td></tr>
<tr><td rowspan="2">步骤3</td><td>测量长度</td><td rowspan="2">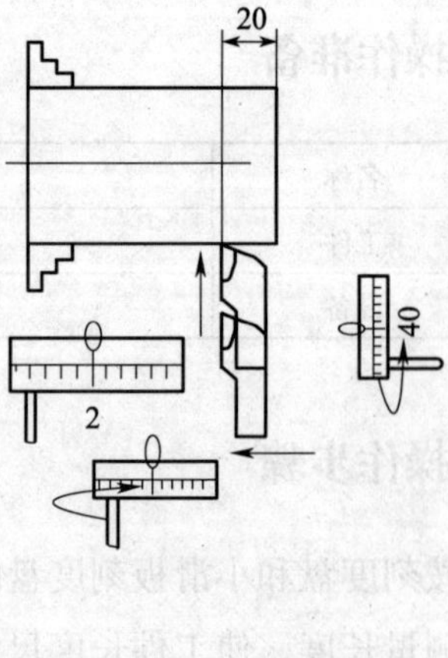
20
40
2</td></tr>
<tr><td>1）利用床鞍刻度盘对刀，确定一般未注公差长度尺寸
如果粗车20 mm长度距离，如图可直接摇床鞍，使刻度盘值到达20 mm处，然后开车让刀在外圆处划线确定距离
2）如果要精车长度距离，可直接摇小滑板刻度值到达20 mm，用中滑板进刀，精度较高</td></tr>
</table>

技能要求 3

检验圆度、偏心值

一、操作准备

序号	名称	准备事项
	设备、工件	偏心锥套、CA6140 车床、游标卡尺、千分尺、V 形铁、磁座百分表

二、操作步骤

用千分尺检测外圆不同位置的直径值，可检测出圆度误差，使工件圆度值达到要求。用磁座百分表检测内孔偏心跳动值的操作步骤，是通过百分表测量转动中的圆径表面，使工件同轴度达到要求。

序号	操作步骤	操作简图
步骤1	不同圆周方向测量 通过用千分尺在 $\phi 58_{-0.019}^{\ 0}$ mm 直径的圆周几个方向测量，最大测量误差的一半为圆度误差	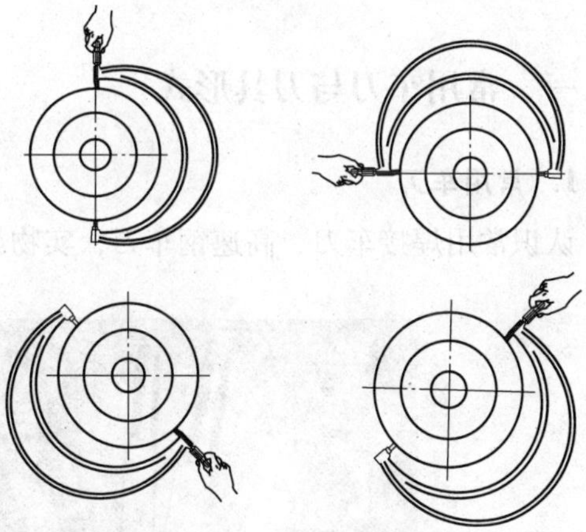
步骤2	用磁座百分表检验偏心值 将工件放在 V 形铁上，将磁座百分表针压在内径 $\phi 42_{\ 0}^{+0.30}$ mm 偏心止口内，转动 $\phi 58_{-0.019}^{\ 0}$ mm 外圆，如图所示，通过检验内径 $\phi 42_{\ 0}^{+0.30}$ mm 的跳动量，可以检验 $\phi 42_{\ 0}^{+0.30}$ mm 偏心轴线的偏心值 2 mm	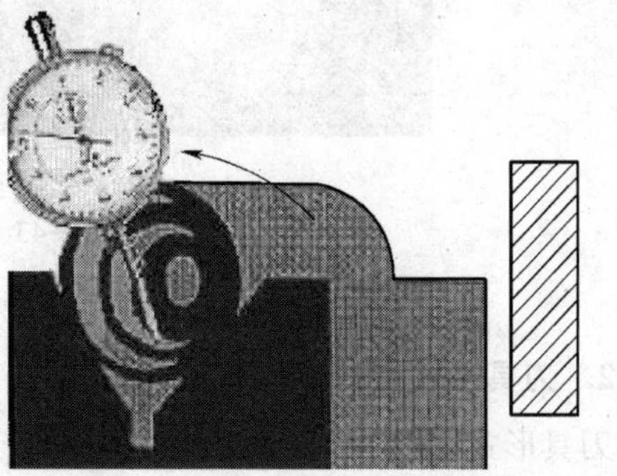

第5节 车刀的刃磨与装夹

学习单元1 常用刀具牌号、用途及砂轮机安全技术操作要求

学习目标

➢ 掌握常用刀具材料的牌号
➢ 掌握砂轮机安全技术操作要求

知识要求

一、常用车刀与刀具形式

1. 常用车刀

认识常用焊接车刀、高速钢车刀,实物如图1—43所示。

 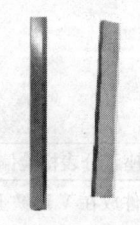

　　　a)　　　　　　　　　　　　　　　b)

图1—43　实物图

a) 焊接车刀　b) 高速钢车刀刀条

2. 刀具形式

刀具形式如图1—44所示。

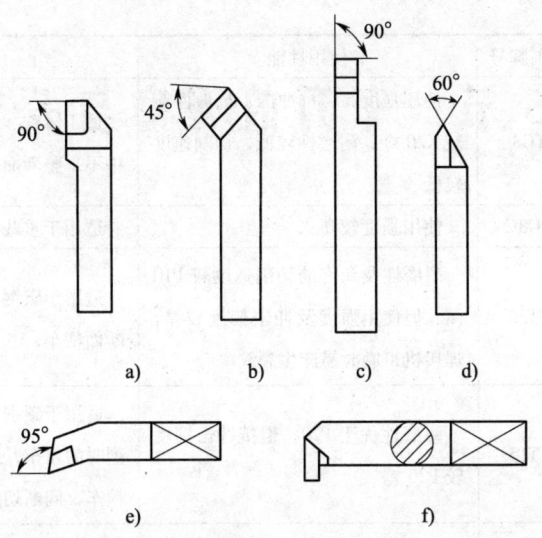

图 1—44 焊接车刀及机夹车刀刀具形式

a) 90°端面车刀　b) 45°弯头车刀　c) A 型切断车刀　d) 外螺纹车刀
e) 95°内孔车刀　f) 内孔切槽车刀

二、车刀材料

1. 高速钢

高速钢车刀的特点是制造简单、刃磨方便、刃口锋利、韧性好并能承受较大的冲击力，但耐热性较差，不宜高速车削。常用的高速钢牌号有 W18Cr4V。

2. 硬质合金

硬质合金牌号见表 1—9 及表 1—10。

表 1—9　　　常用硬质合金刀片材料的种类牌号及适用范围

类别	ISO 牌号	我国牌号	使用性能	适用范围
碳化钨和钴 WC + Co	K01	YG3、YG3X	耐磨性高，可使用较高的切削速度，对冲击及振动较敏感	适用于铸铁、有色金属、非金属材料的连续精车和半精车
	K10	YG6X、YG6A	耐磨性高于 K20，冲击韧度较差	适用于铸铁、有色金属的精车，也可用于合金钢、淬硬钢及钨、钼材料的精加工
	K20	YG6	耐磨性低于 K10，韧性较高，切削速度高于 K30	适用于冷硬铸铁、合金铸铁、耐热钢及合金钢的加工，适于普通铸铁的精加工

续表

类别	ISO 牌号	我国牌号	使用性能	适用范围
碳化钨和钴 WC + Co	K30	YG8	使用强度高，抗冲击、抗振性能较 K20 好，耐磨性较低，切削速度较低	适于铸铁、有色金属及其合金加工中不平整断面和间断切削时的粗车
		YG8C	使用强度较高	适用于重载切削
碳化钨、碳化钛和钴 WC + TiC + Co	P01	YT30	耐磨性及允许的切削速度较 P10 高，但使用强度及冲击韧度较差，焊接机刃磨时易产生裂纹	适用于碳钢、合金钢的精加工，小断面精车
	P10	YT15	耐磨性优于 P20，但抗冲击韧度较 P20 差	适用于碳钢、合金钢加工中连续车削时的粗车，间断切削时的半精车及精车，间断切削时的小断面精车
	P20	YT14	使用强度高，抗冲击抗振性能好，略低于 P30，耐磨性及允许的切削速度比 P30 高	适用于碳钢、合金钢加工中不平整断面和连续车削时的粗车，间断切削时的半精车及精车
	P30	YT5	在 P 类钨钴钛合金中强度最高，抗冲击和抗振性最好，不易崩刃，耐磨性较低	适用于碳钢及合金钢，包括锻件、冲压件及铸件的表皮加工，以及不平整断面和间断切削时的粗车
钨钛钽（铌）+钴 WC + TiC + TaC (NbC) + Co	M10	YW1	热稳定性较好，能承受一定的冲击载荷，通用性较好	适用于耐热钢、高锰钢、不锈钢等难加工材料的精加工，也适于一般钢材、铸铁及有色金属的精加工
	M20	YW2	耐磨性稍低于 M10，但使用强度较高，能承受较大的冲击	适用于耐热钢、高锰钢、不锈钢及高合金钢等难加工材料的精加工，也适于一般钢材、铸铁及有色金属的精加工
碳化钛+钼+镍 TiC + Mo + Ni	P01	YN05	硬度高，耐磨性好，耐磨性接近于陶瓷，热稳定性好，抗氧化能力强，抗冲击性能较差	适用于淬火钢、合金钢、铸铁和合金铸铁的高速精加工
	P05	YN10	耐磨性和耐热性好，硬度与 P01 相当，比 P01 的强度高	适合于碳素钢、合金钢、不锈钢、淬火钢等的连续精加工
		YT726（新牌号一种）	有高的耐磨性和耐热性	适宜加工耐热合金、高强度钢、淬硬钢及 62HRC 以下喷焊材料的半精加工和精加工，加工有色金属、合金铸铁、冷硬铸铁喷焊、堆焊材料等

表1—10　　　　ISO分类的各类硬质合金的牌号及使用条件

类别	牌号	加工材料	使用条件
K类（红色）	K01	高硬度灰铸铁，肖氏硬度35以上的冷硬铸铁、高温铝合金、淬硬钢、高耐磨塑料	车削
	K10	220HBW以上的灰铸铁、短切屑可锻铸铁、淬硬钢、铝、铜合金、塑料	车削
	K20	220HBW以上的灰铸铁、有色金属、铜、铝	车削、要求高韧度硬质合金的场合
	K30	低硬度灰铸铁、低强度钢、压缩木材	车削、在不利条件下加工，并允许用大切削角度
	K40	软木及硬木、有色金属	车削、在不利条件下加工，并允许用大切削角度
P类（蓝色）	P01	钢、铸钢	精车、高切削速度、小切削截面、高尺寸精度、工作时无振动
	P10	钢、铸钢	车削、仿形车，高切削速度，小或中等切削截面
	P20	钢、铸钢、长切屑可锻铸铁	车削、仿形车，中等切削速度
	P30	钢、铸钢、长切屑可锻铸铁	车削、中等或低切削速度、中等或大切削截面、可在不利条件下加工
	P40	钢、有砂眼和缩孔的铸钢	车削、低切削速度，在不利条件下用大切削截面和大的切削角度加工
	P50	钢、有砂眼和缩孔的中等或低抗拉强度的铸钢	用于要求高韧度硬质合金的车削，低切速度，大切削截面，在不利条件下可用大的切削角度加工
M类（黄色）	M10	钢、铸钢、锰钢、灰铸铁、合金铸铁	车削、中等或高切削速度、小或中等切削截面
	M20	钢、铸钢、锰钢、灰铸铁、奥氏体钢	车削、中等切削速度、中等切削截面
	M30	钢、铸钢、锰钢、灰铸铁、高温合金	车削、中等切削速度、中等或大切削截面
	M40	软钢、低强度钢、有色金属和轻合金	车削、切断，特别适宜自动车床

三、根据需求选择车刀刀头形式及材料

1. 车削45钢轴类零件的端面

选择P10（YT15）的45°端面车刀，45钢属于优质碳素结构钢，切削性能较

好，断屑效果好，故选用常规的硬钛刀具。

2. 车削 45 钢轴类零件的外圆

选择 P10（YT15）的 90°外圆车刀和 75°外圆车刀，75°外圆车刀用于粗车，90°外圆车刀用于精车，减小径向切削力。

3. 车削铸铁、铜制品零件

选择 K30（YG8）的 90°外圆车刀和 75°外圆车刀，大多数铁、有色金属属于脆性金属，所以选用钨钴类合金材料刀，表面车削的加工性能较好，利于断屑，表面光滑。

4. 车削调质零件

选择 M10（YW1）或 M20（YW2）硬质合金刀片，由于调质零件的硬度一般为 25～40HRC，选用 P 类刀具材料已不能顺利的完成车削加工，故选用较硬的 M 类刀具材料。

5. 低速车制三角螺纹

低速车制三角螺纹时，一般采用高速钢材料，刃口锋利、韧性好并能承受较大的冲击力，防止焊接式硬质合金的刀片在低速下、在牙形内被挤压推移，造成合金片掉渣、脱落，失去合金片应有的作用。

四、轴类车削刀具用途识读

刀具用途如图 1—45 所示。

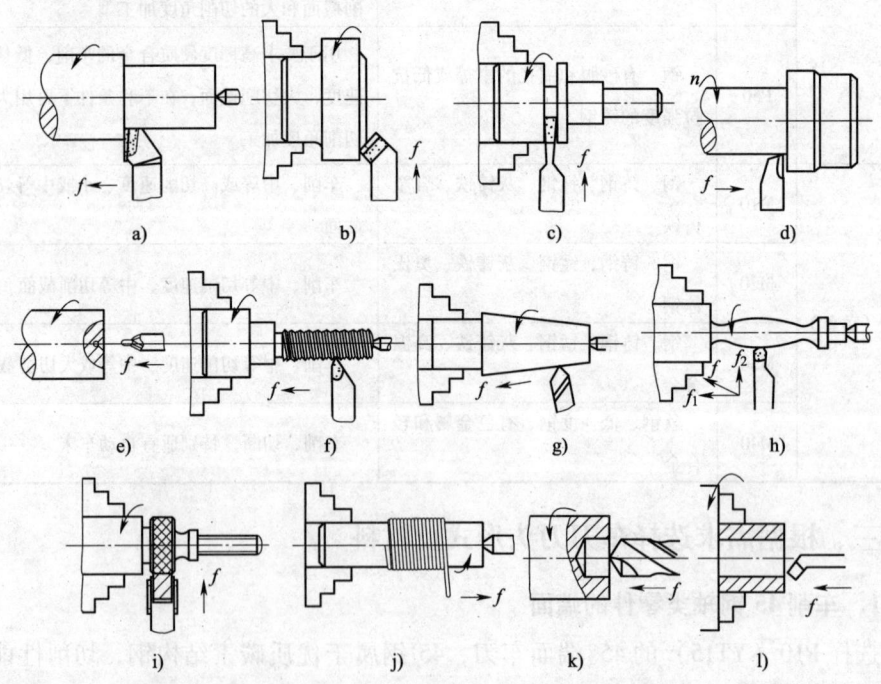

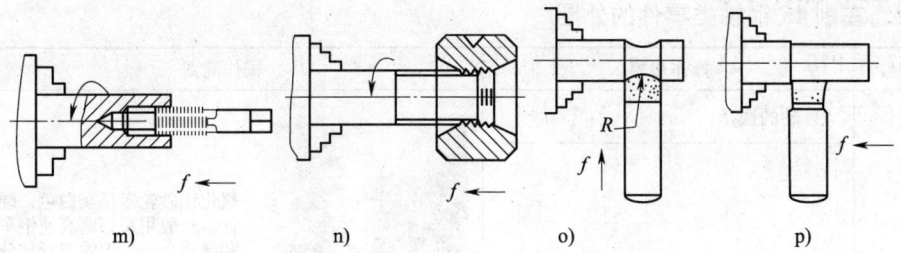

图1—45 各种刀具加工的基本内容

a) 90°外圆车刀车削外圆 b) 45°端面车刀车端面 c) 切刀切断工件 d) 90°外圆反车刀车削外圆
e) 中心钻钻中心孔 f) 螺纹刀车削外螺纹 g) 60°偏刀车锥体
h) 圆弧刀车手把曲线 i) 滚花刀滚压外圆 j) 缠绕弹簧
k) 钻孔 l) 车内孔 m) 丝锥攻内螺纹 n) 板牙套外螺纹
o) 成型刀车圆弧 p) 宽刃刀（光刀）低速精车外圆

五、刀具安全刃磨技术

硬质合金刀片用碳化硅（绿色）砂轮磨削，刀杆用氧化铝（白色）砂轮磨削，高速钢刀具采用氧化铝砂轮磨削，而且必须用水冷却，不能退火。

 技能要求

砂轮机规范操作

一、操作准备

序号	名称		准备事项
1	材料		高速钢、硬质合金
2	设备		砂轮机
3	工艺装备	刃具	车刀
		工、附具	砂轮修整器、护目镜

二、操作步骤

序号	操作步骤	操作简图
步骤1	砂轮的选择 选择灰白色砂轮刃磨高速钢车刀及硬质合金车刀的刀杆	氧化铝砂轮多呈灰白色，硬度低。一般用来刃磨高速钢车刀和硬质合金车刀的刀杆部分
	选择绿色砂轮刃磨硬质合金车刀	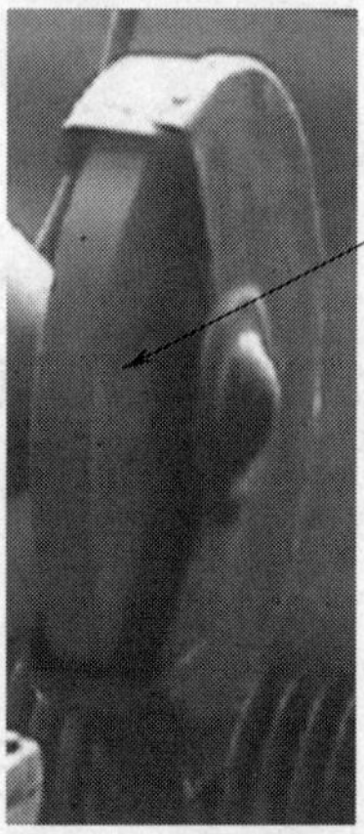 碳化硅砂轮多呈绿色，硬度高。适用于刃磨硬质合金车刀
步骤2	刃磨车刀时的头部保护 1）戴好安全帽 2）戴好护目镜，防止灰尘眯伤眼睛	
步骤3	刃磨车刀时穿戴好劳保用品 1）领口系紧 2）袖口系紧 3）纽扣系紧	

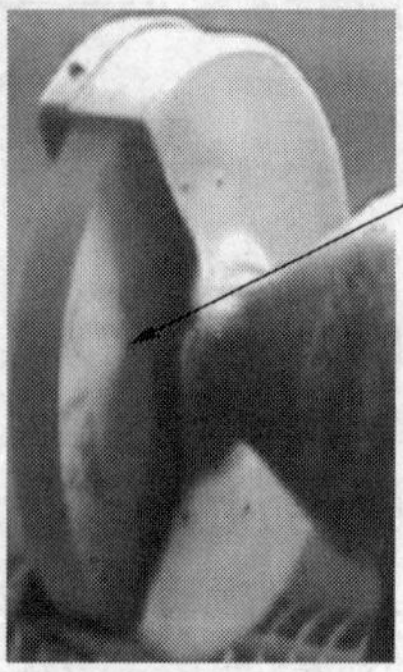

续表

序号	操作步骤	操作简图
步骤4	站立姿势 1）身体站在砂轮的侧面 2）刀具触及砂轮不要用力过猛 3）保持刀具上平面在砂轮中心水平面之上 4）飞溅的火花对身体没有伤害，但要注意粉尘对呼吸道的伤害	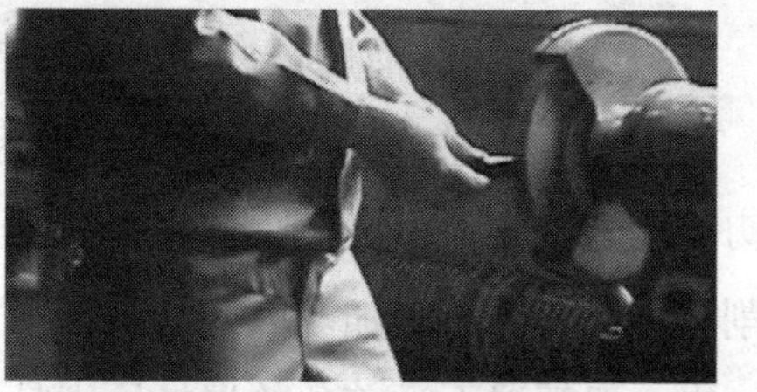 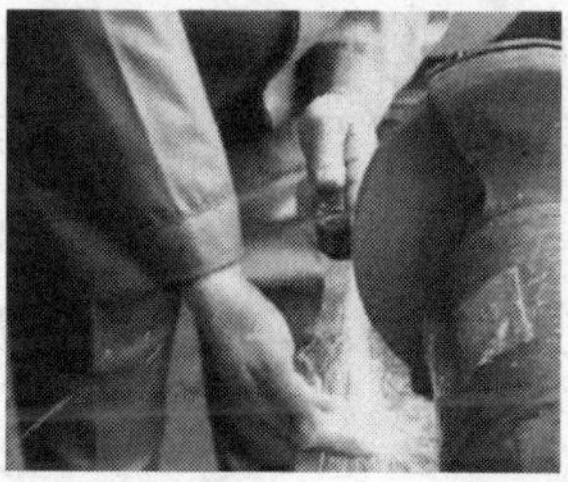

学习单元2 车刀的刃磨与装夹

学习目标

➢ 掌握常用刀具的装夹及刃磨方法
➢ 掌握刀具静止参考系的名称和角度
➢ 掌握切屑种类及断屑措施

知识要求

一、刀具角度的选择

1. 前角

（1）前角的作用

1) 增大前角能使车刀锋利，减少切削变形，减轻切屑与前刀面的摩擦，从而降低切削热和减少切削阻力。

2) 影响刀具的强度、受力性质和散热条件。

3) 影响加工表面质量。

(2) 前角的选择。增大前角能降低切削阻力和切削热，但前角过大会削弱切削刃强度和散热体积。减小前角，可改善刀头散热条件和提高切削刃强度，但会使切削阻力和切削热增加。因此，太大或太小的前角都会使刀具寿命显著缩短。

在一般情况下，前角的选择原则是，在刀具强度许可条件下，尽量选用大的前角（为了减少误差，保证工件的加工精度，成形车刀应取较小的前角）。

前角的选择包括确定其正负和大小。

负前角仅适用于硬质合金车刀切削强度很高的钢材。采用负前角可使刀片受压而不受弯（硬质合金刀片的抗压强度高于抗弯强度），同时使楔角 β_0 增大，切削刃不易损坏。高速钢刀具因为抗弯强度高、韧性好，在任何情况下都不应采用负前角。

前角的数值应由工件材料、刀具材料及加工工艺要求来确定。例如，工件材料的强度和硬度较低时，可取较大的甚至很大的前角；反之，前角取小值甚至负值。刀具材料的强度和韧性较差，前角应取小值；反之，取较大的数值。粗加工时，特别是断续切削、承受冲击载荷，或对有硬皮的铸、锻件粗车时，应适当减小前角；精加工时，应选较大的前角。

综上所述，当车削工件材料软时，车刀可选择较大的前角。车刀前角增大，能使切削省力，当工件材料硬时，应选择较小的前角。粗加工时，为了保证刀刃有足够的强度，且车刀余量较大，车刀应选择较小的前角。硬质合金的硬度较高，耐磨性也很好，所以在相同的切削条件下，它的前角可比高速钢刀具选得小些。精车刀的前角不能取得太小。

2. 后角

(1) 后角的作用

1) 减小后刀面与工件之间的摩擦，提高已加工表面质量，延长刀具寿命。

2) 配合前角调整切削刃和刀头部分的锋利程度、强度和散热条件。

3) 小后角车刀在特定的条件下可抑制切削时的振动。

(2) 后角的选择

后角的选择原则是，在粗加工时以确保刀具强度为主，应取较小的后角，一般取 $\alpha_0 = 4° \sim 6°$；在精加工时以保证加工表面质量为主，一般取 $\alpha_0 = 8° \sim 12°$。

一般车刀的副后角 α_o' 取和后角 α_o 相同的数值。但切断刀受刀头强度限制,副后角较小,一般取 $\alpha_o = 1°30' \sim 2°$。

精加工时应取较大的后角;粗加工时切削力较大,为了减少车刀后面与工件间的摩擦,应取较小的后角。

3. 主偏角、副偏角

(1) 主偏角的作用

1) 影响刀具寿命。在进给量 f 和背吃刀量 α_p 相同的条件下,减小主偏角 k_r,使切削厚度 α_c 减小,切削宽度 α_w 增大,使单位长度切削刃上的负荷减轻,而且主偏角 k_r 减小,使刀尖角 ε_r 增大,刀具强度高、散热条件好,所以刀具寿命长。主偏角为 75° 的车刀与主偏角为 45°、90° 的车刀相比较,车刀的散热性能最好。粗车刀的主偏角越小越不好。

如图 1—46a 所示为 90° 外圆车刀车削台阶,如图 1—46b 所示为 45° 弯头车刀车削台阶,在进给量 f 和背吃刀量 α_p 不变的情况下,由于主偏角 k_r 的变化,$\alpha_{c1} > \alpha_{c2}$,$\alpha_{w1} < \alpha_{w2}$。

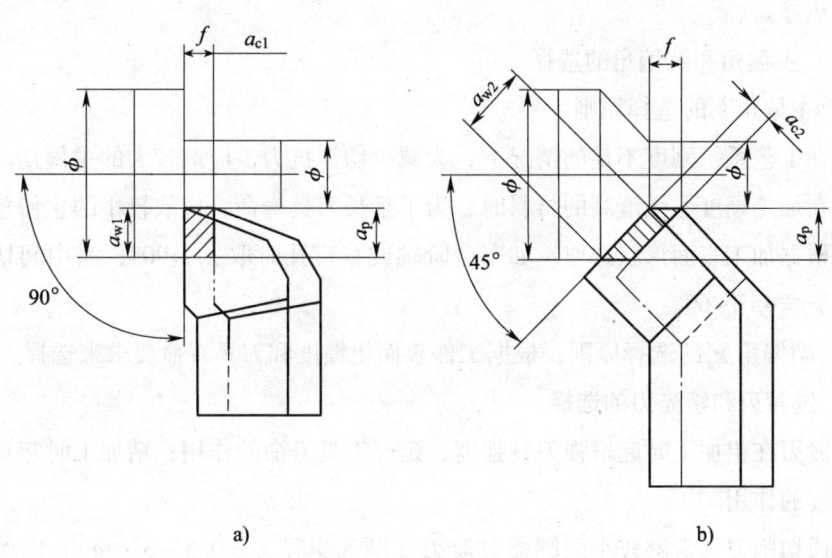

图 1—46 主偏角的影响
a) 90° 外圆车刀车削台阶   b) 45° 弯头车刀车削台阶

2) 影响切削分力的大小比值。增大主偏角 k_r 可使在垂直于工作表面上的切深抗力(切削合力的分力)F_p 减小,但进给抗力(切削合力在进给运动方向上的正投影)F_f 增大,当工艺系统刚度较差时,选用较大的 k_r 有利于减少振动和加工变形,如图 1—47 所示。

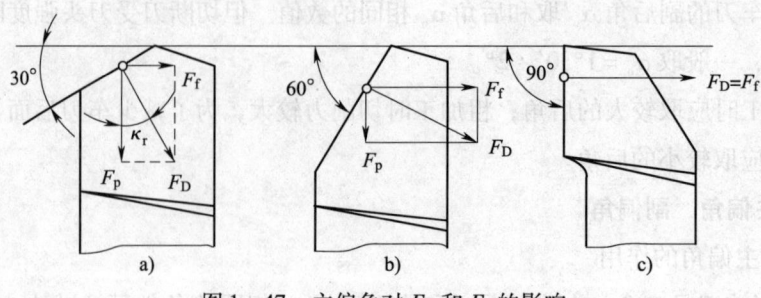

图 1—47 主偏角对 F_p 和 F_f 的影响
a) $k_r = 30°$ b) $k_r = 60°$ c) $k_r = 90°$

3) 影响断屑。在一定的进给量时，增大主偏角 k_r，使切削厚度 a_c 增大，切屑易折断。

(2) 副偏角的作用

1) 减少副切削刃和工件已加工表面之间的摩擦。

2) 影响工件表面粗糙度。

3) 影响刀尖强度和散热条件。减小副偏角 k_r' 使刀尖角 ε_r 增大，刀尖强度提高，散热好。

(3) 主偏角和副偏角的选择

1) 主偏角 k_r 的选择原则

① 在工艺系统刚度不足的情况下，为减少切深抗力，应取较大的主偏角。

② 在加工硬度、强度高的材料时，为了延长刀具寿命，应取较小的主偏角。

③ 根据加工表面形状选取。如车台阶轴或车盲孔时取 $k_r \geq 90°$；需中间切入的工件取 $k_r = 45° \sim 60°$。

2) 副偏角 k_r' 的选择原则：根据工件表面粗糙度和刀具寿命要求来选择。

4. 过渡刃和修光刃的选择

过渡刃在粗加工时起增强刀具强度、延长刀具寿命的作用；精加工时起降低表面粗糙度的作用。

普通切削刀具常磨较小的圆弧过渡刃（圆弧半径 $r_\varepsilon = 0.5 \sim 3$ mm），以增加刀尖强度，延长刀具寿命。用较大的切削用量车削强度、硬度较高的材料时，过渡刃的尺寸可相应加大，也可采用直线过渡刃，一般可取过渡刃偏角 $\kappa_{r\varepsilon} = (1/2) k_r$、过渡刃宽度 $b_\varepsilon = 0.5 \sim 2$ mm。

当直线过渡刃与进给方向平行（即过渡刃偏角 $\kappa_{r\varepsilon} = 0°$）时，该过渡刃又称为修光刃，它的长度一般为 $b_\varepsilon = (1.2 \sim 1.5) f$。磨有修光刃的车刀，若切削刃平直、装刀精确、工艺系统刚度足够，即使用大进给量切削，仍能得到很小的表面粗糙度。

5. 刃倾角的选择

(1) 刃倾角的作用

1) 控制切屑的排出方向。尤其对半封闭状态下工作的铰刀、丝锥等刀具,常利用改变刃倾角 λ_s 来获得所需的排屑方向,有利于提高加工表面质量。

2) 影响刀尖强度和切削平稳性。负值刃倾角刀具,刀尖位于主切削刃的最低点,切削时离刀尖较远的切削刃先接触工件,而后逐渐切入,有利于延长刀具寿命。

当 λ_s 为 0° 时,主切削刃同时切入和切出,冲击力大;当 λ_s 不为 0° 时,主切削刃逐渐切入工件,冲击小,且刃倾角的绝对值越大,参加切削的主切削刃越长,切削过程越平稳。

(2) 刃倾角的选择

刃倾角的值主要根据排屑方向、刀具强度和加工条件决定。如精加工时应取正值刃倾角,使切屑排向待加工表面,以免划伤、拉毛已加工表面;在断续或带冲击振动切削时,选负值刃倾角,能提高刀头强度、保护刀尖;许多大前角刀具常配合选用负值刃倾角来增加刀具强度;微量切削的精加工刀具可取正值刃倾角 λ_s 为 45°~75°。

当用刀尖位于主刀刃的最高点的车刀车削时,切屑排向工件待加工表面,车出的工件表面粗糙度小。当用刀尖位于主刀刃的最低点的车刀车削时,切屑排向工件已加工表面,刀尖强度较好,但车出的工件表面粗糙度值大。断续切削和强力切削时,应取刀尖位于主刀刃最低点的车刀。

二、车刀识读

1. 车刀切削部分的组成

车刀由刀体和刀柄两部分组成,如图 1—48 所示,刀体担负切削任务,因此又叫切削部分。刀柄的作用是把车刀装夹在刀架上。

(1) 前面 A_γ (前刀面)

前刀面指刀具上切屑流过的表面。

(2) 后面 A_α (后刀面)

后刀面指与工件在切削中产生的表面相对的表面。

1) 主后刀面 A_α。主后刀面指刀具上同前面相交成主切削刃的后面。

2) 副后刀面 A'_α。副后刀面指刀具上同前面相交成副切削刃的后面。

(3) 切削刃

切削刃指刀具前面上拟作切削用的刃。

1）主切削刃 S。主切削刃即前刀面与主后刀面的交线，起始于切削刃上主偏角为零的点，并至少有一段切削刃拟用来在工件上切出过渡表面的那个整段切削刃。

2）副切削刃 S′。副切削刃指前刀面与副后刀面的交线，是切削刃上除主切削刃以外的刃，也起始于主偏角为零的点，但它向背离主切削刃的方向延伸。

（4）刀尖

刀尖指主切削刃与副切削刃的连接处相当少的一部分切削刃。为提高刀尖的强度，常将刀尖部分进行修整，具有曲线状切削刃的刀尖叫修圆刀尖；具有直线切削刃的刀尖叫倒角刀尖，如图1—49所示。

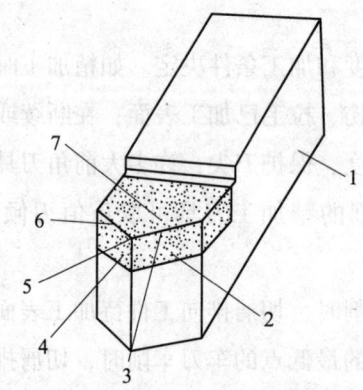

图1—48 车刀的组成

1—刀柄 2—主后刀面 3—主切削刃
4—副后刀面 5—刀尖 6—副切削刃 7—前刀面

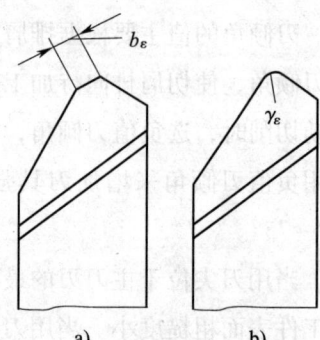

图1—49 车刀的刀尖过渡刃

a）直线型 b）圆弧型

（5）修光刃

副切削刃前段近刀尖处的一段平直刀刃叫修光刃，装夹车刀时只有保证修光刃与进给方向平行，且修光刃的长度大于进给量时才能起到修光工件表面的作用。

2. 刀具静止参考系的名称和角度

（1）车刀的辅助平面

为较准确测量车刀的几何角度，定义了一些辅助平面，如图1—50刀具静止参考系所示。

1）基面 P_r。基面指过切削刃选定点的平面，它平行或垂直于刀具，是在制造、刃磨及测量时适合于安装或定位的一个平面或轴线，一般说来其方位要垂直于假定的主运动方向。

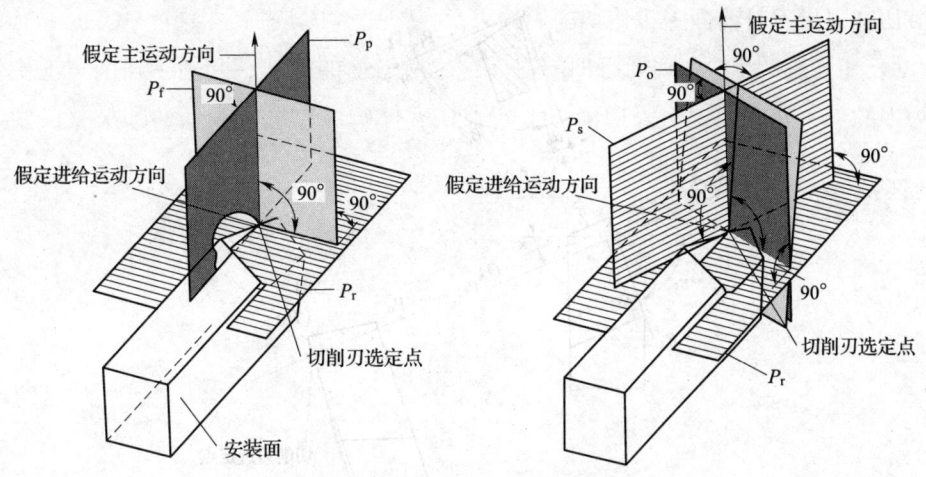

图 1—50　刀具静止参考系的平面

P_r—基面　P_s—主切削平面　P_o—正交平面　P_f—假定工作平面　P_p—背平面

2）主切削平面 P_s。主切削平面指通过切削刃选定点与切削刃相切并垂直于基面的平面。

3）假定工作平面 P_f。假定工作平面指通过切削刃选定点并垂直于基面，它平行或垂直于刀具在制造、刃磨及测量时适合于安装或定位的一个平面或轴线，一般说来其方位要平行于假定的进给运动方向。

4）正交平面 P_o。正交平面指通过切削刃选定点并同时垂直于基面和切削平面的平面。

5）背平面 P_p。通过切削刃选定点并垂直于基面和假定工作平面的平面。

（2）车刀几何角度的标注

如图 1—51 所示为车刀几何角度的标注方法。

1）在正交平面（P_o）中测量的角度（$O—O$）

①前角 γ_o。前角指前刀面与基面间的夹角，在正交平面中测量。

②后角 α_o。后角指后刀面与切削平面间的夹角，在正交平面中测量。

③楔角 β_o。楔角指前刀面与后刀面之间的夹角，在正交平面中测量。

2）在基面（P_r）中测量的角度（主视图）

①主偏角 κ_r。主偏角指主切削平面与假定工作平面间的夹角，在基面中测量。

②副偏角 κ_r'。副偏角指副切削平面与假定工作平面间的夹角，在基面中测量。

③刀尖角 ε_r。刀尖角指主切削平面与副切削平面间的夹角，在基面中测量。

3）在切削平面（P_s）中测量的角度（S 视图）

刃倾角 λ_s。刃倾角指主切削刃与基面间的夹角，在主切削平面中测量。

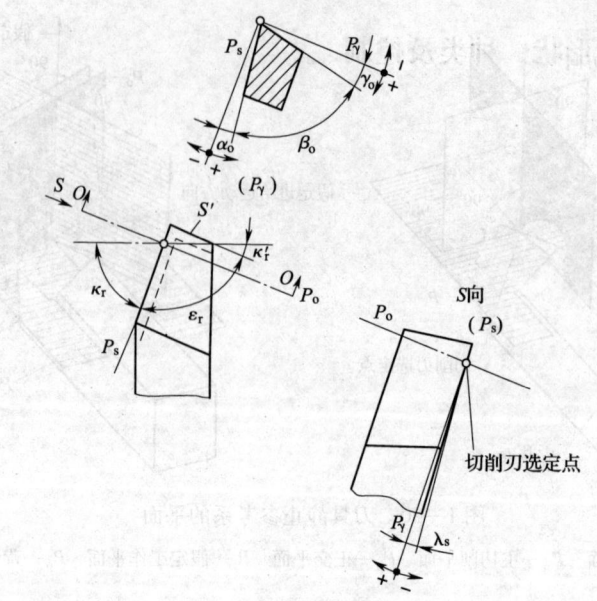

图 1—51 车刀刀具角度

三、90°车刀刃磨角度

如图 1—52 所示的 90°外圆硬质合金粗车刀为例,刃磨 90°车刀时断屑槽的宽度 l_{Bn} 与深度 C_{Bn} 应该是窄而深,而刃倾角 λ_s 应呈正值,切屑向外流动。

以上叙述的偏刀为右偏刀,当刀刃反向时,为左偏刀,左偏刀能用来车削左向台阶和工件的外圆,还可以车削端面,如图 1—53 所示。

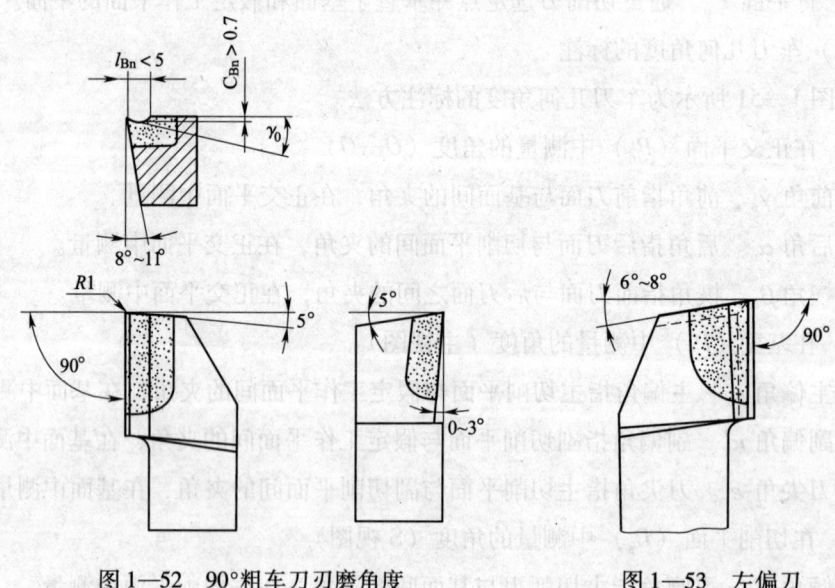

图 1—52 90°粗车刀刃磨角度　　　图 1—53 左偏刀

四、切屑的形状、种类及控制

1. 切屑的形状

车削塑性金属时,被切削层金属经受了较大的塑性变形,成为切屑。切屑流动和卷曲过程中碰到障碍物再经受附加变形。若弯曲变形的程度剧烈到足以使切屑断裂时,切屑便会在卷屑槽内折断而形成长度很短的切屑,见表1—11a。当卷屑槽使切屑产生的附加变形未达到断裂程度时,切屑继续以改变了的方向运动。在运动过程中,如果碰到障碍物(工件或后刀面),则会因进一步受到一个较大的弯矩而折断。表1—11b是切屑和工件相碰时形成的"C"形切屑;表1—11c是切屑和工件相碰时形成的盘形螺旋屑;表1—11d是切屑和后刀面相碰而折断成"6"字形切屑;表1—11e是切屑在运动中没碰到障碍物因自重而折断的螺旋状切屑;表1—11f是没有折断的带状切屑。

2. 切屑的种类

切屑种类,见表1—11。

表1—11　　　　　　　折断下的切屑形状

切削状态	切屑形状	切屑形态	产生情况
a)	崩碎切屑		切屑的脆性较大
b)	C形切屑		切屑与工件相碰(主切削刃的刃倾角λ_s,以负值为主)
c)	盘形螺旋切屑		切屑受主切削刃、过渡刃、副切削刃的各力合成后的方向流出,当合力基本垂直主切削刃时,切屑自行卷曲(以主切削刃的刃倾角$\lambda_s=0°$为主)

续表

切削状态	切屑形状	切屑形态	产生情况
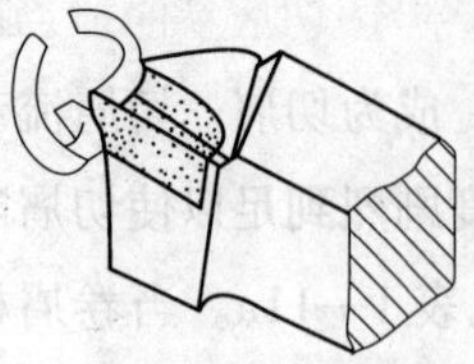 d)	6字形切屑	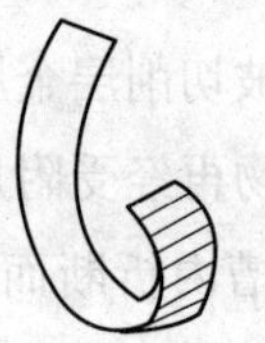	切屑受主切削刃、过渡刃、副切削刃力后,沿合力方向流出时出屑角 η 较小,切屑与刀具后刀面相碰
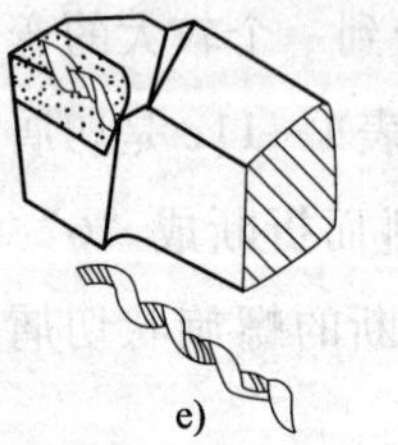 e)	螺旋状切屑	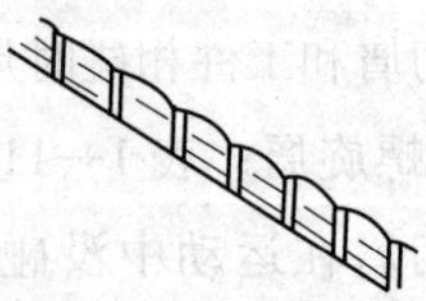	切屑受主切削刃、过渡刃、副切削刃力后,沿合力方向流出时出屑角 η 较大
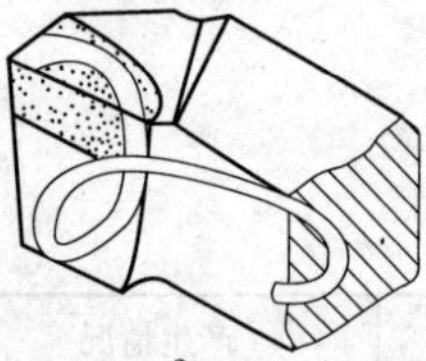 f)	带状切屑		切屑的塑性大,或切断时的特殊要求

在一般车床上加工塑性金属时,较理想的屑形是长度100 mm以下的螺旋状切屑和跟后刀面相碰定向落下的"C"形、"6"形切屑。这样断屑稳定可靠,切屑流向向下,不易跟高速旋转的工件相碰,不会产生切屑飞溅的现象,且清理方便。

在卷屑槽内折断的碎屑或碰到工件而折断的切屑,体积小,清理方便,但易产生飞溅。

盘形螺旋屑虽然体积小,但由于塞满在卷屑槽内,排屑困难,产生的切削力大,易把切削刃挤坏,所以不十分理想。

3. 控制切屑的流向、卷曲和折断

车削塑性金属材料时,应根据加工要求,可靠地控制切屑的流向、卷曲和折断,若处理不当就会影响切削的顺利进行。经常停车清除切屑,会增加辅助时间,使切屑拉毛工件表面,并影响操纵者的安全等。在自动机床或数控机床加工中,不断屑甚至会影响正常生产。

为了有效地控制切屑的流向,并且使切屑卷曲和折断,一般应该经过试切削获得有效的效果。粗切削时，刀具刃倾角应该为负值，断屑槽稍宽，适应进给量大的要求，用进给量调整断屑效果，尽量产生 C 形屑，使切屑卷到刀片后面打断；精车时刀具刃倾角应该为正值，使切屑向外排，断屑槽窄而深，迫使切屑卷曲适当减小而断屑。

五、影响断屑的主要因素

1. 断屑槽的宽度与深度

断屑槽的宽度 l_{Bn} 对断屑的影响很大。一般来说，宽度 l_{Bn} 减小，能使切屑卷曲半径 r_{Bn} 减小，增大卷曲变形，容易断屑，如图 1—54 所示。

断屑槽的宽度 l_{Bn} 必须与进给量 f 和背吃刀量 α_p 联系起来考虑。进给量小，槽应窄些，背吃刀量小，槽也应窄，否则切屑不易在槽中卷曲，往往不流经槽底而形成不断的带状切屑。

2. 切削用量

生产实践和实验证明，切削用量中对断屑影响最大的是进给量，其次是切削深度和切削速度。

（1）进给量。进给量 f 加大，切削厚度 α_c 按比例增大，使切屑卷曲半径 r_{Bn} 减小，切屑易折断。

（2）背吃刀量。在多数情况下，车刀除主切削刃外，过渡刃和副切削刃也参加切削，因此促使切屑近似地朝各切削刃流屑的合成方向流出。此时，切屑的流出方向与主剖面形成一个出屑角 η，如图 1—55 所示。

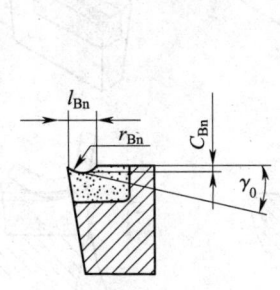
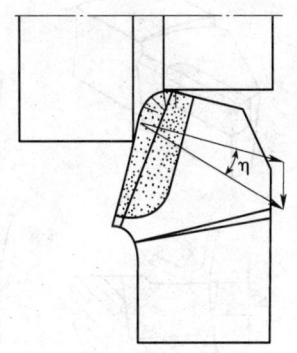

图 1—54　断屑槽影响断屑的主要因素　　　图 1—55　出屑角

背吃刀量 α_p 减小，过渡刃和副切削刃参加切削的比例增大，使出屑角 η 增大。出屑角 η 的大小对切屑的卷曲和折断后的屑形有很大影响。例如，η 很小时，易产生盘状螺旋屑；η 较大时，易产生管状螺旋屑或连续带状屑；η 适中时，切屑碰到后刀面或工件而折断。

(3) 切削速度。切削速度 v_c 提高后，切削温度升高，在一般情况下，切屑的塑性增大，变形减小，不易折断。

(4) 刀具角度。刀具角度中以主偏角 k_r 和刃倾角 λ_s 对断屑的影响最明显。

在背吃刀量和进给量已选定的条件下，主偏角 κ_r 越大，使切削厚度 a_c 越大，故切屑卷曲时的弯曲应力 σ 越大，越易断屑。生产中 $\kappa_r = 75° \sim 90°$ 的车刀断屑性能较好。

刃倾角通过控制切屑流向来影响断屑。当刃倾角 λ_s 为正值时，切屑流向待加工表面或与后刀面相碰形成"C"形屑，也可能成螺旋屑而甩断；当刃倾角 λ_s 为负值时，切屑流向已加工表面或过渡表面，容易碰断成"C"或"6"形屑。

六、刀具的磨损与刀具寿命

1. 刀具磨损对生产的影响

刀具严重磨损，不但影响工件的加工精度和表面质量，而且造成重磨困难，增加刀具材料消耗，缩短刀具使用时间。所以刀具磨损对产品的质量（如尺寸精度、几何精度、表面粗糙度）、生产效率以及加工成本都有直接影响。

2. 刀具磨损的形式

由于工件材料不同，切削用量不一样，刀具正常磨损的形式有以下三种，如图 1—56 所示。

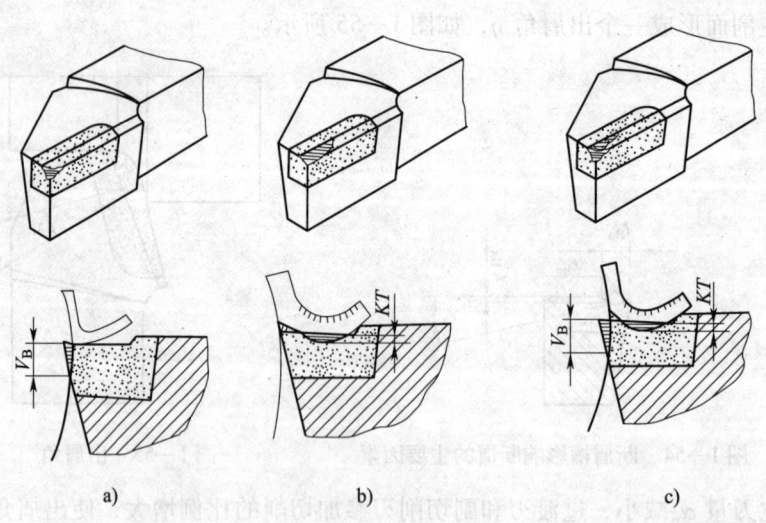

图 1—56 刀具磨损的形式
a) 后刀面磨损　b) 前刀面磨损　c) 前、后刀面同时磨损

(1) 后刀面磨损。后刀面磨损指磨损部位主要发生在后刀面上。磨损后形成 $α_o≤0°$ 的棱面，它的高度 V_B 表示磨损量（见图 1—56a），这种磨损一般是在切削脆性金属或以较低的切削速度和较小的切削厚度（$α_c<0.1$ mm）切削塑性金属时发生。这时前刀面上的机械摩擦较小，温度较低，所以后刀面上的磨损较大。

(2) 前刀面磨损。前刀面磨损指磨损部位主要发生在前刀面上。一般在较高的切削速度和较大的切削厚度（$α_c>0.5$ mm）切削塑性金属时，切屑从前刀面上流出，由于摩擦、高温和高压作用，使前刀面上近切削刃处磨出月牙洼（见图 1—56b）。前刀面的磨损量用月牙洼深度 KT 表示。在磨损过程中，月牙洼逐渐加深变宽，并向刃口方向扩展，甚至导致崩刃。

(3) 前、后刀面同时磨损。前、后刀面同时磨损指切削后刀具上同时出现前刀面和后刀面磨损（见图 1—56c）。这是在采用中等切削速度和中等进给量切削塑性金属时较常出现的磨损形式。

刀具由刃磨后开始切削一直到磨损量达到磨损限度为止的总切削时间称为刀具寿命，也即刀具两次重磨之间纯切削时间的总和，以符号"T"表示。如磨损限度相同，刀具寿命越长，表示刀具的磨损越慢。

七、切削液

切削液是一种在金属切削加工过程中，用来冷却和润滑刀具和加工件的工业用液体。车削过程中合理选择切削液，可减少磨擦力、降低温度、减少热变形、降低表面粗糙度值、延长刀具寿命，从而保证加工精度，提高生产率。一般使用高速钢车刀应充分加注切削液，使用硬质合金车刀一般不加注切削液。硬质合金车刀在高速加工时，如果加注切削液，硬质合金刀片会突然遇冷造成碎裂。

1. 切削液的作用

切削液的作用有冷却、润滑、清洗、防锈。

2. 切削液的种类

(1) 乳化液。乳化液是将乳化油用水稀释而成，呈乳白色。乳化液的特点是流动性好，可吸收切削中的大量热量，主要起冷却作用。

(2) 切削油。切削油的主要成分是矿物油，主要起润滑作用。

3. 切削液的选择

切削液应根据工件的材料、刀具材料、加工性质和工艺要求进行合理选择。

(1) 粗加工时，因吃刀深、进给快、产生的热量多，所以应选以冷却为主的乳化液。

（2）精加工时，主要是保证工件的精度、减小表面粗糙度值和延长刀具寿命，应选择以润滑为主的切削油。

（3）车削脆性材料如铸铁，一般不加切削液，可加注煤油。

（4）车削镁合金时，为防止燃烧起火，不加切削液。

技能要求

刃磨 90°车刀角度

一、操作准备

序号	名称		准备事项
1	材料		高速钢、硬质合金
2	设备		砂轮机
3	工艺装备	刃具	90°车刀
		量具	万能角度尺 2′（0～320°）
		工、附具	砂轮修整器

二、操作步骤

序号	操作步骤	操作简图
步骤1	刃磨主后刀面：粗磨主后刀面握刀法，如图 a 所示，粗磨主后刀面，如图 b 所示 粗磨主后刀面握刀时，右手在前，左手在后，双手拿稳车刀。两肘夹紧在肋下，身体站在砂轮的侧面，两脚之间的距离比肩稍宽。将车刀主后刀面平行地靠近砂轮外缘，把车刀倾斜一个等于主后角的角度，如图 b 所示，当刀杆部分与砂轮接触后，加适当压力沿着砂轮的轴线缓慢、均匀地移动车刀，使车刀在砂轮外缘上磨削均匀，车刀刀刃平直，直到磨出主后角 8°～11°为止	 a) 粗磨主后刀面握刀法　　b) 粗磨主后刀面

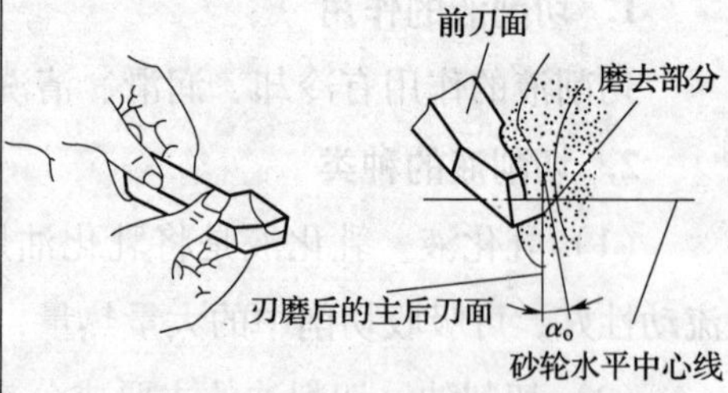

续表

序号	操作步骤	操作简图
步骤2	粗磨副后刀面：刃磨副后刀面握刀法如图 a 所示，粗磨副后刀面如图 b 所示，副后刀面角度示意如图 c 所示	
	粗磨副后刀面时双手握刀，右手在前，左手在后，如图 a 所示。将车刀副后面与砂轮外缘接触，使车刀保持前高后低的倾斜状态，倾斜角度等于车刀的副后角，同时刀杆尾部向右偏移一个等于负偏角的角度，如图 b 所示。在保持上述角度不变的情况下，加适当压力使车刀沿砂轮轴线左右缓慢移动，如图 c 所示，粗磨副后刀面	a) 刃磨副后刀面握刀法 b) 粗磨副后刀面　c) 副后刀面角度
步骤3	刃磨断屑槽	
	刃磨断屑槽之前应修整砂轮，使砂轮外缘与端面相交处为直角。刃磨时的起点位置应与刀尖和主切削刃离开一小段距离，其距离根据断屑槽的宽度确定，以免把刀尖与主切削刃磨掉，刃磨时不能用力过大，使车刀沿主切削刃方向缓慢移动，如图所示。刃磨至距离主切削刃宽度为 0.1~0.5 mm 时为止。精车时，断屑槽宽度原则上应窄而深	
步骤4	精磨主后刀面，磨好主后角和主偏角	
步骤5	精磨副后刀面，磨好副后角和副偏角	
步骤6	刃磨过渡刃	
	刃磨过渡刃时，刀杆与砂轮接触，车刀呈前高后低状倾斜，倾斜角度约等于主后角，磨直线形过渡刃时主切削刃与砂轮成 45°，刀尖处磨掉 0.1~0.5 mm 即可。磨圆弧形过渡刃时（俗称"刀尖圆弧"），刀尖与砂轮稍稍接触后，轻轻地来回摆动车刀，使刀尖成圆弧状，如图所示	0.1~0.5　　　R

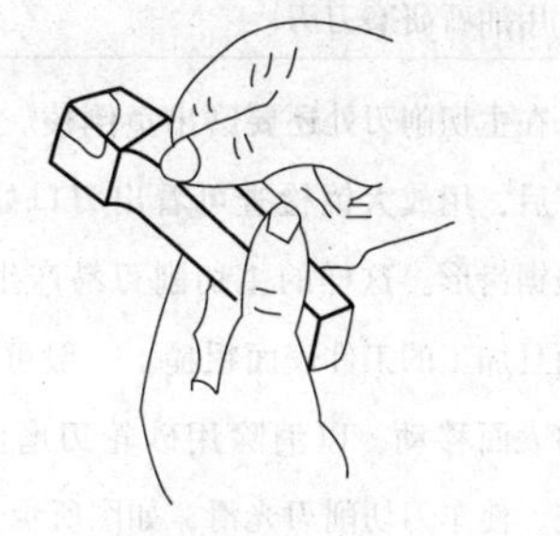

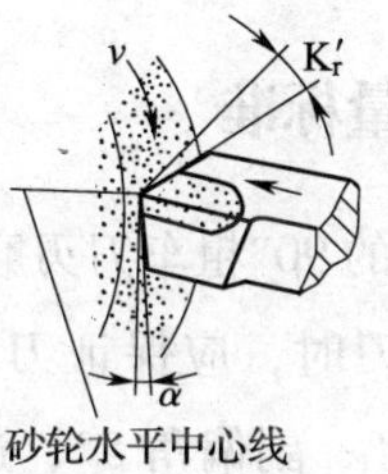

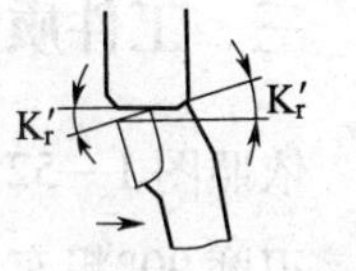

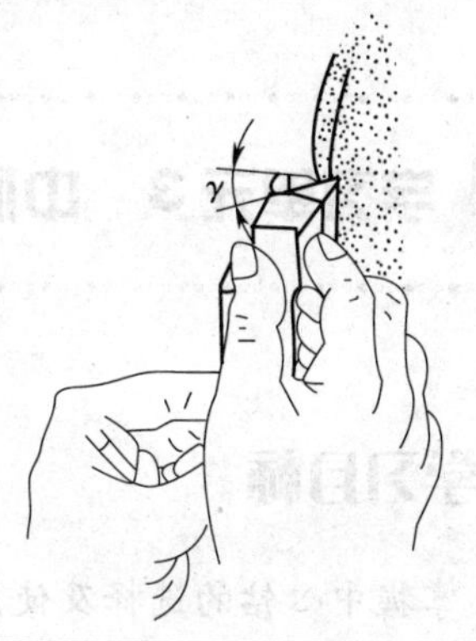

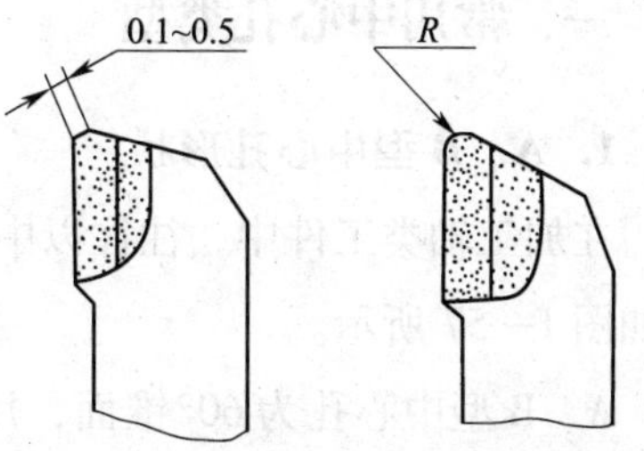

序号	操作步骤	操作简图
步骤7	用油石研磨刀刃 在主切削刃处还要磨出负倒棱。主切削刃磨好后，用放大镜检查可看出刃口处凸凹不平，呈锯齿形。这样的主切削刃易产生崩刃现象，而且加工的工件表面粗糙。一般可用油石沿车刀表面移动，以消除用砂轮刃磨时的刃磨痕迹，使车刀切削刃光滑，如图所示	油石

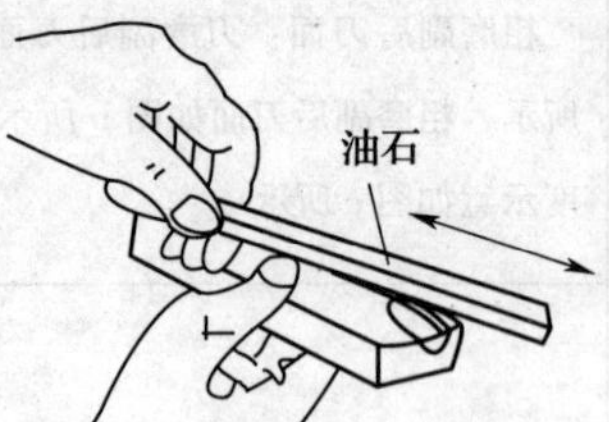

三、工件质量标准

依照图 1—52 的 90°粗车刀刃磨角度所示需要达到的标准要求。

刃磨 90°粗车刀时，应保证刀具的各种角度刃磨正确，保证前角 15°、后角 8°～11°、副后角 5°、副偏角 5°、过渡刃刃倾角 0°～3°，断屑槽宽度 $l_{Bn} < 5$ mm，断屑槽深度 $c_{Bn} > 0.7$ mm，并磨出一定宽度的负倒棱等。

学习单元 3　中心孔与中心钻

学习目标

➢ 掌握中心钻的选择及使用知识

知识要求

一、常用中心孔类型

1. A、B 型中心孔形状

在加工轴类工件中，往往以中心孔作为中心轴线定位基准，A、B 型中心孔形状如图 1—57 所示。

A、B 型中心孔为 60°锥面，用来支撑工件的定位和质量，在前端有中心导向直径 d，用来确定中心钻的尺寸规格，有中心导向长度，用来确定顶尖支撑的有效

第1章 车床加工操作基础

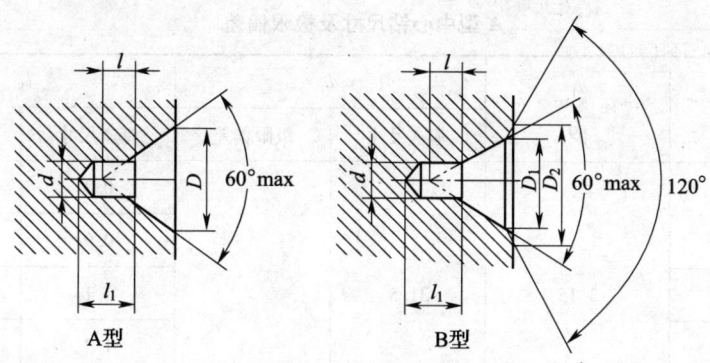

图1—57　A、B型中心孔

空间，在锥度大端的 D 用来确定中心孔承载锥面的最大直径。B型中心孔在60°锥面最大边缘有120°锥面，用来保护60°锥面不被碰坏。

2. A、B型中心钻形状

在工艺装备中选择中心钻形式及尺寸大小时应参照中心钻标准 GB/T 6078—1998进行选择，形式如图1—58a、b所示。尺寸见表1—12及表1—13。

【例1—2】　中心孔尺寸为 A2.5/5.3，选择中心钻时为 A2.5/6.3。2.5为中心导向直径 d，5.3为中心孔锥度大端直径 D，6.3为中心钻柄部直径 d_1，要求中心孔钻削直径 $D\leqslant 5.3$，距离6.3还差一段尺寸，防止使锥孔钻出台阶。6.3 − 5.3 = 1 为预留量。

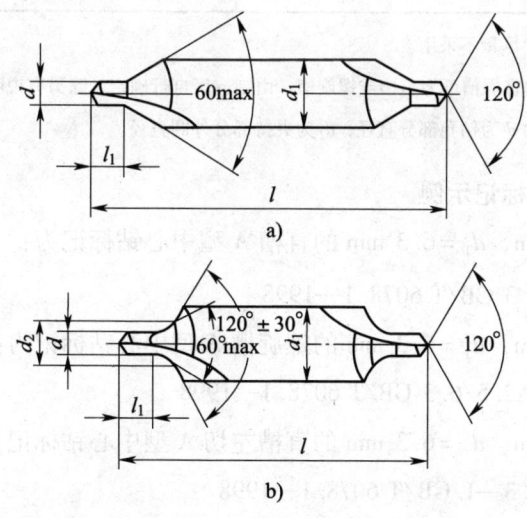

图1—58　中心钻形式

a) A型　b) 带护锥B型

3. A型中心钻尺寸（见表1—12）（摘自 GB/T 6078.1—1998）

表1—12　　　　　　　　A型中心钻尺寸及极限偏差　　　　　　　　mm

d k12	d_1 h9	l 基本尺寸	l 极限偏差	l_1 基本尺寸	l_1 极限偏差
(0.50)				0.8	+0.2, 0
(0.63)				0.9	+0.3, 0
(0.80)	3.15	31.5		1.1	+0.4, 0
1.00				1.3	+0.6, 0
(1.25)			±2	1.6	
1.60	4.0	35.5		2.0	+0.8, 0
2.00	5.0	40.0		2.5	
2.50	6.3	45.0		3.1	+1.0, 0
3.15	8.0	50.0		3.9	
4.00	10.0	56.0		5.0	
(5.00)	12.5	63.0		6.3	+1.2, 0
6.30	16.0	71.0	±3	8.0	
(8.00)	20.0	80.0		10.1	+1.4, 0
10.00	25.0	100.0		12.8	

注：1. 括号内的尺寸尽量不采用。

2. A型中心钻的容屑槽可为直槽或螺旋槽，由制造厂自行确定。除另有说明外，A型中心钻均制成右切削。表中 d 为钻孔部分直径，d_1 为夹持部分外圆直径。

4. A型中心钻标记示例

直径 $d = 2.5$ mm，$d_1 = 6.3$ mm 的直槽 A 型中心钻标记为：

中心钻 A2.5/6.3　GB/T 6078.1—1998

直径 $d = 2.5$ mm，$d_1 = 6.3$ mm 的螺旋槽 A 型中心钻标记为：

螺旋槽中心钻 A2.5/6.3　GB/T 6078.1—1998

直径 $d = 2.5$ mm，$d_1 = 6.3$ mm 的直槽左切 A 型中心钻标记为：

中心钻 A2.5/6.3—L　GB/T 6078.1—1998

直径 $d = 2.5$ mm，$d_1 = 6.3$ mm 的螺旋槽左旋 A 型中心钻标记为：

螺旋槽中心钻 A2.5/6.3—L　GB/T 6078.1—1998

5. B 型中心钻尺寸（见表 1—13）（摘自 GB/T 6078.2—1998）

表 1—13　　　　　　　　B 型中心钻基本尺寸及极限偏差　　　　　　　　mm

d k12	d_1 h9	d_2 k12	l 基本尺寸	l 极限偏差	l_1 基本尺寸	l_1 极限偏差
1.00	4.0	2.12	35.5	±2	1.3	+0.6 0
(1.25)	5.0	2.65	40.0	±2	1.6	+0.6 0
1.60	6.3	3.35	45.0	±2	2.0	+0.8 0
2.00	8.0	4.25	50.0	±2	2.5	+0.8 0
2.50	10.0	5.30	56.0	±2	3.1	+1.0 0
3.15	11.2	6.70	60.0	±2	3.9	+1.0 0
4.00	14.0	8.50	67.0	±3	5.0	+1.2 0
(5.00)	18.0	10.60	75.0	±3	6.3	+1.2 0
6.30	20.0	13.20	80.0	±3	8.0	+1.2 0
(8.00)	25.0	17.00	100.0	±3	10.1	+1.4 0
10.00	31.5	21.20	125.0	±3	12.8	+1.4 0

注：1. 括号内的尺寸尽量不采用。

2. B 型中心钻的容屑槽可为直槽或螺旋槽，由制造厂自行确定。除另有说明外，B 型中心钻均制成右切削。表中 d 为钻孔部分直径，d_1 为夹持部分外圆直径，d_2 为 60°与 120°锥面相交处直径。

6. B 型中心钻标记示例

直径 $d = 2.5$ mm，$d_1 = 10.0$ mm 的直槽 B 型中心钻标记为：

中心钻 B2.5/10 GB/T 6078.2—1998

直径 $d = 2.5$ mm，$d_1 = 10.0$ mm 的螺旋槽 B 型中心钻标记为：

螺旋槽中心钻 B2.5/10 GB/T 6078.2—1998

直径 $d = 2.5$ mm，$d_1 = 6.3$ mm 的直槽左切 B 型中心钻标记为：

中心钻 B2.5/6.3—L GB/T 6078.2—1998

直径 $d = 2.5$ mm，$d_1 = 6.3$ mm 的螺旋槽左旋 B 型中心钻标记为：

螺旋槽中心钻 B2.5/6.3—L GB/T 6078.2—1998

二、钻中心孔的方法

轴类工件端面上的中心孔供顶尖支顶工件用，以承受切削力并作为多次加工的定位基准，中心孔用中心钻钻削而成。

钻中心孔时，导致中心钻折断的原因较多。例如，中心钻的轴线歪斜、工件端面不平、工件转速低而中心钻进给太快、中心钻切削刃磨钝后强行钻入等。

中心孔的大小应符合图样技术要求或根据工件的直径来选择。中心孔质量分析如图1—59所示，其中正确的中心孔的形状如图1—59a所示。如中心孔钻得太深，将使顶尖与中心孔的圆锥面配合不上，如图1—59b所示；中心钻尺寸过大或中心孔钻得过大，将使工件没有端面，如图1—59c所示；中心孔钻偏，将使工件定位不准而产生废品，如图1—59d及e所示；两端中心孔不在同一轴线，将使工件定位不准，造成中心孔接触不良，如图1—59f所示；中心钻导向直径部分磨损，钻出的中心孔使顶尖与中心孔导向直径底部接触，影响工件定位，如图1—59g所示。

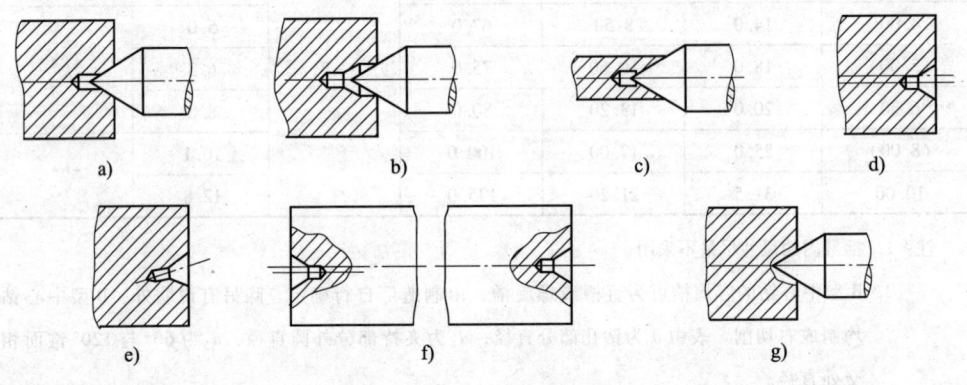

图1—59 中心孔质量分析

a) 正确　b) 中心孔过深　c) 中心孔过大　d)、e) 钻偏　f) 不同轴　g) 中心钻磨损

技能要求

钻中心孔过程

一、操作准备

序号	名称		准备事项
1	材料		45钢
2	设备		CA6140车床
3	工艺装备	刃具	A型中心钻
		量具	游标卡尺（精度为0.02 mm，测量范围是0~150 mm）
		工、附具	钻夹头

二、操作步骤

序号	操作步骤	操作简图
步骤1	装夹中心钻 1）将中心钻夹在钻夹头上 2）用钻夹钥匙拧紧钻夹，夹紧中心钻	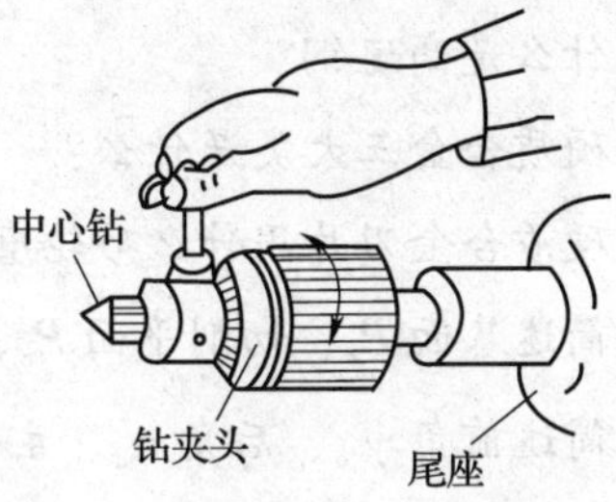
步骤2	钻中心孔预备 1）将尾座推到工件端面前 2）启动主轴旋转，取高转速	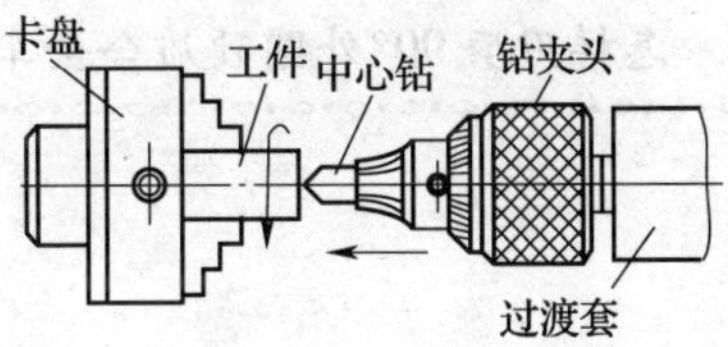
步骤3	钻中心孔 1）轻轻将中心钻摇至工件 2）缓慢进给，不要用力钻削，松一点，钻一点	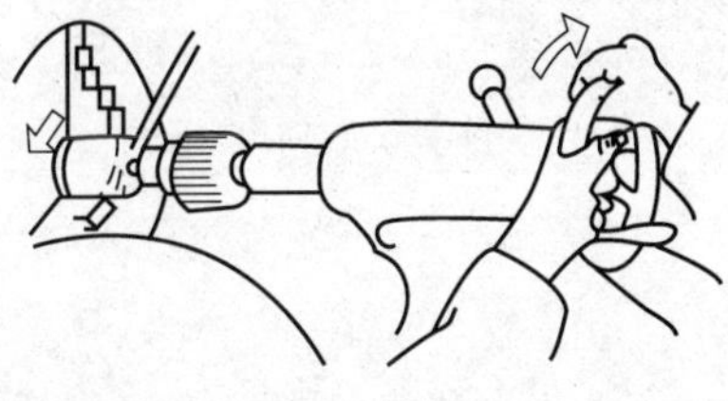

思 考 题

1. 简述卧式车床齿轮传动有几大箱体，各起哪些作用？
2. 立式车床主要用来完成什么样的工件？
3. 挂轮式有几种，各加工哪些工件？
4. 切削液的作用是什么？
5. 车床上常用的润滑方式有哪些？
6. 对车床进行例行润滑保养的重要意义？
7. 游标卡尺和游标千分尺怎样读数？有什么区别？
8. 简述内径百分表的使用和读数方法。
9. 卡规的使用方法和不足之处有哪些？
10. 切削用量三要素指的是哪些内容？

11. 试切法的重要意义和方法是什么?
12. 掌握试切法,能够用床鞍刻度盘和小滑板刻度盘配合确定台阶长度。
13. 说出几种轴类车削刀具的用途。
14. 什么是高速钢?
15. 硬质合金三大类是什么?
16. 硬质合金刀片用什么砂轮磨削,刀杆用什么砂轮磨削?
17. 简述基面 P_r、切削平面 P_s、假定工作平面 P_f、正交平面 P_o 的定义。
18. 简述前角 γ_o、后角 α_o、主偏角 κ_r、副偏角 κ_r'、刃倾角 λ_s 的定义。
19. 前角的作用是什么?
20. 怎样刃磨90°外圆硬质合金车刀?

第2章 短光轴、3~4个台阶的轴类零件加工

第1节 零件装夹的工艺性

 **学习目标**

➤ 能够对短光轴、3~4个台阶的轴类零件进行正确装夹

 知识要求

一、台阶轴零件图符号含义及技术要求

1. 识读、分析图样

识读、分析台阶轴图样，如图2—1所示。

(1) 台阶轴几何尺寸由三台阶短圆柱面组成。

(2) 台阶轴的外表面有 ϕ38 h9 及 ϕ30 f9 直径尺寸，其中 ϕ30 f9 属于基孔制间隙配合的轴，而 ϕ38 h9 属于基轴制的基准轴，需要查出公差尺寸。

(3) 台阶轴的外表面中间轴直径有 $\phi22_{-0.084}^{0}$ mm 尺寸公差要求。

(4) 台阶轴的两端有 A2/4.25 中心孔需要加工，以确定工件轴心线定位基准。

(5) 外圆表面有两处沟槽。

2. 未注公差值和表面粗糙度 Ra 值

(1) 台阶轴其他几何尺寸为未注公差尺寸如下。

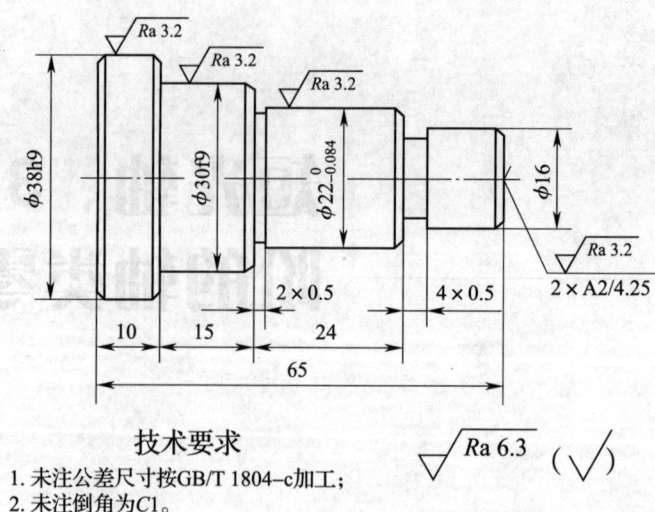

图 2—1 台阶轴

1) $\phi16$ mm。
2) 10 mm、15 mm、24 mm、65 mm。
3) 倒角 $C1$ mm。

（2）台阶轴外圆三处及中心孔两处表面粗糙度为 $Ra3.2$ μm，其余表面为 $Ra6.3$ μm。

3. 表面粗糙度样块识别

表面粗糙度一般用轮廓算术平均偏差 Ra 值表示，单位为 μm（0.001 mm），例如，$Ra1.6$ 表面粗糙度值为 1.6 μm。表面粗糙度值在图样中出现的 $Ra0.8$、$Ra1.6$、$Ra3.2$ 以及 $Ra6.3$、$Ra12.5$ 等数值都是在车床上常见的并可以保证的。

图 2—2 所示的比较样块为 $6.3 \sim 0.8$ μm 的放大效果图。

在生产中，用目测法及触觉法比较表面粗糙度时，可参考如下经验：

（1）在 $Ra0.8$ 状态下（见图 2—2d），目视刀纹忽隐忽现，刀纹轻而乱，表面用手去摸较光滑，用手指盖去滑时基本无摩擦，有一定的反光效果。

（2）在 $Ra1.6$ 状态下（见图 2—2c），目视有细微刀纹，已能看清刀纹螺距的规律性，视觉上较光滑，表面用手去摸有细微摩擦，用手指盖去滑时也有细微摩擦。

（3）在 $Ra3.2$ 状态下（见图 2—2b），目视有明显细微刀纹，视觉上显得较为光滑，表面用手去摸有细微摩擦。

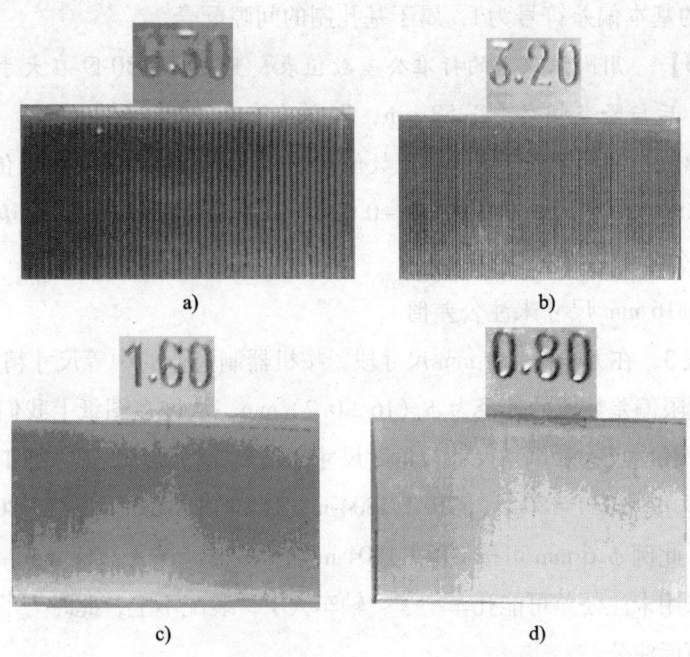

图 2—2 比较样块 6.3~0.8 μm 放大效果图
a) $Ra6.3$ b) $Ra3.2$ c) $Ra1.6$ d) $Ra0.8$

（4）在 $Ra6.3$ 状态下（见图 2—2a），目视有明显刀纹，视觉上刀纹显得较为清楚，表面螺距可达 0.5 mm 左右（刀尖圆弧起作用，背吃刀量并不大），表面用手去摸有明显细微摩擦。

（5）在 $Ra12.5$ 状态下，目视刀纹明显凸起，表面螺距可达 0.9 mm 左右，表面用手去摸有明显摩擦。

二、查阅有关公差表的知识

1. 极限偏差值查阅方法

（1）用标准公差数值表查 $\Phi38$ h9 mm 直径尺寸的公差值，见附录表 1。

已知轴的基本偏差符号为 h，属于基准轴。

【例 2—1】 竖查 $\Phi38$ 得基本尺寸在大于 30~50 mm 段，横查 IT9 后与竖查相交，得 62 μm，即 0.062 mm。

【例 2—2】 由于基本偏差 h 的上偏差值为 0 mm，所以下偏差值为 -0.062 mm，即 $\Phi38_{-0.062}^{0}$ mm。

（2）用标准公差数值表及基本偏差数值表查 $\phi30$ f 9 mm 极限偏差值，见附录表 1 和附录表 2。

已知轴的基本偏差符号为 f，属于基孔制的间隙配合。

【例 2—3】 用附录表 1 的标准公差数值表，竖查得 $\Phi 30$ f9 在大于 18～30 mm 段，横查 IT9 后与竖查相交，得 52 μm，即公差值为 0.052 mm。

【例 2—4】 用附录表 2 基本偏差数值查表查 f，由于基本偏差 f 的数值为 -20 μm，即上偏差为 -0.02 mm，所以下偏差值为 -0.02 - 0.052 = -0.072 (mm)，即 $\Phi 30_{-0.072}^{-0.02}$ mm。

2. 未注公差值查阅方法

(1) 查 $\phi 16$ mm 尺寸未注公差值

查附录表 3，在大于 6～30 mm 尺寸段，按机器制造业的中等尺寸精度 m 查得为 ±0.2mm，极限偏差数值的外径为 ϕ (16±0.2) mm。从许多图纸上我们看出，有许多直径尺寸、长度尺寸、倒角尺寸及角度尺寸都是未标注状态，那么加工时应遵守未注公差表。这里 GB/T 1804-f、GB/T 1804-m、GB/T 1804-c、GB/T 1804-v 均采用 ± 号，例如，此例 $\phi 16$ mm 可按 GB/T 1804-m 加工成 ϕ (16±0.2) mm。如果轴孔有装配要求，采用未注公差可能孔车小了，轴车大了，装配不上，此时为了装配精度必须按配合性质标注公差。

(2) 查 10 mm、15 mm、24 mm、65 mm 尺寸未注公差值

【例 2—5】 10 mm、15 mm、24 mm 三个尺寸可查附录表 3，在大于 6～30 mm 尺寸段，10 mm、15 mm、24 mm 长度按机器制造业的中等尺寸精度 m 查得分别为 ±0.2 mm，即 (10±0.2) mm、(15±0.2) mm、(24±0.2) mm。

【例 2—6】 65 mm 尺寸可查附录表 3，在大于 30～120 mm 尺寸段，65 mm 长度按机器制造业的粗糙尺寸精度 c 查得为 ±0.8 mm，即 (65±0.8) mm。

【例 2—7】 查倒角未注公差值。图样为 C1 倒角，查附录表 4，在大于 0.5～3 mm 尺寸段，按机器制造业的中等尺寸精度 m 查得分别为倒角高度尺寸的极限偏差数值为 ±0.2 mm，即倒角高度为 (1±0.2) mm。

三、工序余量的相关标注

工序余量是指相邻两工序的工序尺寸之差。工序余量是加工余量的一种，加工总余量等于各工序余量之和。对于非对称的加工表面，加工余量是单边余量。其中对于外表面（被包容表面）如图 2—3a 所示，$Z_b = a - b$，对于内表面（包容表面）如图 2—3b 所示，$Z_b = b - a$。

式中　Z_b——本工序的工序余量，mm；

　　　a——前工序的工序尺寸，mm；

　　　b——本工序的工序尺寸，mm。

对于内孔、外圆等回转表面，其加工余量是双边余量，即相邻两工序的直径差。其中，对于外圆，如图2—3c所示，$2Z_b = d_a - d_b$，而对于内孔如图2—3d所示，$2Z_b = d_b - d_a$。

式中 $2Z_b$——直径上的加工余量，mm；

d_a——前工序加工直径，mm；

d_b——本工序加工直径，mm。

图中工序余量边界用实线表示，工件实体边界用双点画线表示。

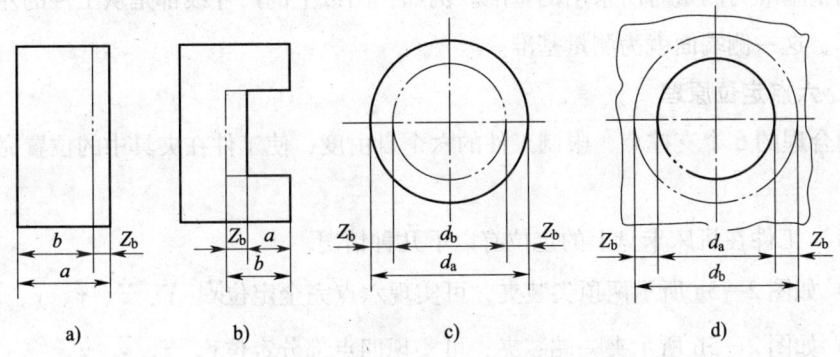

图2—3 加工余量

a）对于外表面 b）对于内表面 c）对于外圆 d）对于内孔

工件毛坯棒料余量如图2—4示意图所示。

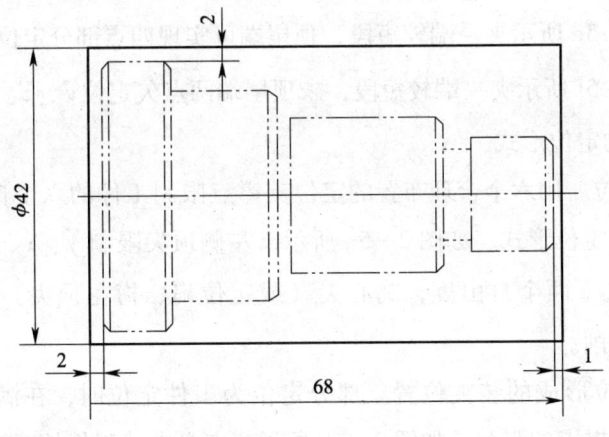

图2—4 毛坯图

在加工工件时，涉及毛坯下料和装夹，一般要考虑加工余量，每个端面留切削量1~2 mm，外圆在直径方向一般留4~5 mm即可。如果掉头加工或切断加工时，工步间余量可视精度要求逐步减少。

四、工件定位的基本原理及定位方法

1. 基准

（1）定位基准

定位基准为在加工中用作定位的基准。例如，在图纸上加工各个部位所用的两端中心孔 A2/4.25 形成的轴线为工件的定位基准。

（2）测量基准

测量基准为测量时所采用的基准。例如，图纸上的尺寸线都是从工件的左侧开始计算，这一侧端面就为测量基准。

2. 六点定位原理

用合理的 6 个支撑点，限制工件的六个自由度，使工件在夹具中的位置完全确定。

（1）工件在机床卡盘上的定位有以下几种情况。

1）如图 2—5a 所示两顶尖装夹，可实现六点完全定位 $\vec{x}$、$\vec{y}$、$\vec{z}$、$\hat{x}$、$\hat{y}$、$\hat{z}$。

2）如图 2—5b 所示夹一端装夹，可实现四点部分定位 $\vec{y}$、$\vec{z}$、$\hat{y}$、$\hat{z}$。

3）如图 2—5c 所示夹一端台阶，顶尾端可实现五点部分定位 $\vec{y}$、$\vec{z}$、$\hat{x}$、$\hat{y}$、$\hat{z}$。

4）如图 2—5d 所示夹一端较长段，顶尾端可实现两点重复定位 $\vec{y}$、$\vec{z}$、$\hat{y}$、$\hat{z}$，有两点重复定位为 $\vec{y}$、$\vec{z}$。

5）如图 2—5e 所示夹一端较短段，顶尾端可实现四点部分定位 $\vec{y}$、$\vec{z}$、$\hat{y}$、$\hat{z}$。

6）如图 2—5f 所示夹一端较短段，未顶尾端两点欠定位 $\vec{y}$、$\vec{z}$。

（2）工件的定位形式

1）完全定位。用六个合理布置的定位支撑点限制工件的六个自由度，使工件位置完全定位的定位形式。如图 2—5a 所示，左侧顶尖限制 $\vec{y}$、$\hat{x}$、$\vec{z}$ 三个自由度。右侧顶尖限制 $\vec{y}$、$\vec{z}$ 两个自由度，鸡心夹（或定位扁、梅花顶尖）限制 $\hat{x}$ 自由度，夹紧后可进行车削。

2）部分定位形成的装夹位置。部分定位为工件定位时，在满足要求的前提下，少于六个支撑点的限制。如图 2—5b 所示，卡盘夹持工件长度较长，相当于四个支撑点，限制 $\vec{y}$、$\hat{y}$、$\vec{z}$、$\hat{z}$ 四个自由度，这时夹紧后可进行车削。如果光轴轴向切削力很大，工件产生轴向位移 $\vec{x}$，不能精确车削台阶长度距离，方法是在轴头车一细径挡头，用卡爪夹住细径、用卡爪平面挡住工件，这时可限制 $\vec{x}$，如图 2—5c 所示。

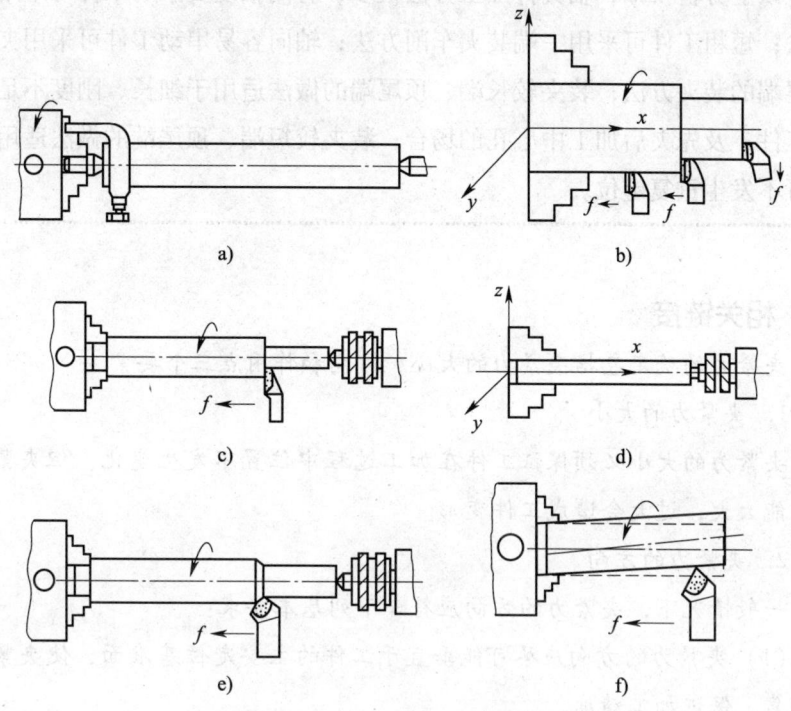

图 2—5 六点定位原理说明

a）六点完全定位 b）四点部分定位 c）五点部分定位
d）两点重复定位 e）四点部分定位 f）两点欠定位

3）重复定位形成的装夹位置。重复定位为几个定位支撑点重复限制同一个自由度。如图 2—5d 所示，卡盘夹持工件部位较长，已限制 $\vec{y}$、$\overset{\curvearrowleft}{y}$、$\vec{z}$、$\overset{\curvearrowleft}{z}$ 四个自由度，后顶尖又限制了两个自由度 $\overset{\curvearrowleft}{y}$、$\overset{\curvearrowleft}{z}$，这两个是重复定位。如果工件已有中心孔，当卡爪夹紧工件后，由于夹爪对主轴轴线的同轴度误差、工件外圆对中心孔的同轴度误差，后顶尖往往顶不到工件中心孔处，如果强制顶住，工件产生跳动或变形。所以，此时卡爪夹持部分应短些，取消 $\overset{\curvearrowleft}{y}$、$\overset{\curvearrowleft}{z}$ 两个自由度的限制。避免方法是将工件留夹头（不要太长）向后稍用力，使轴端顶尖孔靠在后顶尖上后再夹紧短轴头，这样能使轴类工件自动校正。一般工件夹持部位长短以可沿 y 轴和 z 轴自由旋转为原则，使中心孔与后顶尖对正，如图 2—5e 所示，然后再进行切削。

4）欠定位的后果。欠定位为定位点少于工件应该限制的自由度，使工件不能正确定位。如图 2—5f 所示，卡爪夹紧较长工件后，由于刀具切削力的推移和工件刚度的不足，工件旋转时产生离心力，会使工件端头产生自由的 $\overset{\curvearrowleft}{y}$、$\overset{\curvearrowleft}{z}$ 旋转，使工件掉下。

综合以上分析得知，轴类件加工方法很多，有同轴度要求的工件可采用两顶尖装夹方法；短粗工件可采用一端装夹车削方法；轴向容易串动工件可采用夹一端台阶、顶尾端的装夹方法；装夹较长端、顶尾端的做法适用于细长、刚度不足、容易弯曲的工件，及先夹后加工中心孔的场合；装夹较短端、顶尾端的做法适用于一般情况，可不发生重复定位。

 相关链接

夹紧力的确定包括夹紧力的大小、方向和作用点三个要素。

1. 夹紧力的大小

夹紧力的大小必须保证工件在加工过程中位置不发生变化，但夹紧力也不能太大，过大会造成工件变形。

2. 夹紧力的方向

一般情况下，夹紧力的方向应符合下列基本要求：

(1) 夹紧力的方向应尽可能垂直于工件的主要定位基准面，使夹紧稳定可靠，保证加工精度。

(2) 夹紧力的方向应尽量与切削力方向一致。

3. 夹紧力的作用点

选择夹紧力的作用点时应考虑下列原则：

(1) 夹紧力的作用点应尽可能地落在主要定位面上，这样可保证夹紧稳定可靠。

(2) 夹紧力的作用点应与支撑件对应。

夹紧力径向作用在工件的薄壁上容易引起变形，夹成三棱形，应改变夹紧方法，使夹紧力作用在厚壁上或作用在轴向端面上。

 技能要求

工件在三、四爪卡盘上找正与夹紧

如图 2—1 所示中的台阶轴，将毛坯料用三、四爪卡盘进行找正和夹紧。

一、操作准备

序号	名称	准备事项
1	材料	$\Phi 43$ mm×70 mm 钢棒
2	设备	CA6140、CA6136 车床三、四爪卡盘及卡盘扳手
3	工、附具	划线盘、活扳手、旋具等常用工具

二、操作步骤

序号	操作步骤	加工简图
步骤1	**短光轴下料装夹** 1）长轴料直径小于主轴孔径 当长轴料直径小于主轴孔径时，长轴料直径可塞进主轴孔，下料时可探出一段进行切断，再探出一段，再切断。由于夹紧力的作用点靠近加工表面，可防止工件产生振动 2）长轴料直径大于主轴孔径 当长轴料直径大于主轴孔径时，长轴料直径塞不进主轴孔，下料时探出较长，当被一段一段切断而成短棒时，由于切口处刚度差，会产生振动。为了防止工件产生振动，夹紧力的作用点应尽量靠近加工表面，这时可采用靠近卡盘处切断的方法，使加工表面靠近夹紧作用点，一段被切断后，工件和尾座向左串，夹紧后，再在靠近卡盘处切断下一个料	轴料逐渐探出进行切断 轴料逐渐伸进进行切断
步骤2	**短光轴装夹时的找正** 1）工件在三爪自定心卡盘上找正 短光轴装夹在三爪卡盘上时，用划针对轴端进行均匀性对称找正，如图所示，由于三爪卡盘属自定心定位，只需用手扳转工件，对工件端头进行找正。敲击工件高点，使划针与工件之间的缝隙在一周的转动中处于对称均匀状态	扳转工件，敲击高点找正

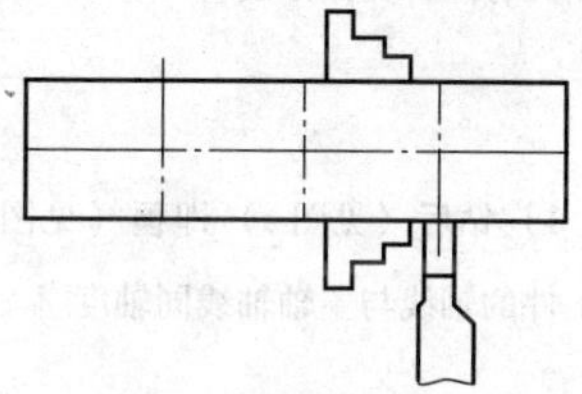

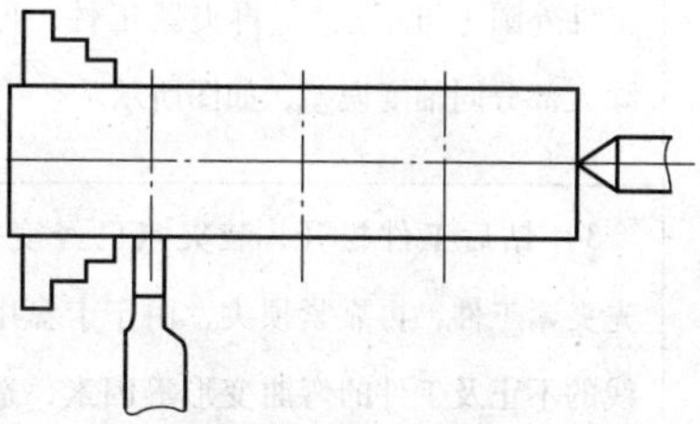

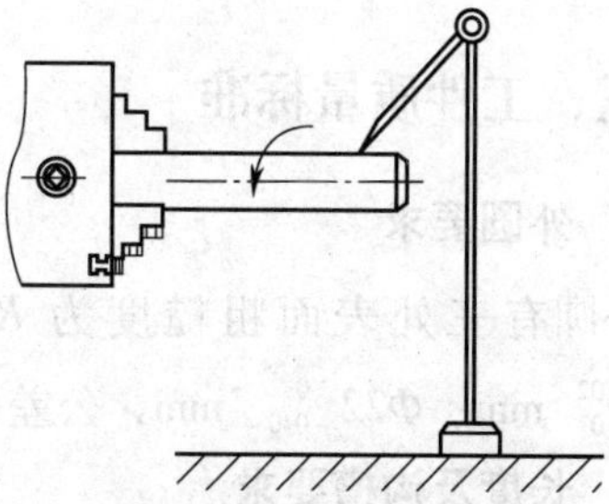

续表

序号	操作步骤	加工简图
步骤2	2）工件在四爪单动卡盘上找正 短光轴装夹在四爪单动卡盘上时，用划针进行均匀性对称找正，如图a所示，可用手扳转工件，在工件前后 a、b 两点找正，反复前后校正。粗短件装在卡盘上可用划针找正外圆和端面，如图b所示	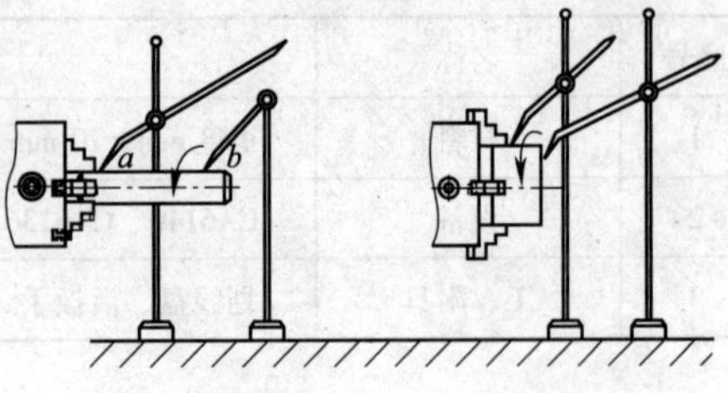 a) 细长轴找正　　b) 粗短件找正
步骤3	工件在三爪自定心卡盘上用一夹一顶方法装夹时，要在端面钻中心孔，钻中心孔后，顶尖有三种支撑方法	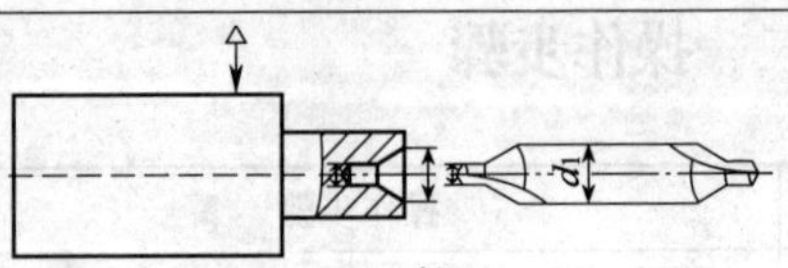 a) 钻
	1）钻后（见图a）即顶（见图b），保证工件的轴线与主轴轴线同轴度	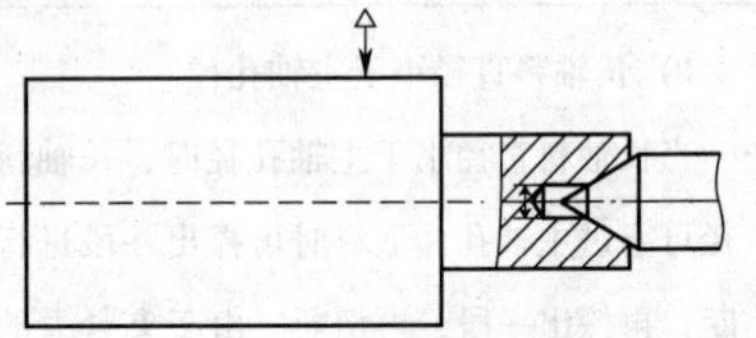 b) 顶
	2）钻后工件松开，装夹点已经变化时，要保证同轴度，要将工件先靠紧顶尖（不论工件外圆正与不正），再夹紧工件，可以消除大部分同轴度误差，如图所示	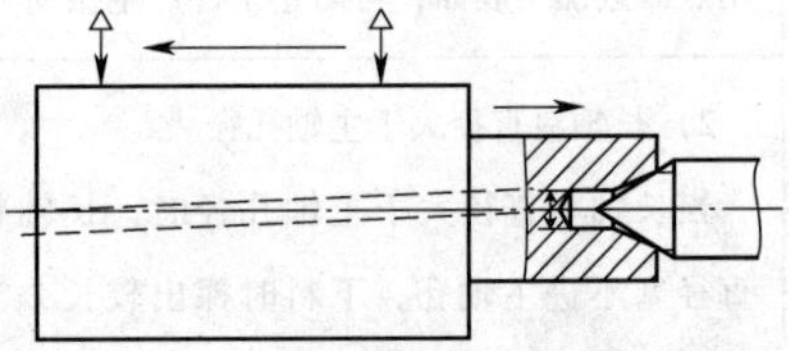 先后移工件，使工件靠紧顶尖，再夹紧工件
	3）钻后工件松开，装夹点已经变化时，先夹紧工件，再靠紧顶尖，由于卡盘中心轴线的不正及工件的弯曲变形等因素，造成工件轴线与主轴轴线不同轴，如图所示，强行顶紧工件后，工件和尾座套筒同时弯曲、转动并同时晃动，产生同轴度误差	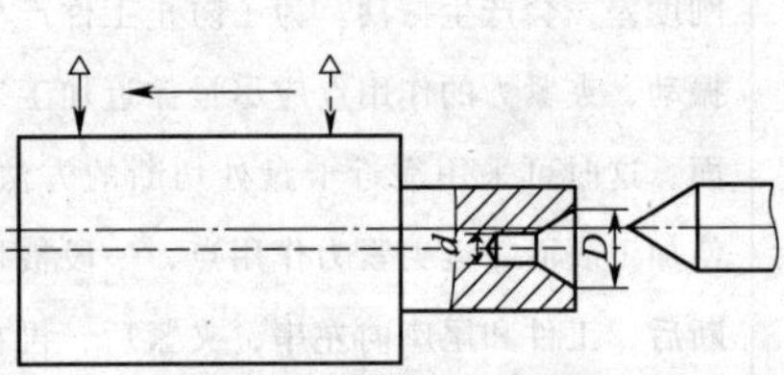 强行顶紧工件易产生同轴误差

三、工件质量标准

1. 外圆要求

外圆有三处表面粗糙度为 $Ra3.2\ \mu m$，尺寸及公差分别为 $\Phi 38_{-0.062}^{\ 0}$ mm、$\Phi 30_{-0.072}^{-0.02}$ mm、$\Phi 22_{-0.084}^{\ 0}$ mm，公差基本都属于初级车工的9级范围。

2. 长度及沟槽要求

长度 65 mm、10 mm、15 mm、24 mm 及沟槽尺寸 4×0.5 mm、2×0.5 mm，都

要按照 GB/T 1804 - c 进行加工和检测。

3. 其他部分

$\Phi 16$ mm 外圆、倒角 $C1$ mm5 处,还有 $Ra6.3$ μm 9 处,其尺寸都要按照 GB/T 1804 - c 进行加工和检测。

4. 中心孔

中心孔 $2 \times A2/4.25$,除按标准钻削后,其表面粗糙度 $Ra3.2$ μm 要加以保证,要求较光滑,不要有颤纹。

四、注意事项

1. 夹紧工件不能代替找正工件。卡盘夹紧工件并不是定位与夹紧,得先有定位后再夹紧工件,夹紧只是定位后的动作。一般夹紧动作是为了克服刀具在切削工件时产生的切削力。

2. 当工件弯曲时,为了找匀加工量,需用三爪卡盘垫片或四爪卡盘找正后进行夹紧。

第2节 短光轴、3~4个台阶的轴类工件车削

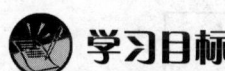**学习目标**

➢ 掌握短轴类工件的加工方法
➢ 掌握保证短轴类工件几何精度、表面粗糙度的措施
➢ 掌握切削用量的选择

**知识要求**

一、台阶轴加工知识

1. 刀具在零件外圆加工时的进给方法

用三、四爪卡盘装夹工件时,可以如图 2—6a 所示直接装夹,然后用刀具在外圆进行车削;工件较长时可以在右侧用顶尖顶上,称一夹一顶法装夹,如图 2—6b

所示，不论哪种方法都可用正反刀具进行右或左车削。当工件直径较大、较窄时，可以用卡盘爪的反爪夹紧外圆，用正向刀具轴向进给或反向刀具径向进给车削外圆，如图2—6c所示。

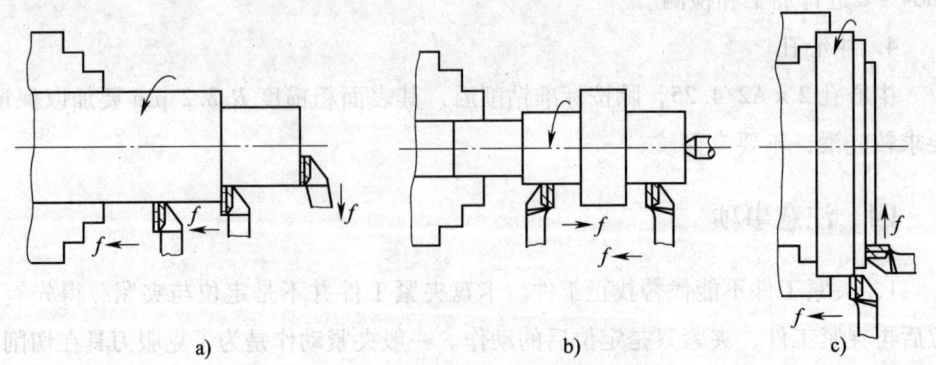

图2—6 用三、四爪装夹工件方法

a）正常工件 b）工件较长时 c）工件直径较大、较窄时

2. 端面加工时刀具进给的方法

工件端面的车削有以下三种车削状态，如图2—7所示。

用45°弯头车刀车削，如图2—7a所示。切削力 f 将车刀向外推，因此一般轴向进给不能太大，经常将床鞍锁死。图2—7b所示为用左偏刀车削端面，车刀的主偏角为90°，切削力与进给方向相反，可以进行较大背吃刀量的端面车削。

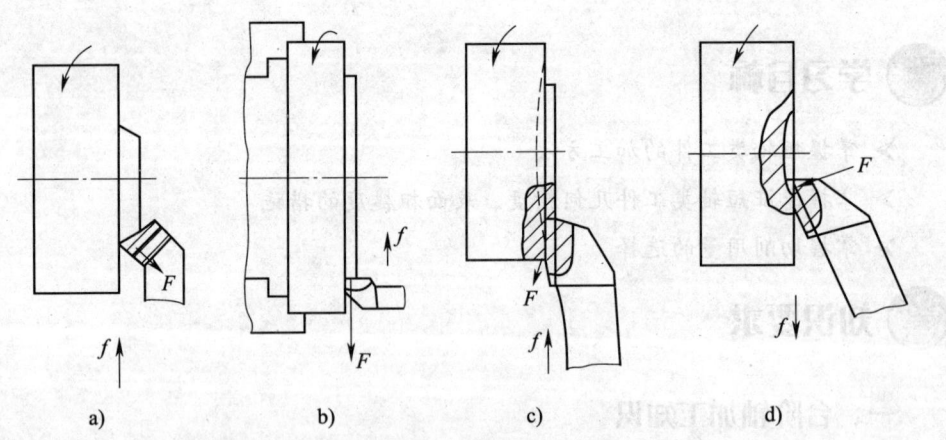

图2—7 端面车削

a）用45°弯头车刀 b）用左偏刀车削端面
c）用右偏刀从外向中心车削端面 d）用右偏刀从内向外缘车削端面

如图 2—7c 所示为用右偏刀从外向中心车削端面，此时作用在副切削刃上的切削力指向工件内部，切削深度较大时，会使车刀扎入工件而形成凹面，因此有较大加工余量时，一般很少用 90°右偏刀从外向内车削端面，尤其车削装夹定位点只有 $\vec{y}$、$\vec{z}$ 两个自由度的长棒料时，更容易使工件 $\vec{y}$、$\vec{z}$ 旋转掉下。如图 2—7d 所示为用右偏刀从内向外缘车削端面，此时作用在主切削刃上的切削力指向工件外部，切削深度较大时，会将刀具推出工件。

二、车刀角度及切削用量的选择

1. 车刀

主偏角为 75°的车刀与主偏角为 45°、90°的车刀相比较，75°车刀的散热性能最好。

精车刀的前角和后角取得稍大一些，使车刀锋利。精车刀修光刃的长度视进给量而定，一般主切削刃宽时，进给量可大些；反之则小些。

2. 切削用量

台阶轴切削用量的选择：

（1）粗车时，选用中等切削速度。

（2）粗车时，选用较大的进给量 f。

（3）粗车时，选用中等的背吃刀量 a_p。如果背吃刀量和进给量选得都比较大，切削速度要适当降低。

（4）精车时，背吃刀量 a_p 减小，切削速度选择 80 m/min 以上。

技能要求

短光轴、3~4 个台阶的轴类工件车削

车削台阶轴，主要技术要求如图 2—1 所示台阶轴。

一、操作准备

序号	名称	准备事项
1	材料	45 钢，ϕ43 mm×70 mm
2	设备	CA6140 车床三、四爪卡盘及卡盘扳手

续表

序号	名称		准备事项
3	工艺装备	刃具	90°外圆车刀、45°端面车刀、A2/5 中心钻、外沟槽车刀
4		量具	游标卡尺 0.02 mm/（0～150 mm）、千分尺 0.01 mm/（0～25 mm、25～50 mm）、钢直尺
5		工、附具	钻夹具、回转顶尖、划线盘、活扳手、旋具等常用工具

二、操作步骤

序号	操作步骤	操作简图
步骤1	装夹毛坯外圆 车端面，见平	
步骤2	一夹一顶装夹 1）钻中心孔 A2/4.25 2）顶上顶尖 3）粗车外径 $\phi 38_{-0.062}^{0}$ mm 至 $\phi 40$ mm 4）粗车外径 $\phi 30_{-0.072}^{-0.02}$ mm 至 $\phi 32$ mm 5）粗车外径 $\phi 22$ 至 $\phi 24$ mm 6）粗车外径 $\phi 16$ 至 $\phi 18$ mm	
步骤3	车削 1）精车外径 $\phi 38_{-0.062}^{0}$，长 64.5 mm 2）精车外径 $\phi 30_{-0.072}^{-0.02}$ mm，长 55 mm 3）精车外径 $\phi 22_{-0.084}^{0}$ mm，长 40 mm 4）精车外径 $\phi 16$ mm，长 16 mm 5）倒角 $C1$ mm	
步骤4	调头装夹 $\phi 22$ mm 外径 1）车削端面，长 65 mm 2）倒角 $C1$ mm	

三、工件质量标准

1. 外圆

工件外圆表面上有两处 Φ38h9 mm 及 Φ30f9 mm 直径尺寸，标明有 9 级公差，一处 Φ22 mm 直径公差查表为 h10 公差，这 3 处的表面粗糙度都为 3.2 μm，另一处 Φ16 mm 为未注尺寸公差，达到的尺寸公差为初级标准。

2. 中心孔

两端保留中心孔。根据中心孔 A2/4.25 要求，采用 A 型 Φ2/5 中心钻。表面粗糙度都为 3.2 μm。

3. 未注尺寸公差

未注尺寸公差等级：粗糙 c 级，可查附录表 3《线性尺寸的极限偏差数值》。

4. 未注同轴度公差等级：可查得 L 级（0.5 mm）。

5. 其余有 2 处根部清根切槽和倒角 5 处。

6. 其余表面粗糙度为 Ra6.3 μm。

四、注意事项

1. 光轴表面车削不光，应重新刃磨修整刀尖。
2. 尾座顶尖顶工件不能用力过猛，工件车削后产生切削热，工件因此会弯曲。
3. 硬质合金刀片用碳化硅砂轮磨削，刀杆用氧化铝砂轮磨削。
4. 一夹一顶轴类工件时，卡盘夹的轴头要短，避免因重复定位，而使顶尖孔不正。
5. 刀头各种角度磨削均需以刀杆底面为定位基准和测量基准。
6. 练习磨切刀时，建议先磨高速钢切刀，后磨硬质合金切刀。

第 3 节　工件切槽和切断技术

学习目标

➢ 掌握在机床上对工件切槽和切断的操作技术

知识要求

一、切断刀性能及特点

轴类工件往往在外径上切退刀槽、切断工件、切密封槽等，因此要对切断刀、外圆切槽刀的几何形状进行磨削成型。切断刀、外圆切槽刀的几何形状和外圆90°偏刀刃磨方法基本相同。切槽刀刀头长度较短，较容易刃磨；切断刀刀头长，刚度不足，刃磨难度较大。常用切断刀按材料分有高速钢切断刀、硬质合金切断刀等。

二、切断刀刃磨的基础知识

高速钢切断刀和车槽刀的几何角度如图2—8所示。切断刀刃磨的角度一般视工件材料而定。工件材料软时，可取较大的前角、主后角、副后角及副偏角；反之亦然。

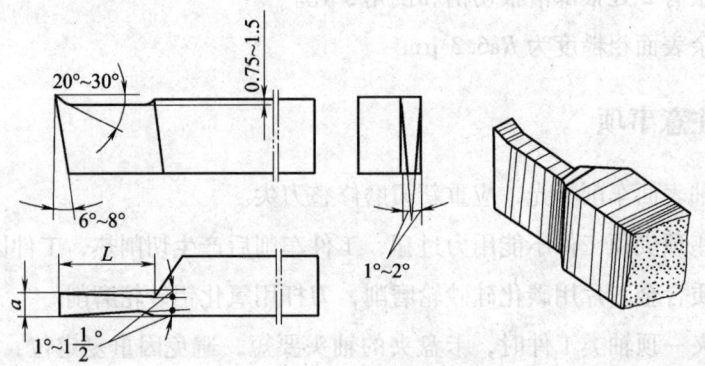

图2—8 高速钢切断刀

三、切断刀的切削用量基本知识

切断刀的进给速度一般有三种状态。

（1）正切刀用手摇进给，可以随时掌握进给量的大小，不至于扎刀，但强度大，一般用在小直径工件切断上。

（2）正切刀机动进给，效率高，但要注意扎刀（当工件和刀具刚度不定时，因为瞬间切削量加大而导致主切削力加大，使刀具产生弯曲）现象，进给速度需调整准确。

（3）反切刀机动进给，转速低，进给速度调整准确，一般用在大直径工件切断上。

四、切断刀角度选择和刃磨

1. 切断刀的前角和断屑槽的选择

当工件材料较硬时,前角应小,断屑槽不宜磨得太深,不然会减弱刀头强度,容易折断,当切断面较深时,断屑槽应磨成直线型断屑槽,便于切屑呈带状顺切缝向外直线排出,防止挤屑,如图2—9所示。

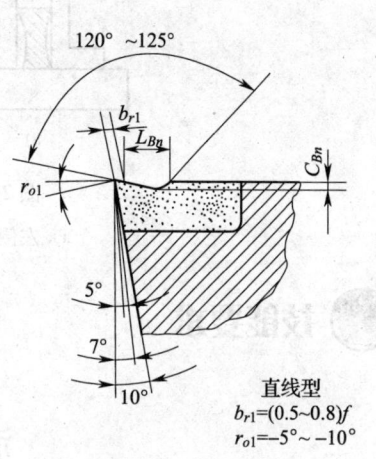

图2—9 直线型断屑槽

2. 切断刀主后角的选择

切断刀主后角一般先考虑刀头强度。切断面越深,切断刀刀头越长,越要考虑刀头强度,一般主后角不宜过大,不能形成"锥子"形。

3. 切断刀副后角和副偏角的选择和刃磨

切断刀两侧副后角和两侧副偏角是磨削中最难和最关键的环节。要求两侧副后面平直,两侧副后角相等且对称,两侧副偏角相等且对称。两侧副后角及两侧副偏角都在1°~2°之间,角度大了,刀头呈现"细脖"状态。强度不够、不正确的副偏角如图2—10所示。图2-10a所示副偏角太大,切断刀使用中极易折断。图2—10b所示副偏角前窄后宽,切断刀切入时,工件夹刀使刀具折断。图2—10c所示副切削刃呈曲线,切断时三面切削,较难切入,造成扎刀或使刀头折断。图2—10d所示切断刀左侧磨成台阶状,不能在靠近卡盘最近处切断。又如图2—11所示,图2—11a两侧副后角中,左面后角有负值。切断时与工件侧面产生摩擦,迫使左侧刃右让,使切断面左侧呈凸形、右侧呈凹形。图2—11b两侧副后角太大,刀头强度变低,切断时刀头容易折断。一般刃磨两侧副后角和副偏角,用卡尺测量刀头的前后上下差值,以25厚刀为例,刀头长为25 mm,磨削角度为1.5°,主刀刃处刀宽较下部和后部宽为1.3 mm。

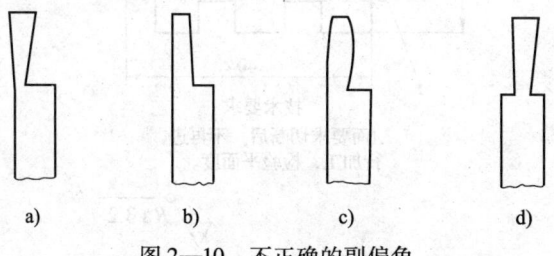

图2—10 不正确的副偏角

a) 副偏角太大 b) 前窄后宽 c) 直线度差 d) 左侧磨太多

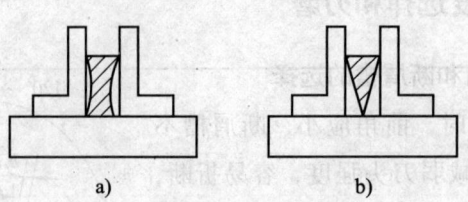

图 2—11 不正确的副后角

a) 左侧无后角 b) 两侧副后角太大

 **技能要求**

活塞工件车削

车削如图 2—12 所示活塞,活塞主要技术要求是对切槽和切断尺寸的要求。

第一,活塞密封沟槽的外圆直径和沟槽直径的几何尺寸精度要求。

第二,活塞左端面要求用切断刀切断后,检验切断面的平面度。

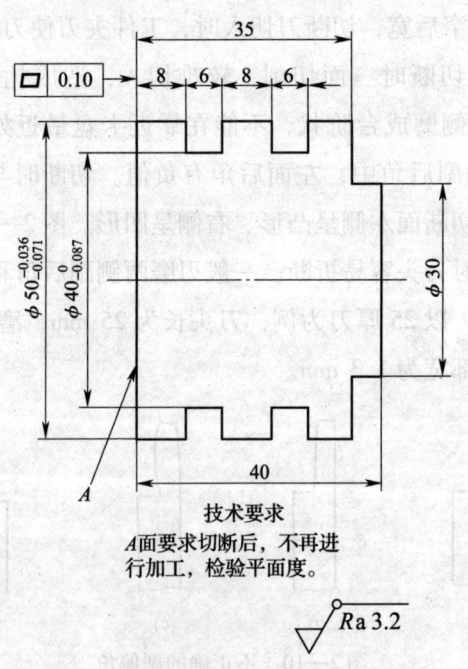

技术要求

A面要求切断后,不再进行加工,检验平面度。

图 2—12 活塞

一、操作准备

序号	名称		准备事项
1	材料		45钢，$\Phi55$ mm$\times$45 mm
2	设备		CA6140车床三、四爪卡盘及卡盘扳手
3	工艺装备	刃具	90°外圆车刀、外沟槽切槽刀、切断刀
4		量具	游标卡尺0.02 mm/（0~150 mm）、千分尺0.01 mm/（25~50 mm）
5		工、附具	活扳手、旋具等常用工具

二、操作步骤

序号	操作步骤	操作简图
步骤1	刃磨左侧副后面 刃磨左侧副后角和副偏角	
步骤2	刃磨右侧副后面 刃磨右侧副后角和副偏角	
步骤3	刃磨主后角 刃磨主后角，如图所示	

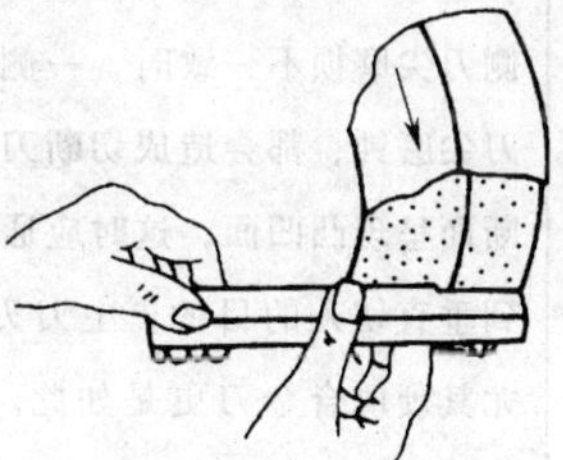

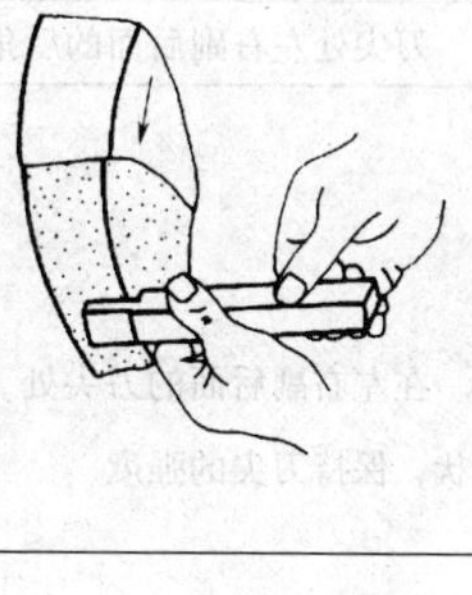

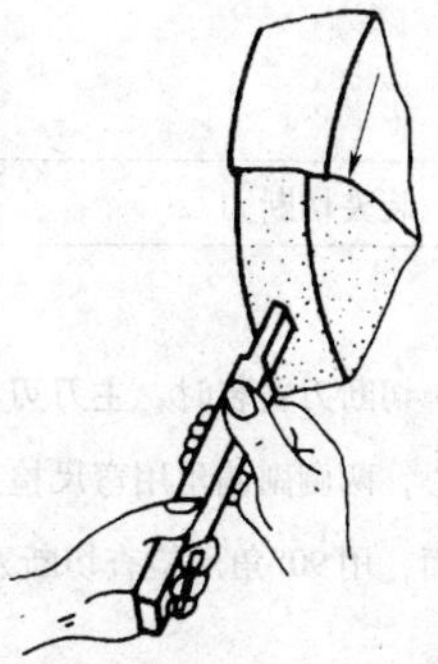

续表

序号	操作步骤	操作简图
步骤4	刃磨前面及前角 刃磨前角	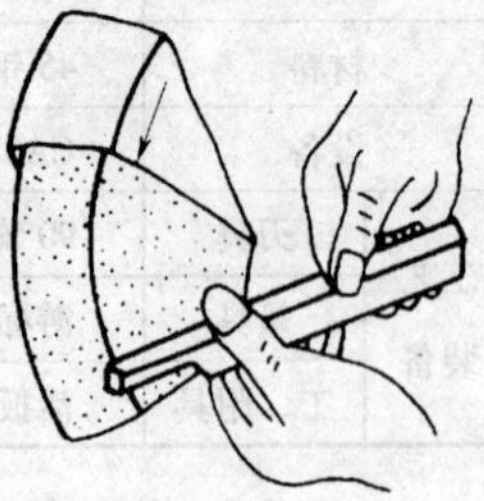
步骤5	刀刃及刀尖的修磨 刀尖处应磨有过渡圆角 r_ε，两侧过渡圆角大小应一致（一般取小值），如不一致或两侧刀尖磨损不一致时，一侧刀尖锋利，一侧刀尖磨钝，都会造成切断刀不走直线，使切断面呈现凸凹面，这时应通过修磨刀尖来达到垂直切入的目的。主刀刃应磨有负倒棱，尤其硬质合金刀更是如此。当强力切断时，刀刃太虚，容易损坏，尤其切至中心时，刀刃更容易崩掉	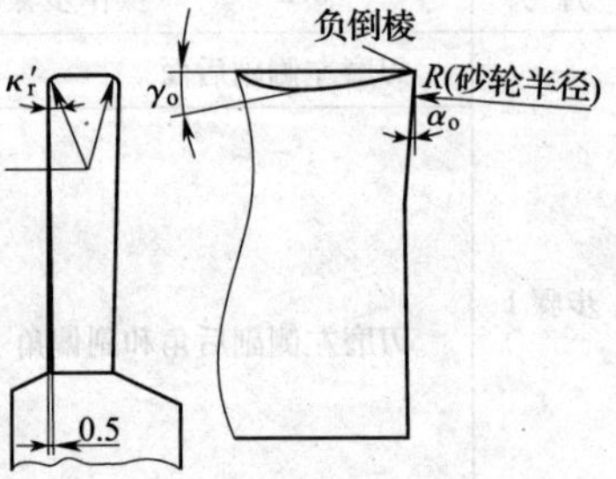 负倒棱 R(砂轮半径) κ_r' γ_o α_o 刀尖角 r_ε 0.5
步骤6	刀尖处左右副后面的后角角度 在左右副后面的刀尖处，副后角应磨有圆弧状，保持刀尖的强度	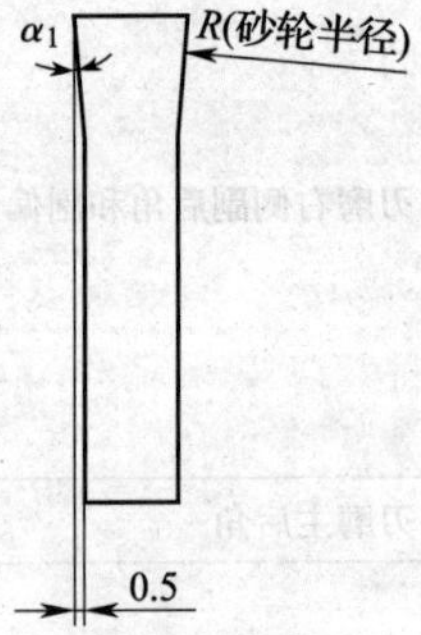 α_1 R(砂轮半径) 0.5
步骤7	装夹切断刀 切断刀安装时，主刀刃必须严格对准工件中心，两侧副偏角用弯尺检查对称于工件外圆表面，用90°角尺检查切断刀两侧副偏角	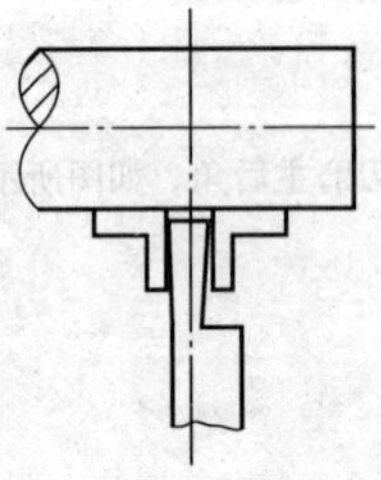

续表

序号	操作步骤	操作简图
步骤8	选择切断刀的切削用量 1）采用硬质合金车刀，切削速度选择粗车范围 50 m/min 左右 2）背吃刀量为 4~4.5 mm（刀刃宽） 3）正切断刀采用手摇进给，随着切削时直径不断的减小，可以随时掌握进给量的大小，可以随时退刀倒屑，避免扎刀、挤刀，损坏刀具	

三、工件质量标准

1. 切刀一般磨削状态下为保持最大强度，左、右侧副后角和副偏角各 $1.5°±1°$。
2. 主后角 $3°±2°$。
3. 前角 $±3°$，在考虑强度的前提下考虑切削刃的锐利性。
4. 刀尖圆弧半径 $(0.3±0.2)$ mm，考虑强度和工件的清根。
5. 刀刃负倒棱 $(0.15±0.1)$ mm。
6. 平面度 0.10 mm。
7. 除外径有两处尺寸有标注公差外，其余外径和长度尺寸为未注公差，可查附录表 3 得知。
8. 表面粗糙度全部为 $Ra3.2$ μm。

四、注意事项

1. 用高速钢刀具切削工件时，应注意冷却，防止刀具退火。
2. 用硬质合金刀具切削工件时，防止冷却时刀片炸裂。

第4节 滚花加工及抛光加工

学习目标

➤ 掌握滚花及砂布、锉刀抛光加工知识

一、滚花知识

1. 滚花加工

如图 2—13 所示滚花轴，图示除有圆柱车削、切槽、切断加工外，还有滚花部分加工。

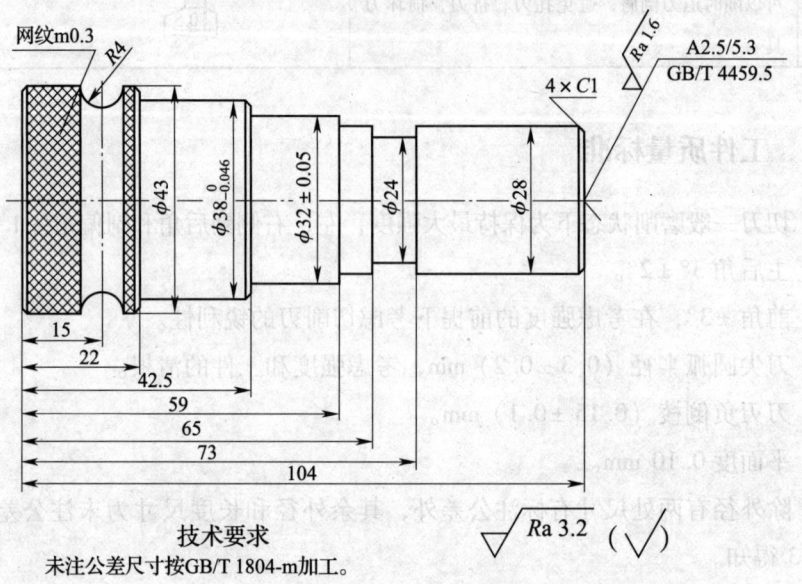

图 2—13　滚花轴

滚花加工是轴类加工时，表面修饰的一种加工技术，这种加工方法要求讲究美观和实用性。滚花技术是车工技术的基础知识，滚花刀如图 2—14 所示。

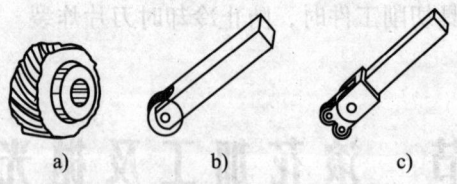

图 2—14　滚花刀

a) 滚花刀　b) 单轮滚花刀　c) 双轮滚花刀

2. 滚花刀的模数知识

（1）滚花的标准，见表 2—1。

表2—1　　　　　滚花的尺寸规格（GB/T 6403.3—2008）　　　　　　　mm

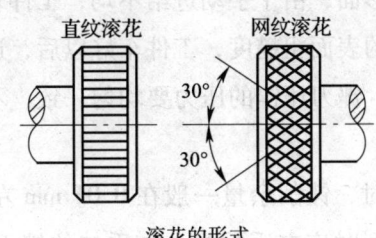

滚花的形式

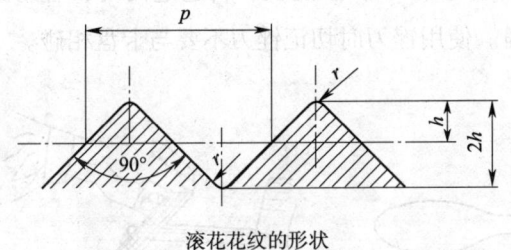

滚花花纹的形状

标记

模数 $m = 0.3$ mm 的直纹滚花：

直纹 m0.3　GB/T 6403.3—2008

模数 $m = 0.4$ mm 的网纹滚花：

直纹 m0.4　GB/T 6403.3—2008

滚花花纹的形状是假定工件直径为无穷大时花纹的垂直截面

模数 m	h	r	节距 p
0.2	0.132	0.06	0.628
0.3	0.198	0.09	0.942
0.4	0.264	0.12	1.257
0.5	0.326	0.16	1.571

注：表中 $h = 0.785m - 0.414r$。

（2）技术要求

1）滚花前工件表面粗糙度轮廓算数平均偏差 $Ra \leqslant 12.5$ μm。

2）滚花后工件直径大于滚花前直径，其差值 $\Delta \approx (0.8 \sim 1.6)m$，$m$ 为模数。

二、抛光加工知识

抛光加工是轴类加工时表面修饰的一种加工技术，这种加工方法也要求讲究美观和实用性。简单轴类的抛光指用锉刀、砂布、砂纸对工件表面进行修饰的一种方法。在轴类加工中，当加工表面的尺寸或表面粗糙度有微小差异时，由于机床的精度或刀具等原因不适合再进行高速精车，这时可用锉刀、砂布、砂纸对工件表面进行抛光处理，以改变微量尺寸或增加表面光洁，使尺寸合格或降低表面粗糙度值。

1. 用锉刀修光

用双手控制法车削成形面，由于手动进给不均，工件表面容易留下高低不平的锉削痕迹，为了达到要求的表面粗糙度，工件车好以后，还要用粗锉刀修整和细锉刀修光。如图 2—15 所示，锉刀压锉的压力要均匀一致，不可用力过大，否则会把工件锉成凸凹不圆的状态。

在车床上用锉刀锉削时，锉削余量一般在 0.05 mm 左右，余量大，容易将工件锉扁。为了安全，在锉削时应左手握柄，右手扶住锉刀前端锉削，避免钩衣伤人，如图 2—16 所示。推锉速度一般在 40 次/min，不能快。转速过高时，容易磨钝锉齿；转速过低时，容易将工件锉扁。使用锉刀时切记锉刀不要与卡盘相碰。

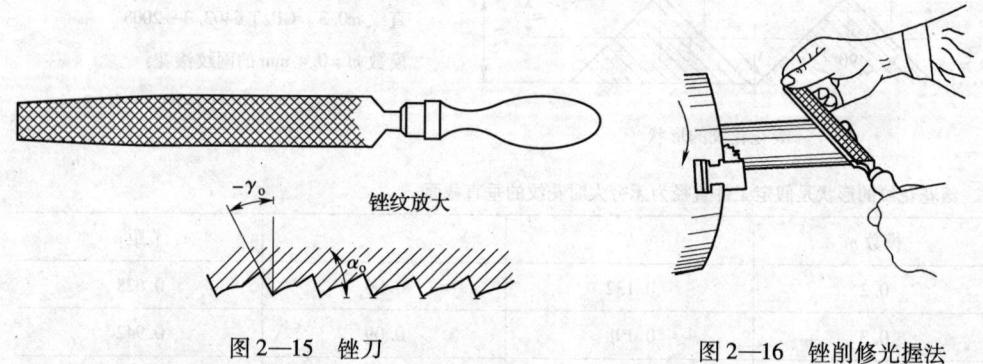

图 2—15 锉刀　　　　　　　　图 2—16 锉削修光握法

2. 用砂布抛光

锉削后，用砂布抛光。在车床上应用的砂布，一般是用刚玉砂粒制成的。根据砂粒的粗细，常用的砂布有 00 号、0 号、1 号半和 2 号，号数越小，颗粒越细。00 号是细砂布，2 号是粗砂布。

在一般的小尺寸轴类加工中，用砂布（砂纸）对工件表面进行抛光时，没有特制的工具，只是用手拿砂布（砂纸）进行，但一定要注意安全。用手拿砂布（砂纸）进行抛光一般有两种办法，用手拽砂布两头（见图 2—17），或将砂布裹在木板等物体上，对工件进行抛光。严禁将砂布绕在工件上，或用两手紧握砂布对工件紧紧地用力抛光，这样做容易夹紧，将手指卷入砂布与工件之间，造成人身事故。

使用砂布抛光工件时，一般是将砂布垫在锉刀下面进行，这样可以保证安全且不影响质量。

图 2—17 砂布抛光

技能要求

滚花操作加工

一、操作准备

序号	名称		准备事项
1	材料		ϕ48 mm×130 mm
2	设备		CA6140 车床三、四爪卡盘及卡盘扳手
3	工艺装备	刃具	90°外圆车刀、45°端面车刀、中心钻 A2.5/5.3、切断刀、滚花刀、R4 圆弧刀
4		量具	游标卡尺 0.02 mm/（0～150 mm）、千分尺 0.01 mm/（25～50 mm）、钢直尺
5		工、附具	钻夹具、回转顶尖、划线盘、活扳手、旋具等常用工具

二、操作步骤

序号	操作步骤	加工简图
步骤1	装夹毛坯外圆中部 车削端面，见平	
步骤2	装夹工件 1）由于滚花时会产生很大的径向力，在不影响滚花的前提下，滚花部位尽量靠近夹紧点 2）钻中心孔，用顶尖顶上 3）粗车削各个台阶 4）车外圆 由于滚花时产生塑性变形使工件外圆增大，应根据工件材料的性质、花纹的粗细，使滚花处外圆的直径比实际要求的尺寸小（0.8～1.6）m，式中的 m 为模数	滚花部位 A2.5/5.3 GB/T4459.5

续表

序号	操作步骤	加工简图
步骤3	滚花刀的选择与装夹 1）按图样要求的齿距和花纹形状来选用滚花刀，即直纹选用单轮，网纹选用两轮或六轮滚花刀。检查轮齿的完好程度，如有严重缺损，或内孔因磨损过大而跳动，则不宜使用，同时要求滚轮转动灵活 2）装夹滚花刀时，将滚轮轴的中心（双轮或六轮滚花刀的摆动中心轴的中心），调整至与工件旋转中心等高 3）滚轮的表面与工件表面平行。为便于轮齿切入工件表面，也可将滚轮外圆与工件外圆交于一个很小的夹角（2°~3°），如图所示	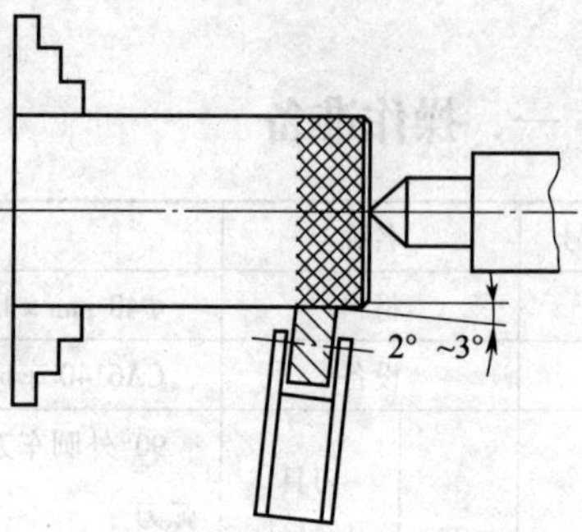
步骤4	滚花时切削速度的选择 应选择较低的切削速度，一般为 7~15 r/min	
步骤5	滚花径向力及润滑 1）滚花时开动机床，先使滚轮厚度的 1/2~1/3 与工件外圆接触（目的是少接触，增大单位面积的压力，使滚花刀容易切入工件表面），用较大的力径向进给使滚花刀轮齿切入表面，滚出花纹后，即可纵向进给进行滚花。这样来回滚轧 1~3 次，直至花纹凸出清晰为止。外圆表面局部滚花时为防止尾部花纹不清晰、不完整，滚花长度应比图样要求的尺寸长些 2）滚花过程中为了减少滚花刀的磨损和防止滚花产生的细屑滞留在滚花刀和花纹表面上影响花纹的清晰，必须浇注充分的切削液	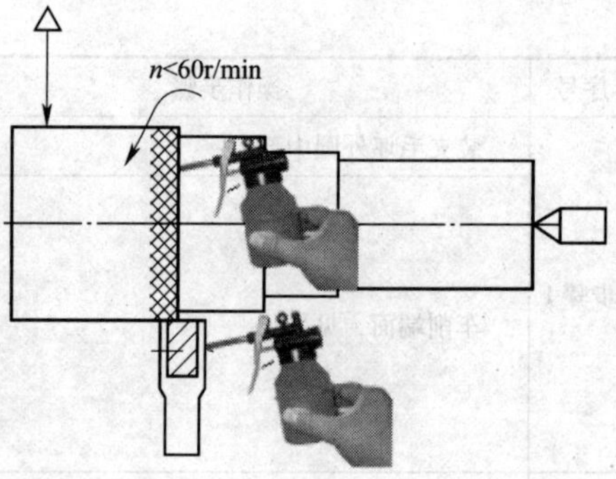 $n<60$ r/min
步骤6	滚花 滚花过程中不准用手摸或用棉纱擦滚花表面，不允许毛刷接触滚花处的滚花刀及工件	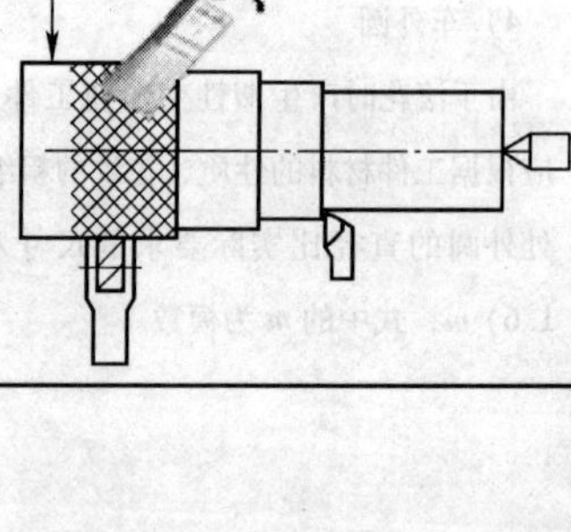

续表

序号	操作步骤	加工简图
步骤7	倒角 由于滚花的挤压作用，外圆与端面交界处因变形而凸出并产生毛刺，滚花后应倒角	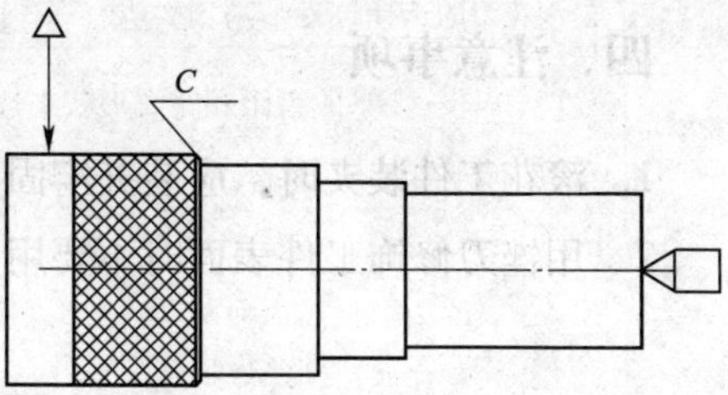
步骤8	精车各个台阶 1）车削圆弧槽 2）切槽	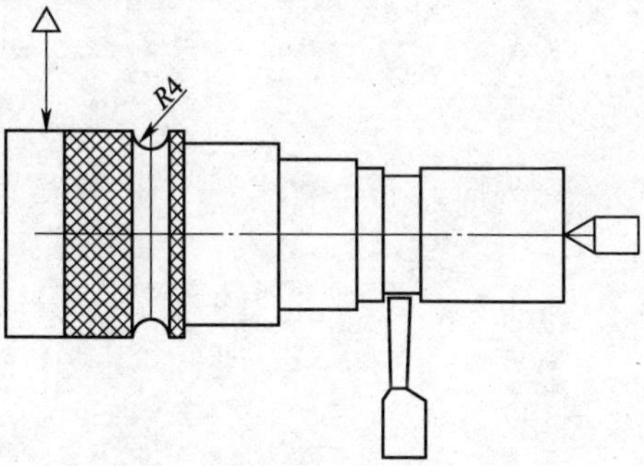
步骤9	切断 1）倒角 2）切断	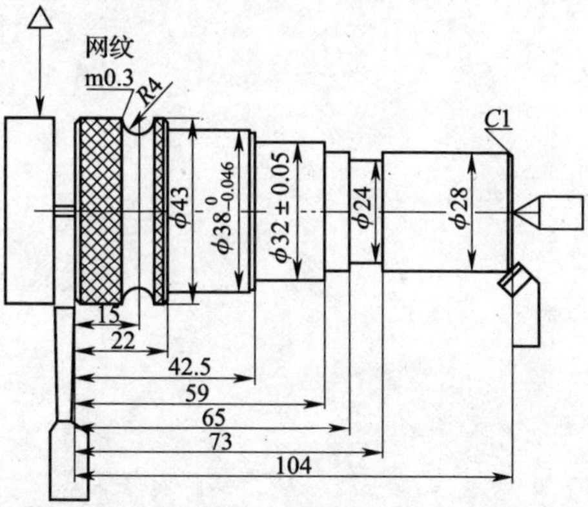

三、工件质量标准

1. 工件外圆表面上有两处 $\phi 38_{-0.046}^{0}$ mm 及 $\phi(32\pm0.05)$ mm 直径尺寸有标注公差外，其余为未注公差。

2. 中心孔 A2.5/5.3 mm、$Ra1.6$ μm，采用 A 型中心钻，表面粗糙度为 1.6 μm，可用低速加润滑剂的方法获得。

3. 网纹要求尖部明显、清晰。

4. 圆弧、切槽、长度、倒角都是未注尺寸公差等级：中等 m 级，可查附录表

3 《线性尺寸的极限偏差数值》。

5. 其余表面粗糙度为 $Ra3.2\ \mu m$，8 处。

四、注意事项

1. 滚花工件装夹时，应装夹牢固，防止工件产生位移。
2. 用锉刀修饰工件表面时不要用力过猛，防止撞到卡盘上，造成手部伤害。

第 3 章 套类零件加工

第 1 节 车 直 孔

学习单元 1 麻花钻刃磨、钻孔、扩孔及铰刀铰孔

学习目标

➤ 掌握麻花钻刃磨、钻孔、扩孔、铰刀铰孔的方法

知识要求

一、识读钻孔、扩孔、铰孔的孔类工件

麻花钻是孔加工的刃具之一,主要用来钻孔。

如图 3—1 所示为内孔有台阶孔的轴套,$\phi25^{+0.05}_{0}$ 内孔加工首先需要粗钻孔,再用钻头或扩孔钻扩孔,留精铰削量,再用铰刀铰孔,达到孔的尺寸精度和表面粗糙度 $Ra1.6~\mu m$ 的要求。$\phi37$ 止口孔径得经过钻削、车削而成。$\phi48^{~0}_{-0.087}$ mm、表面粗糙度 $Ra3.2~\mu m$ 的外圆要经过车削而成。

二、麻花钻

麻花钻是钻孔的最常用工具，钻头一般用高速钢制造。麻花钻的工作部分是由切削部分和导向部分组成。刃磨切削刃是钻孔时的最基础技术，而且也是机械加工各种材料时较难的技术。

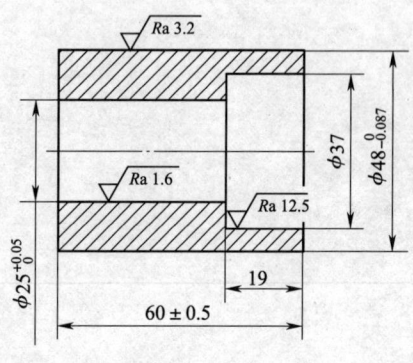

图 3—1 轴套

用麻花钻钻孔需要对麻花钻进行刃磨。麻花钻组成部分的几何形状较复杂，受工件各种孔的形状限制，需要在主切削刃上磨出各种角度。

用钻头在实心材料上加工孔的方法叫钻孔，钻孔的精度一般可达 IT11、IT12 级。

1. 麻花钻的几何形状

了解和认识麻花钻的几何形状，对于麻花钻的刃磨、正确使用麻花钻都有着极大的作用，对于麻花钻顶角、前角、后角、横刃、棱边等也会恰如其分地修整和利用。麻花钻组成部分的几何形状如图 3—2 所示。

（1）前角

主切削刃上任一点的前角是过该点的基面与前刀面之间的夹角。麻花钻的前角大小与螺旋角、顶角、钻心直径等因素有关，其中影响最大的是螺旋角。由于螺旋角是随直径的大小而改变，所以主切削刃上各点的前角也是变化的，靠近外缘处前角最大，自外缘向中心逐渐减小，大约在 1/3 钻头直径以内开始为负前角，前角的变化范围为 +30°～-30°。

（2）后角

主切削刃上任一点的后角是过该点的切削平面与主后刀面之间的夹角。后角也是变化的，靠近外缘处最小，接近中心处最大，变化范围为 8°～14°。

（3）横刃

指两个主后刀面的交线，也就是两主切削刃的连接线。横刃太短会影响麻花钻的钻尖强度；横刃太长，会使轴向力增大，对钻削不力。

（4）棱边

棱边也称韧带，是麻花钻的导向部分。在切削过程中能保持钻削方向、修光孔壁以及作为切削部分的后备部分。棱边的损坏会导致钻削不利，严重时会使钻头折断。

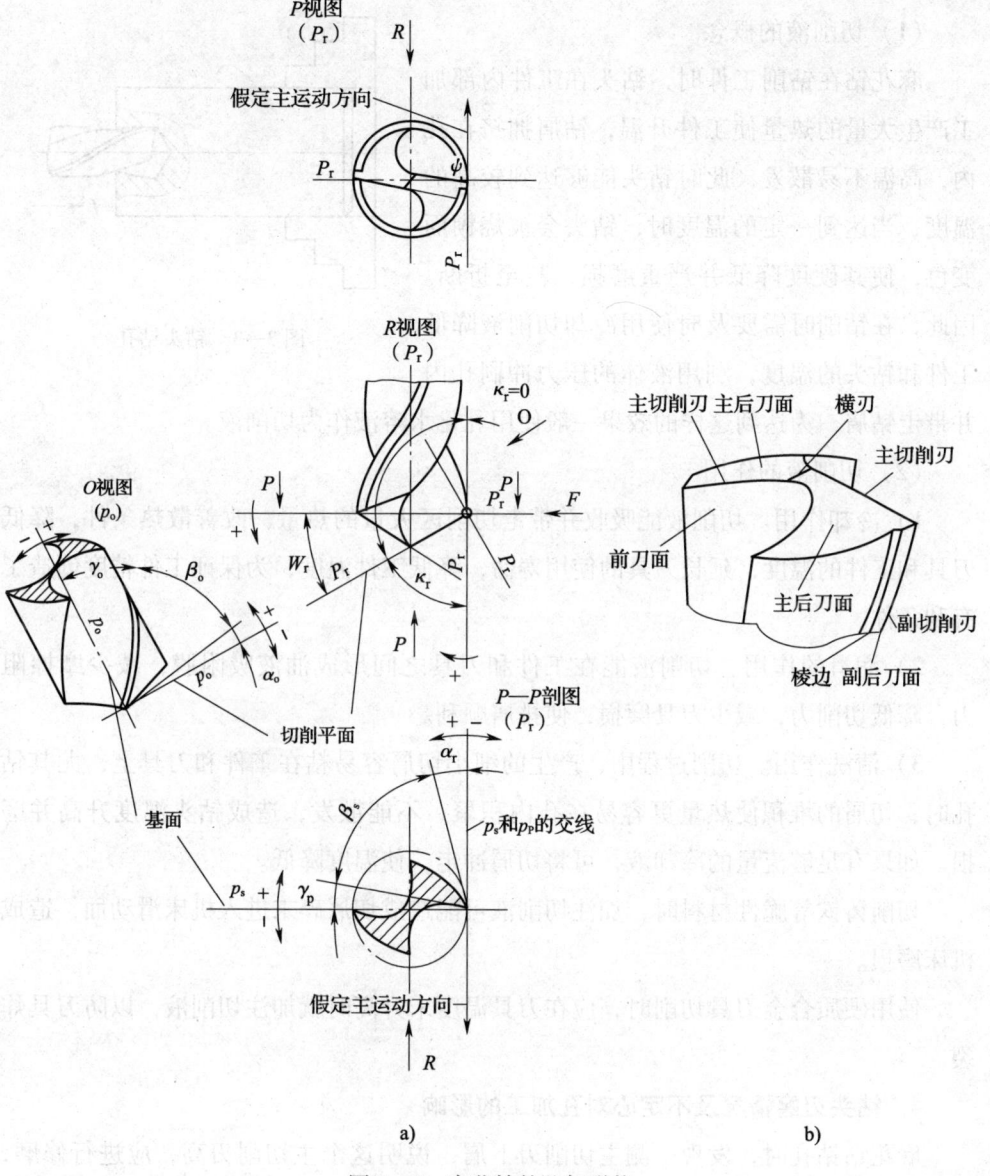

图 3—2 麻花钻的几何形状
a) 麻花钻的角度 b) 麻花钻的外形

2. 钻头钻孔

如图 3—3 所示为钻头钻孔。钻头钻孔是孔加工的一个常用方法，一般用钻头钻孔作为内孔加工的第一步，钻孔涉及孔加工的预留量，有些不重要的孔可以进行一次孔加工后即达到孔径的要求，因此钻孔质量较重要，钻孔质量与钻头刃磨的尺寸和角度有关，也与操作方法有关。

3. 麻花钻钻削时使用的切削液

（1）切削液的概念

麻花钻在钻削工件时，钻头在工件内部加工产生大量的热量使工件升温，钻屑拥挤在孔内，高温不易散发，此时钻头能够达到较高的温度，当达到一定的温度时，钻头会被烧糊而变色，使其硬度降低并严重磨损，甚至折断。因此，在钻削时需要及时使用冷却切削液降低工件和钻头的温度，利用液体的压力冲刷孔内

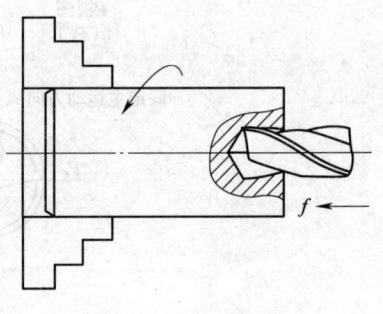

图3—3　钻头钻孔

并带走钻屑，为达到这样的效果一般使用乳化水溶液作为切削液。

（2）切削液的作用

1）冷却作用。切削液能吸收并带走切削区大量的热量，改善散热条件，降低刀具和工件的温度，延长刀具的使用寿命，降低工件温度，为保证工件精度创造了有利条件。

2）润滑的作用。切削液能在工件和刀具之间形成油液吸附膜，减少摩擦阻力，降低切削力，减少刀具磨损，使排屑顺利。

3）清洗作用。切削过程中，产生的细小切屑容易粘在工件和刀具上，尤其钻孔时，切屑的堆积使热量更容易在孔内积聚，不能散发，造成钻头温度升高并磨损。如果有足够流量的冷却液，可将切屑冲走，使温度降低。

切削铸铁等脆性材料时，加注切削液可能造成切屑碎末进入机床滑动面，造成机床磨损。

使用硬质合金刀具切削时，应在刀具温度未升高时就加注切削液，以防刀具炸裂。

4. 钻头刃磨情况及不定心对孔加工的影响

麻花钻钻孔时，发现一侧主切削刃下屑，说明这个主切削刃高，应进行修磨，这属于顶角不对称情况，如图3—4b所示。钻孔时，发现孔扩大，钻头头部向一侧移动，一侧的棱边刃带与孔出现间隙，导致孔钻大，这时可以肯定钻心不在钻头中心，如图3—4c所示，应修磨短边，在角度不变的情况下，使短边变长，逐步使钻头回转中心到达钻头中心，使钻头回转中心与钻头中心重合。

在钻孔时，钻头不定心产生晃动，也会影响钻孔质量，造成孔轴线歪斜，如图3—5所示，此时应采用图3—6所示方法，用一硬棒顶住钻头头部，使之定心后，撤回硬棒。

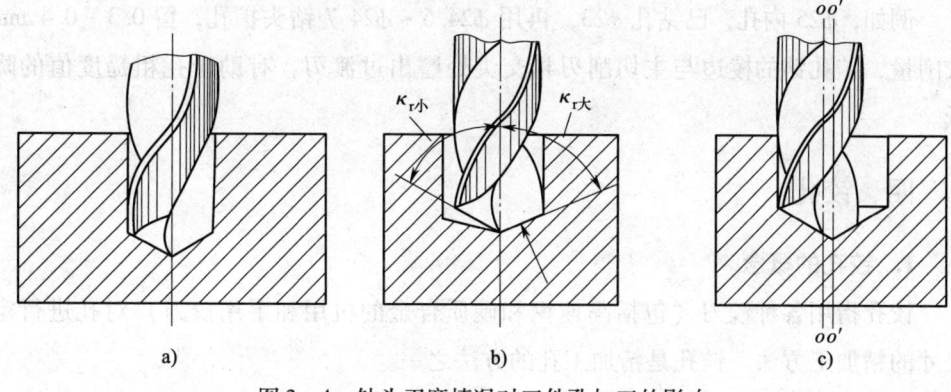

图 3—4 钻头刃磨情况对工件孔加工的影响

a) 正确 b) 顶角不对称 c) 切削刃长度不等

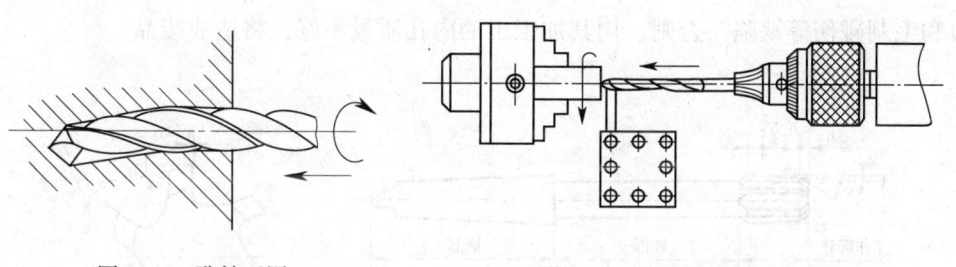

图 3—5 孔钻歪图　　　　图 3—6 防止钻头晃动的办法

三、扩孔

1. 扩孔的概念

扩孔指进行第二次定尺寸的钻孔加工，防止一次钻孔时因为材料内部的缺陷、钻孔操作不合理导致孔轴线歪斜，而进行的孔轴线对主轴轴线同轴度的修复加工。

2. 扩孔的作用

扩孔主要用于半精加工（如铰孔前的加工），也可用于精度不高的孔的精加工。在钻孔时，由于产生孔不正、孔扩大、孔表面粗糙等因素，钻孔后直接进行精加工有一定难度，可能会出现废品。这时应先进行扩孔半精加工。扩孔加工时，除采用标准的高速钢和硬质合金扩孔钻外，也可采用普通钻头扩孔。扩孔前提是，孔不正时要采用具有一定刚度的较粗钻头扩孔，再采用剩余量较少的钻头扩孔。如孔正，可直接采用剩余量较少的钻头扩孔，再铰孔，如图 3—7 所示。

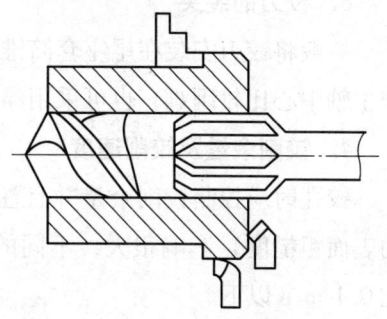

图 3—7 扩孔、铰孔

例如，φ25 内孔，已钻孔 φ23，再用 φ24.6～φ24.7 钻头扩孔，留 0.3～0.4 mm 铰削量，扩孔钻的棱边与主切削刃相交尖处磨出过渡刃，有助于孔粗糙度值的降低。

四、铰孔

1. 铰孔的概念

铰孔指用各种铰刀（包括高速钢和硬质合金的机用和手用铰刀）对孔进行定尺寸的精加工方法。铰孔是精加工孔的方法之一。

2. 铰刀的选择

铰刀由工作部分、颈部及柄部组成，如图 3—8 所示。铰刀刀刃要锋利，无崩刃和毛刺碰伤等缺陷。否则，用其加工出的内孔质量不好，将造成废品。

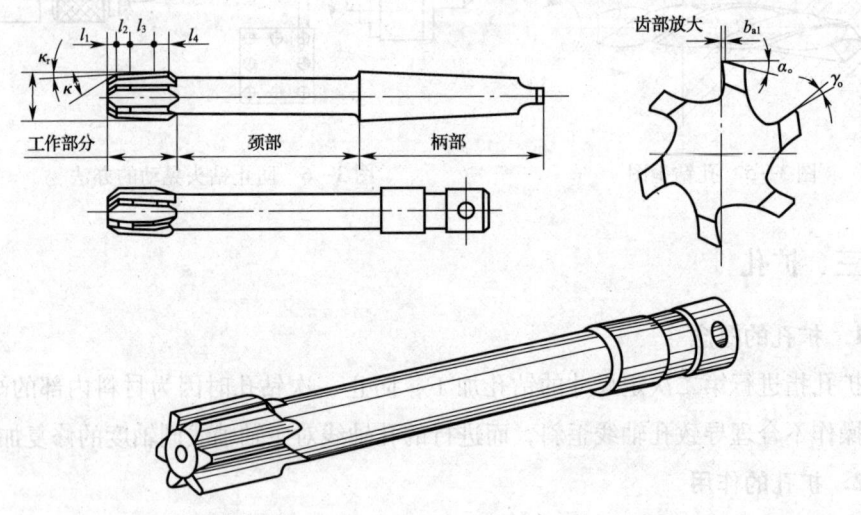

图 3—8　铰刀

3. 铰刀的装夹

一般将铰刀安装在尾座套筒锥孔中，摇尾座手轮即可铰孔。但安装后的铰刀对准主轴中心比较困难，也可采用浮动套筒装置或快换夹头装置。

4. 铰削余量及铰削速度

铰孔时应控制铰削余量并且注入切削液，切削液对孔的质量（孔径大小与孔的表面粗糙度）影响很大，不同的材料选择不同的切削液。铰削时切削速度一般在 0.1 m/s 以下。

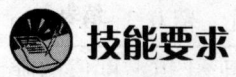

磨削钻头及钻、铰孔

1. 钻头 φ24.7 mm 刃磨时,要不断经过钻削试验来修磨两侧主切削刃的长度和角度,修磨横刃的宽窄,以利于改善在钻削时尺寸过小而导致铰削量不够。

2. 钻孔时,应先钻大孔、后钻小孔,先钻大孔的目的是有 φ37 mm 钻尖的横刃存在,便于 φ24.7 mm 钻头的定位钻削。如果先钻 φ24.7 mm 的小孔,再钻 φ37 mm 大孔,由于 φ37 mm 钻头是平钻头,中间的横刃就会悬空,失去定位,钻削不稳定。

一、操作准备

序号	名称		准备事项
1	材料		45 钢,φ53 mm × 65 mm
2	设备		CA6140 车床三、四爪卡盘及卡盘扳手
3	工艺装备	刃具	90°外圆车刀、45°弯头车刀、φ24.7 mm 和 φ37 mm 麻花钻、φ25 mm 铰刀
4		量具	游标卡尺 0.02 mm/(0~150 mm)、千分尺 0.01 mm/(25~50 mm)、钢直尺
5		工、附具	活扳手、旋具等常用工具

二、操作步骤

序号	操作步骤	操作简图
步骤1	刃磨主后刀面 1) 刃磨主后刀面时,要两手握住钻头,右手握住钻头的头部,左手握住柄部,如图所示。钻尾上下摆动,同时向前进给,磨出主后面,保证主切削刃不能过热(磨糊)退火	

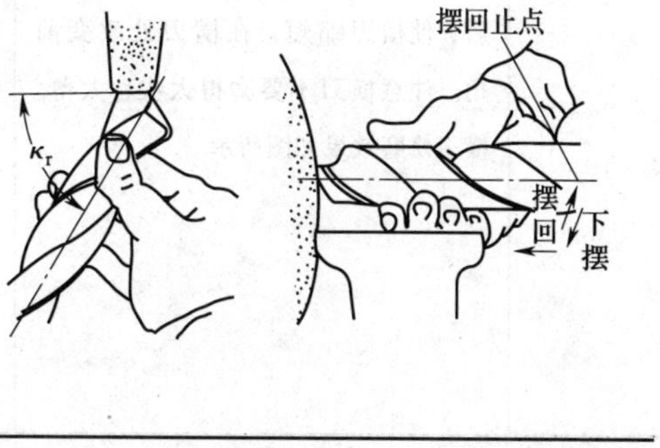

续表

序号	操作步骤	操作简图
步骤1	2）后角测量时，后角是切削平面与主后刀面的夹角，为了测量方便，后角在圆柱截面内测量。麻花钻的测量如图所示	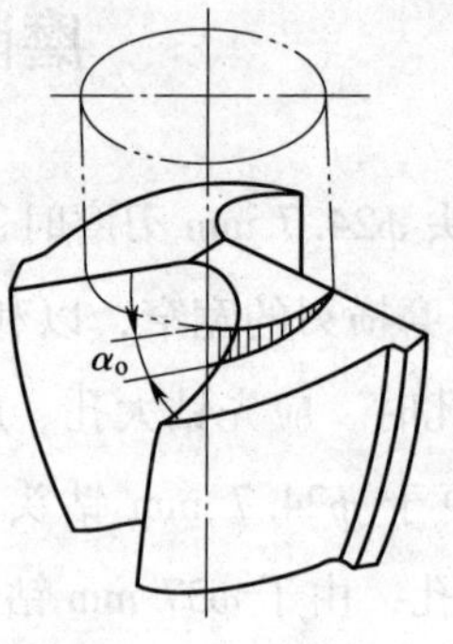
步骤2	修短横刃 1）横刃是麻花钻的两个主后刀面的交线。标准麻花钻的横刃较长，且横刃处的前角存在较大负值。在钻孔时，横刃处的切削为挤刮状态，钻削阻力大。同时，横刃太长，没有形成钻尖的定心作用，钻头容易抖动。因此，应修短横刃，以便于定心和减小轴向抗力，同时适当增大横刃处前角，使切削顺利，如图所示	
	2）修磨横刃时钻头上的磨削点由外刃背逐渐向钻心移动，磨到横刃后，使横刃缩短，在横刃处改变前角。注意横刃不要磨得太尖、太薄。横刃修磨效果如图所示	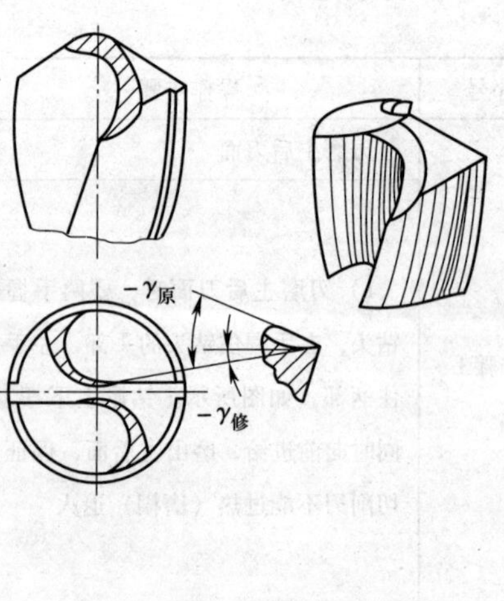

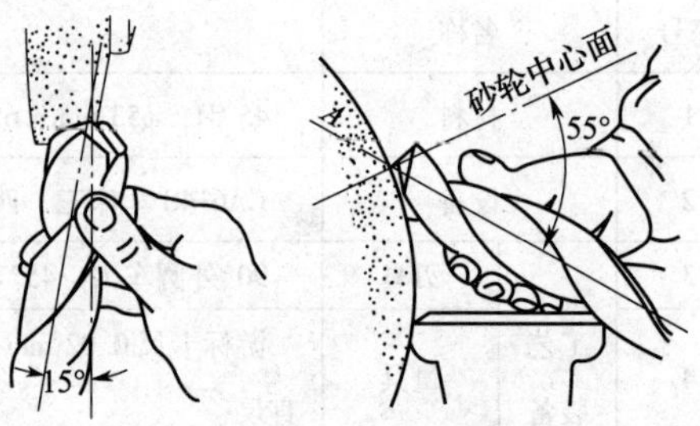

续表

序号	操作步骤	操作简图
步骤3	钻孔 1）用 φ37 钻头钻孔 2）用 φ24.7 钻头钻孔	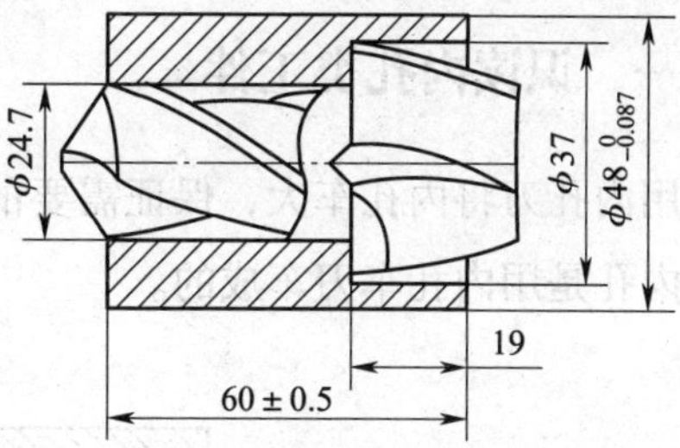
步骤4	铰孔 用 φ25 铰刀铰孔	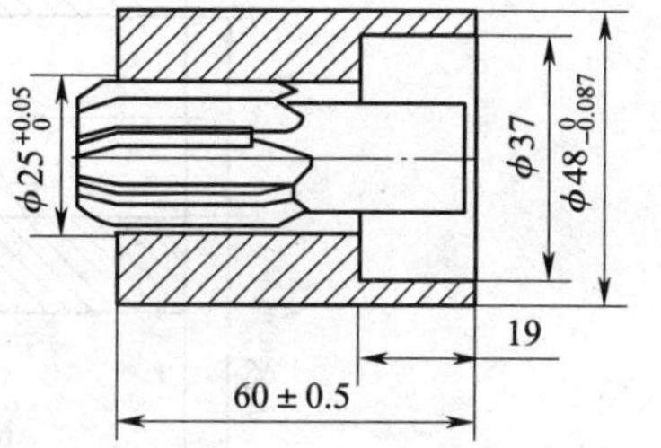

三、操作质量标准

1. 内孔

内孔 $\phi 25^{+0.05}_{0}$ mm、$Ra1.6\ \mu m$，需要半精车及精铰，需要选择铰刀外径尺寸。

2. 台阶孔

台阶孔 $\phi 37$ mm、$Ra12.5\ \mu m$，需要钻平底孔，需要刃磨平钻头，需要车削平底孔，保证平底孔深度尺寸。

3. 外圆

外圆 $\phi 48^{\ 0}_{-0.087}$ mm、$Ra3.2\ \mu m$，需要精车，保证外圆与内孔的一般未注同轴度公差尺寸。

学习单元 2　车直孔

学习目标

> 掌握内孔刀刃磨和安装的方法

 **知识要求**

一、识读内孔类工件

用内孔刀将内孔车大，保证需要的尺寸精度的方法称为车内孔，如图 3—9 所示的内孔是用内孔车刀车成的。

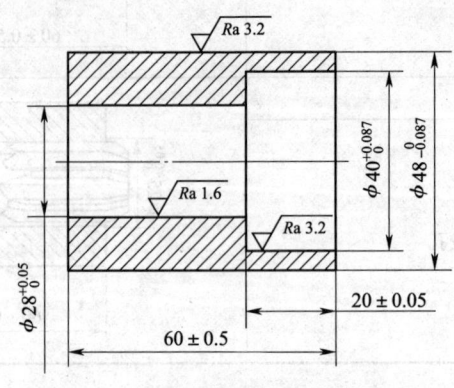

图 3—9　台阶套

此件显示内孔由图 3—1 所示的 $\phi25_{\ 0}^{+0.05}$ mm 车成现在 $\phi28_{\ 0}^{+0.05}$ mm；$\phi37$ mm 车成 $\phi40_{\ 0}^{+0.087}$ mm，$Ra12.5$ 车成 $Ra3.2$ mm；深度 19 mm 车成（20±0.05）mm。

二、内孔刀车孔形式

内孔刀车孔形式，如图 3—10 所示。

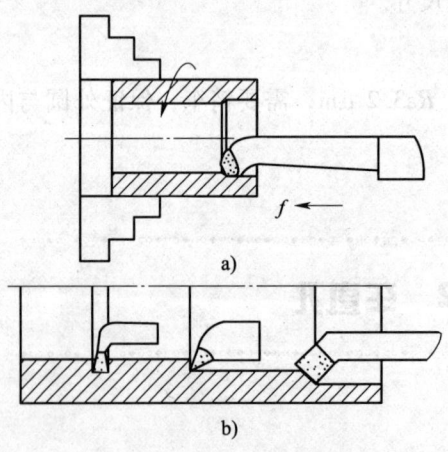

图 3—10　内孔刀车孔

a) 细长刀杆车削　b) 内孔切刀、内孔 90°偏刀、内孔 45°偏刀车削内孔

三、内孔车刀刃磨

内孔车刀是孔加工的最常用刀具。内孔车刀同外圆车刀一样有各种形状,又有其自己的独特之处,刃磨技术上较外圆车刀有所难度。

加工前要进行必要刀具的准备与刃磨,刀具代号、形式、名称等见表3—1。

表3—1   刀具代号、形式、名称

序号	刀具形式	名称	序号	刀具形式	名称
1	75°	75°内孔车刀	3	90°	90°内孔车刀
2	95°	95°内孔车刀	4	45°	45°内孔车刀

内孔车刀是用来车削毛坯孔(锻孔、铸孔、钻头钻出孔)的刀具,经过内孔车刀车削后,内孔的精度达到图样的要求。根据不同的加工情况,磨削车刀主要有以下三种形式。

1. 车刀后角的刃磨

车削加工内孔时,刀尖除与主轴轴线等高外,车刀后角刃磨时必须形成2个后角,如图3—11a所示。为了防止内孔车刀后刀面与孔壁摩擦,一般随内孔圆磨成圆弧状,防止后角与孔壁相碰,如图3—11b所示。粗车时,为了加强刀具的刚度,可增加刀杆直径,刀尖可略高于主轴轴线中心。

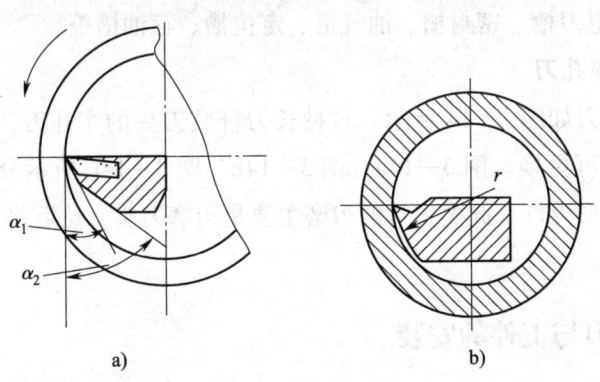

图3—11 刀尖后角磨削状态

a) 形成2个后角   b) 磨成圆弧状

2. 车孔刀

精车孔刀如图 3—12a 所示。精车孔刀由高速钢制成，一般取较小的切削速度，$v_c \leqslant 5$ m/min 时，背吃刀量 $a_p < 0.1$ mm。

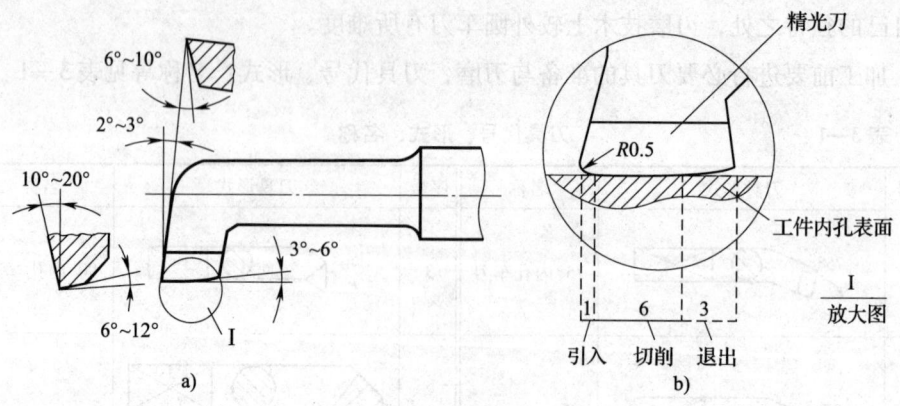

图 3—12　精车孔刀
a) 精车孔刀　b) 主切削刃放大部分

进给量视主切削刃的宽度而定，一般主切削刃宽时，进给量可大些；反之则小些。精车孔刀刃磨后需要用油石研磨主切削刃。主切削刃放大部分如图 3—12b 所示，可见主切削刃宽度不等于刀宽，应由引入部分、切削部分、退出部分三部分组成。引入刃的作用是使刀尖逐渐进入切削状态，不能产生扎刀或刀尖切削时的进给螺纹痕迹；切削刃的作用是精细车削工件表面，不能太宽，不然切削不顺利（俗话称不爱下屑）；退出刃的作用是防止刀后刃刮伤工件表面，要逐渐使刀刃退出。三部分比例的参考值如图 3—12b 精车孔刀放大图尺寸。

3. 内沟槽车刀刃磨形式

内沟槽车刀如图 3—13 所示。内沟槽车刀常用来车削内沟槽（磨削内螺纹车刀与之类似），如退刀槽、密封槽、油气道、定位槽、存油槽等。

4. 长刀杆车孔刀

长刀杆车孔刀如图 3—14 所示。这种长刀杆装刀头的车孔刀，主要用于小孔、深孔车削，刀头可更换。图 3—14a、图 3—14b、图 3—14c 所示分别为通孔刀杆、平底孔刀杆和方形刀杆。此类刀具的刃磨主要是刃磨刀头，然后将刀头穿进刀杆孔中，用螺钉紧固。

四、内孔刀与工件的安装

1. 装车直孔刀

安装内孔车刀同外圆车刀一样，刀尖应对准工件中心。尤其车平底孔时更要

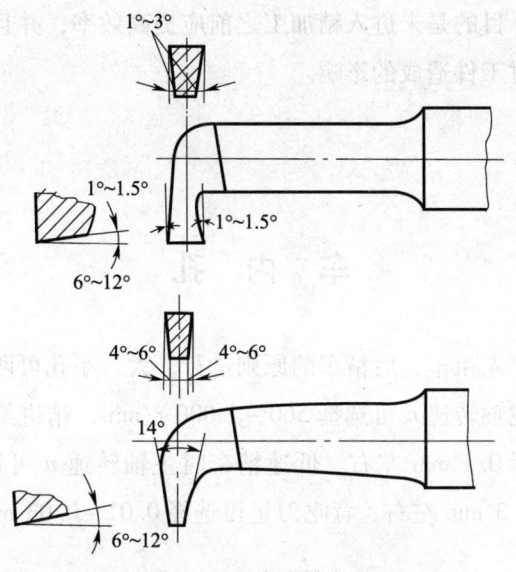

图 3—13 内沟槽车刀

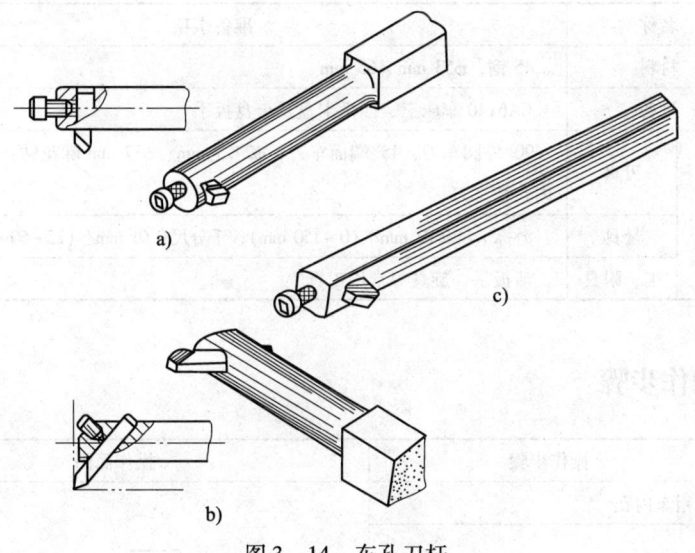

图 3—14 车孔刀杆

a) 通孔刀杆　b) 平底孔刀杆　c) 方形刀杆

如此；否则，底面车不平，刀尖容易损坏。进刀、退刀方向同外圆车刀相反。车内孔时要注意刀杆与内孔在全长上不能接触摩擦。

2. 工件安装

在工件安装时应注意选择规则的外表面进行装夹，以确保工件紧固。长套件可采用卡盘夹一端，另一端用尾座顶尖支撑即一夹一顶的方法，粗车外圆后，再钻孔进行内孔粗加工，以后再进行装夹、半精车、精车工件。粗车是要将工件大部分加工余量尽快车削掉,目的是未进入精加工之前应提高效率,并且可消除工件内部残余应力以及热变形对工件造成的影响。

技能要求

车 内 孔

车孔时,应按照先粗车、后精车的原则进行,大、小孔可两面进行车削。用合金刀高速精车时,主轴转速 n 可选择 560~1 000 r/min,精进给量 f 可选择细走刀量,背吃刀量可选择 0.1 mm 左右。低速精车时主轴转速 n 可选择 10~40 r/min,精进给量 f 可选择 0.3 mm 左右,背吃刀量可选择 0.01~0.03 mm。

一、操作准备

序号	名称		准备事项
1	材料		45 钢,$\phi53$ mm×65 mm
2	设备		CA6140 车床三、四爪卡盘及卡盘扳手
3	工艺装备	刃具	90°外圆车刀,45°端面车刀,$\phi24.7$ mm、$\phi37$ mm 麻花钻,90°内孔车刀,内孔精车刀
4		量具	游标卡尺 0.02 mm/(0~150 mm)、千分尺 0.01 mm/(25~50 mm)、钢直尺
5		工、附具	活扳手、旋具等常用工具

二、操作步骤

序号	操作步骤	操作简图
步骤1	粗车内孔 1) 中速粗车内孔 $\phi28$ mm 至 $\phi27.85~\phi27.9$ mm 2) 中速粗车内孔 $\phi40$ mm 至 $\phi39.85$ mm	

续表

序号	操作步骤	操作简图
步骤2	低速精车内孔 1）低速精车内孔 $\phi28$ mm 2）低速精车内孔 $\phi40$ mm	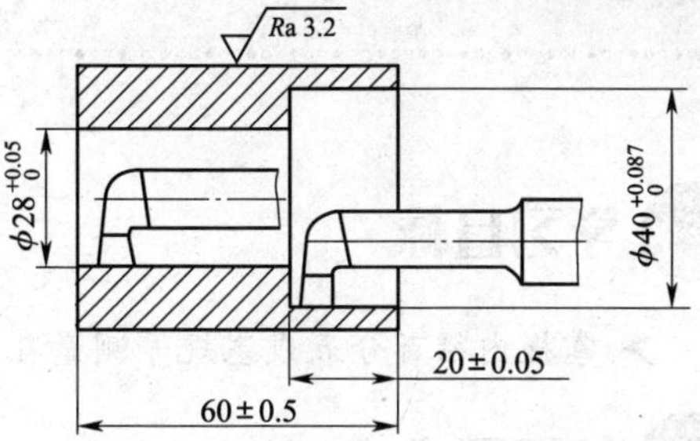
	高速精车内孔 1）高速精车内孔 $\phi28$ mm 2）高速精车内孔 $\phi40$ mm	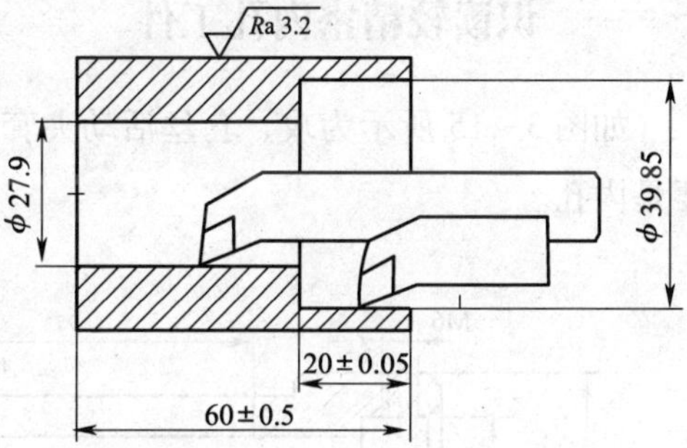

三、操作质量标准

1. 内孔加工

内孔 $\phi28^{+0.05}_{0}$ mm、$Ra1.6$ μm，应用精车的形式进行加工，低速时采用宽刃精光刀，表面粗糙度易于保证，加工时间略慢，但表面光滑。高速精车时，加工时间较快，但表面刀纹较明显，此时应清楚在低速和高速精车时，在同一表面粗糙度级别下的不同视觉感和手感。

2. 外圆加工

外圆 $\phi48^{0}_{-0.087}$ mm、$Ra3.2$ μm 和台阶孔 $\phi40^{+0.087}_{0}$ mm、$Ra3.2$ μm 的精度应按正常时高速车削进行。

3. 长度加工

有标注正负偏差的长度，检测时应按公称尺寸零公差检测，依次向两侧放开。

学习单元 3　孔径加工及精密测量

 学习目标

➤ 掌握内径百分表或塞规等测量孔径技术

 知识要求

一、识读较精密内孔工件

如图 3—15 所示为攻、套丝活动夹套，在这个工件中，加工尺寸精度较高的主要是内孔。

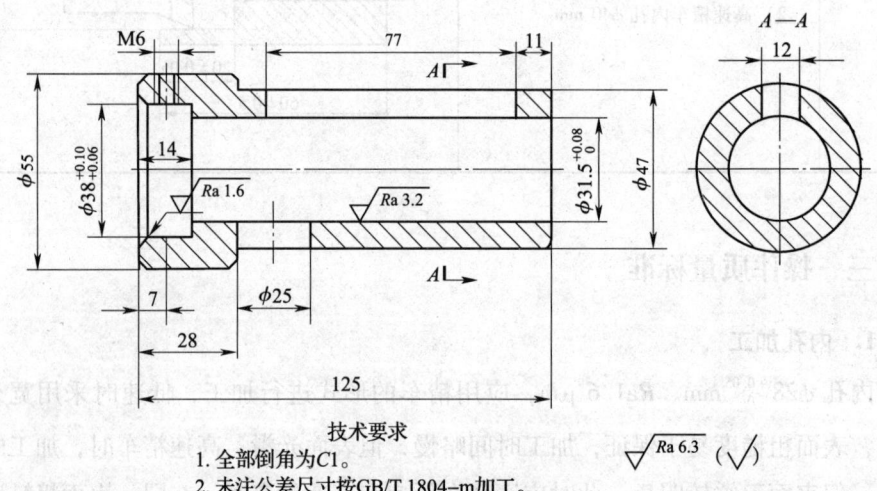

技术要求
1. 全部倒角为C1。
2. 未注公差尺寸按GB/T 1804-m加工。

图 3—15　攻、套丝活动夹套

此工件的左侧内孔尺寸为 $\phi 38^{+0.10}_{+0.06}$ mm，中间内孔尺寸为 $\phi 31.5^{+0.08}_{0}$ mm，外圆有台阶轴，内孔要求尺寸较严，有配合公差。

二、内孔测量知识

1. 用内卡钳测量孔径

内卡钳适用于孔口试切削及止口较窄、孔较深等情况。测量时，一般分为单脚或双脚跳动测量。图 3—16 所示为单脚测量。一只脚固定在 C 点，另一只脚在孔中左右摆动，可以按下式计算出允许的摆动距离 S，即：

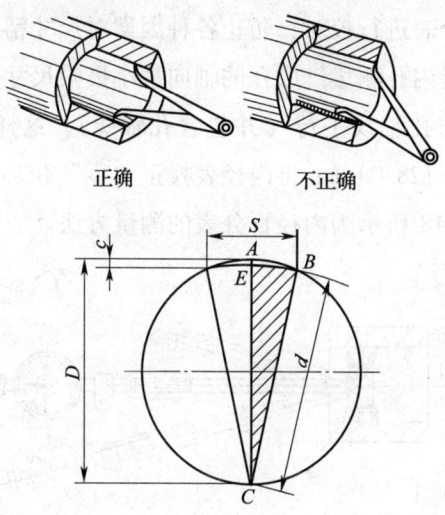

图 3—16　用内卡钳测量孔径

$$S = \sqrt{8dE}$$

式中　d——孔的最小极限尺寸，mm；

　　　E——孔的上偏差，mm。

卡钳与千分尺相对照尺寸时，应使千分尺尺寸值增 0.01 mm，卡钳在千分尺中，摩擦作用较明显；当千分尺尺寸值减 0.01 mm 时，卡钳在千分尺中无摩擦（即碰不到）。精度较高时，可用千分尺尺寸增减值 0.005 mm 进行卡钳校对。

在低速精车工件内孔时，实际生产中更习惯于工件转动时在孔口进行试切削后直径尺寸的测量，用内卡钳进行双脚跳动检测尺寸。或停车但不撤出刀具，在孔口用内卡钳进行双脚跳动检测尺寸，如图 3—17 所示，卡钳的两脚从 AB 跳到 CD。

AB 到 CD 之间的跳动值只是将单脚的摆动量 S 被 2 除即可。

卡钳的测量具有超高的灵敏性，因此卡钳的尖部要进行点接触式的光滑修研。

2. 用内径百分表等进行测量

在工件内孔的加工中，如内孔尺寸精度

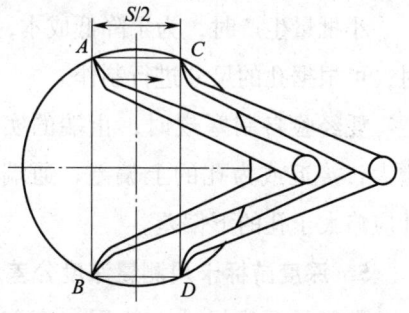

图 3—17　卡钳从 AB 位置跳到 CD 位置

要求较高，可用内径百分表等进行测量，掌握内径百分表的测量技术，可以提高工件的加工质量和效率。

套类工件内径尺寸精密公差带常用内径百分表测量孔径的方法测量，要经常用外径千分尺对内径百分表进行校对，防止各种因素对尺寸精度的影响。然后，用校对好的内径百分表进行内孔测量。取孔的轴向最小极限尺寸为表的零位尺寸。表杆摆动形成的平面，应与孔轴线平行（并包含孔轴线），这样才能测出真值。例如，用外径千分尺测量尺寸 $\phi28.00$ mm 将内径表找正"零"位后，方可进行 $\phi28.00$ mm 孔径的测量。如图3—18 所示为内径百分表的测量方法。

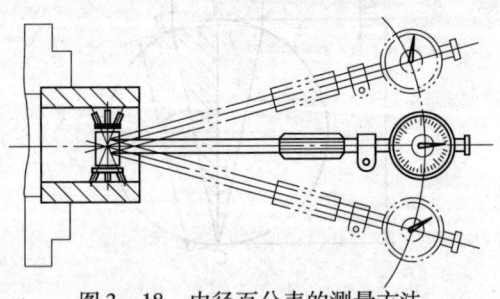

图3—18 内径百分表的测量方法

3. 用塞规测量孔径

塞规是在批量生产时，为了减少测量时间和保证尺寸的互换性而使用的一种专用量具。

塞规由通端、止端和柄组成，如图3—19所示。测量方法是通端测量时应塞入孔内，止端测量时应插不进孔内，如图3—20所示。当满足这两个条件时，就说明此孔尺寸是合格的。使用过程中应注意防止碰伤塞规的测量面。塞规的通端并不等于孔的下偏差。自制塞规时，塞规公差带大小由制造公差 T 确定，通端公差带位置由位置要素 Z（通规尺寸公差带中心至零件最大实体尺寸间距离）确定。

4. 自制塞规测量孔径

小批量生产时，为了降低成本，可以使用自制塞规，对孔进行测量。自制塞规时，可根据孔的尺寸进行制作。

凭经验自制塞规时，止端的实际尺寸应增大，接近或为孔的上偏差，通端的实际尺寸应略大于孔的下偏差。

5. 深度游标卡尺测量深度公差尺寸

孔径的深浅尺寸一般用深度游标卡尺测量比较准确。将尺的两端基准面靠严在工件

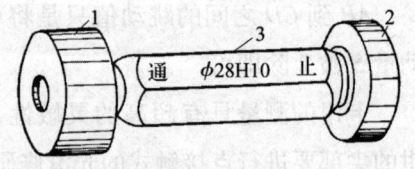

图3—19 塞规
1—通端 2—止端 3—柄

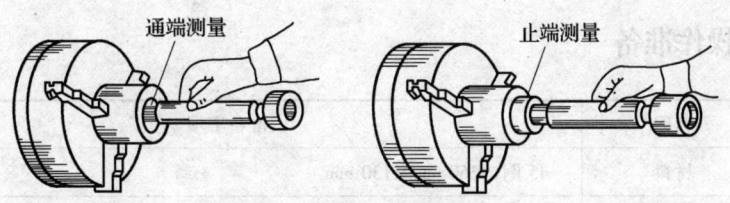

图 3—20 通端、止端测量方法

端面上,将主尺徐徐推入孔内,测量孔的深度。深度游标卡尺测量如图 3—21 所示。

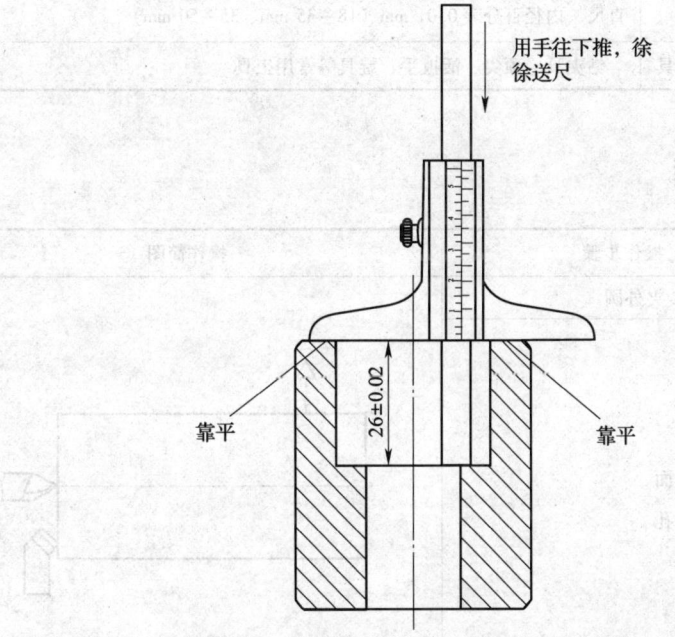

图 3—21 用深度游标卡尺测量孔径的深度尺寸

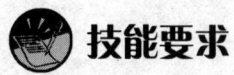 技能要求

孔径加工及测量

1. 内孔 ϕ31.5 mm 需要先进行钻孔,然后进行粗车、精车,内孔用内径百分表测量,掌握内径百分表的用法。

2. 内止口 ϕ38 mm 也需要先进行钻孔,但得用平底钻头,然后用 90°内孔车刀车削内孔,可以用内径百分表进行测量,也可以用卡钳测量。

一、操作准备

序号	名称		准备事项
1	材料		45 钢，φ60 mm×130 mm
2	设备		CA6140 车床三、四爪卡盘及卡盘扳手
3	工艺装备	刃具	90°外圆车刀、45°弯头车刀、φ28 mm 和 φ35 mm 麻花钻、90°内孔车刀、内孔精车刀、60°内孔车刀、中心钻 A2/5 mm
4		量具	游标卡尺 0.02 mm／(0～150 mm)、千分尺 0.01 mm／(25～50 mm)、钢直尺、内径百分表 0.01 mm（18～35 mm、35～50 mm）
5		工、附具	钻夹具、顶尖、活扳手、旋具等常用工具

二、操作步骤

序号	操作步骤	操作简图
步骤1	三爪卡盘装夹外圆 1）车削平面 2）钻中心孔	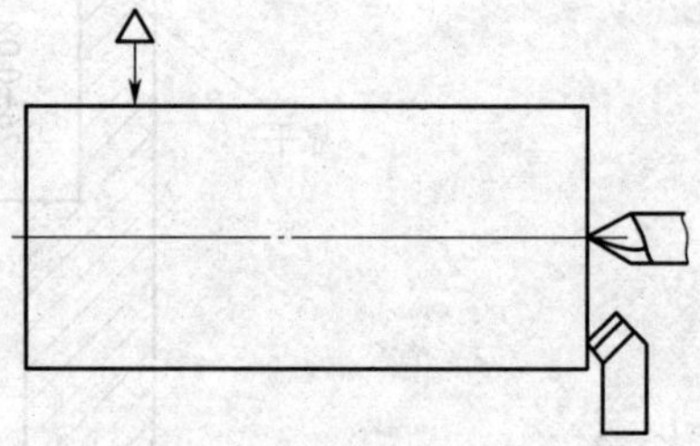
步骤2	顶尖装夹 1）用 90°偏刀车削外圆 φ47 mm 2）用 45°弯头车刀倒角	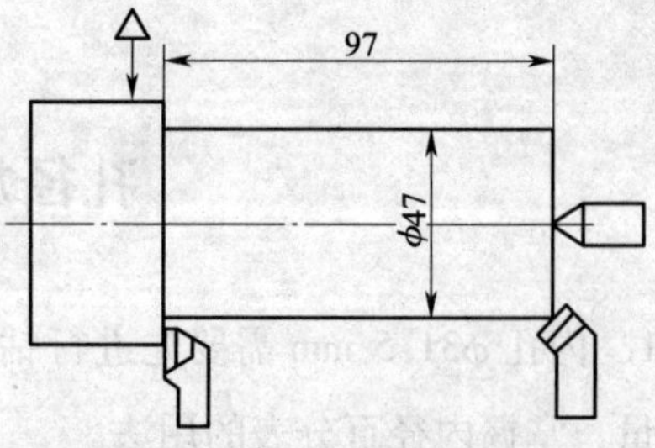

续表

序号	操作步骤	操作简图
步骤3	撤去顶尖 1) 钻通孔 φ28 mm	
	2) 半精车内孔 φ28 mm 至 φ31.35 mm 3) 精车内孔 φ28 mm 至 φ31.5 mm	
步骤4	调头装夹外圆 φ47 mm 处 1) 车削平面，长度 125 mm 2) 车削外圆 φ55 mm 3) 用 45°弯头车刀倒角	
	4) 粗车止口内径 φ38 mm 至 φ37.85 mm 5) 精车止口内径 φ38 mm（高速精车用合金刀，低速精车用高速钢刀）	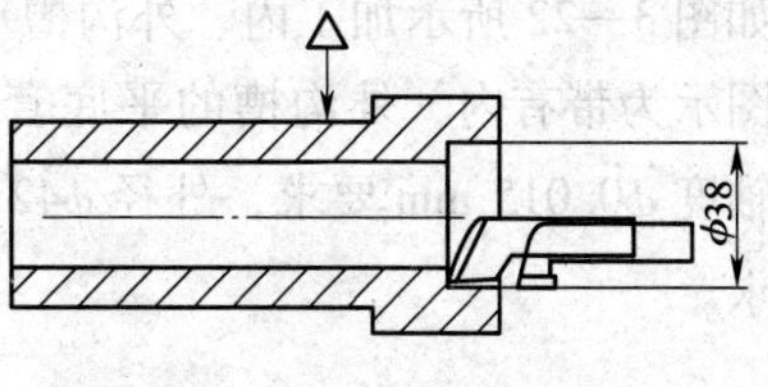

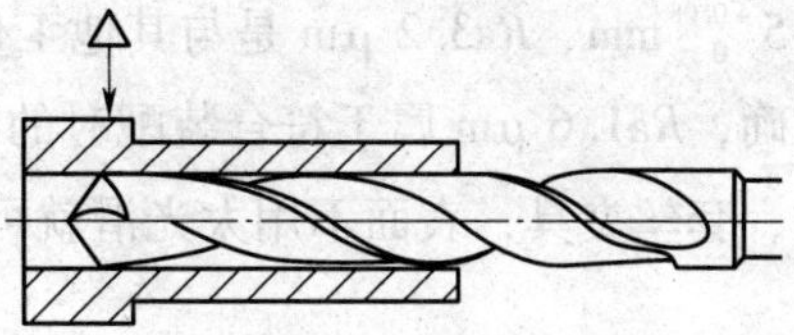

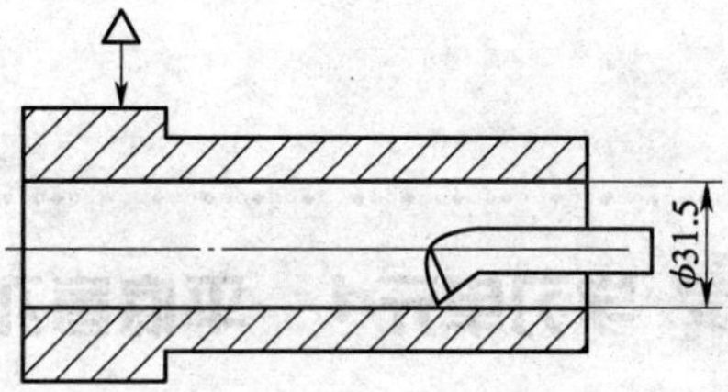

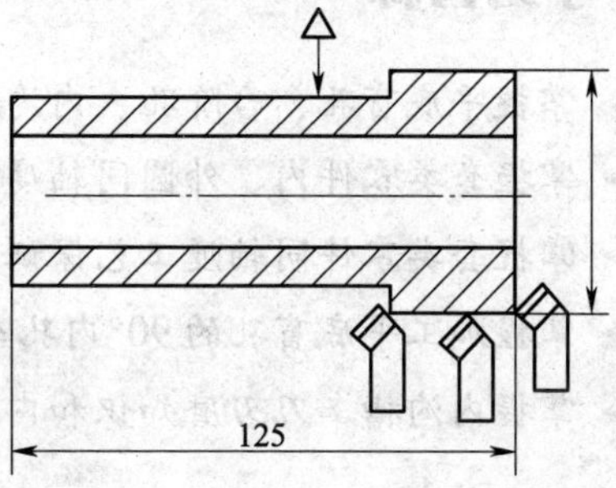

三、操作质量标准

内孔加工与测量是此工件的主要工艺内容，内孔 $\phi 38^{+0.10}_{+0.06}$ mm、$Ra1.6$ μm 及 $\phi 31.5^{+0.08}_{0}$ mm、$Ra3.2$ μm 是与其他工件进行装配组合的部位，因此要保证其尺寸的准确，$Ra1.6$ μm 属于符合装配时的滑动要求而提出的。$Ra3.2$ μm 的要求是要装进攻、套丝夹具，表面不用太光滑就可以达到要求。

第2节　车台阶孔、平底盲孔及内沟槽

学习单元1　平底盲孔、台阶孔的加工

学习目标

- 掌握平底盲孔、台阶孔、内沟槽的加工与测量技术
- 掌握套类零件内、外圆同轴度的定义
- 掌握套类零件同轴度工艺保证措施
- 掌握加工平底盲孔的 90°内孔车刀的刃磨和装夹知识
- 掌握内沟槽车刀刃磨知识和内沟槽加工知识

知识要求

一、识读内、外沟槽平底套工件

如图 3—22 所示加工内、外沟槽平底套。

图示为带有内、外沟槽的平底套，并有 $\phi 47^{-0.025}_{-0.087}$ mm 外圆对内孔 $\phi 26^{+0.084}_{0}$ mm 的同轴度 $\phi 0.015$ mm 要求，外径 $\phi 42^{0}_{-0.084}$ mm 有公差要求，有内沟槽与外沟槽的加工要求。

二、内沟槽种类

内沟槽一般视需要而定，有清根槽（见图 3—23a）、减少长度槽（见

图3—23b)、螺纹退刀槽(见图3—23c)、油槽、卡簧槽(见图3—23d)等,有宽、窄、深、浅之分,需要用各种内沟槽车刀进行车削。

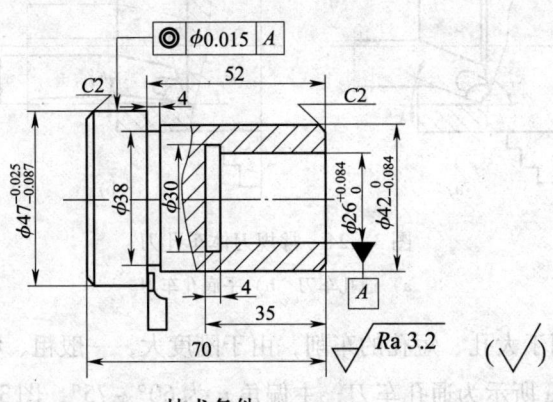

技术条件
未注公差尺寸按GB/T 1804—m加工。

图3—22 内、外沟槽平底套

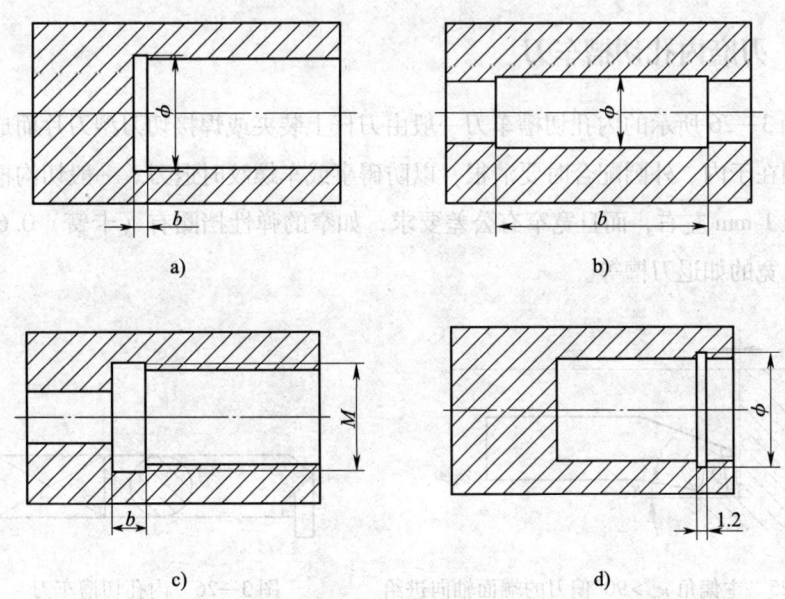

图3—23 内沟槽
a) 清根槽 b) 长度槽 c) 螺纹退刀槽 d) 卡簧槽

三、刃磨常规车孔刀

常规车孔刀如图3—24所示。

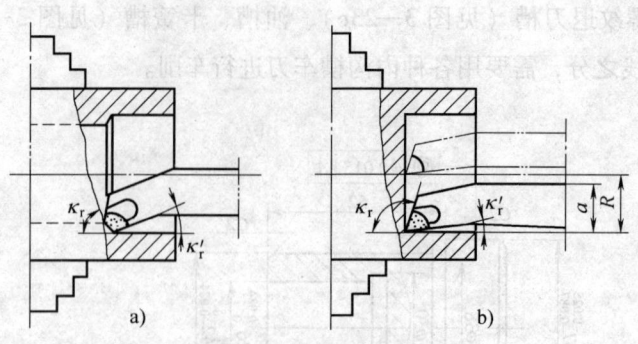

图3—24 常规刀体车孔刀
a）通孔车刀 b）平底孔车刀

这种刀主要用于大孔、短孔的车削，由于刚度大，一般粗、精刀头部为硬质合金刀片。图3—24a所示为通孔车刀，主偏角 κ_r 为60°~75°，图3—24b所示为平底孔车刀，主偏角 κ_r 大于90°。此种刀具的主偏角一般在93°~95°，角度太小，不利于端面车削时的轴向进给，轴向进给量 a 较小，如图3—25所示。角度太大时，车削平面时刀具强度不够。

四、刃磨内孔切槽车刀

如图3—26所示的内孔切槽车刀一般由刀杆上装夹或焊接切刀型刀片而成。切沟槽的作用在于内、外圆配合时要清根，以防碍事或车螺纹时退刀。一般切沟槽有宽有窄，窄至1 mm左右，而且宽窄有公差要求，如窄的弹性挡圈有（卡簧）0.6~3 mm的沟槽，宽的如退刀槽等。

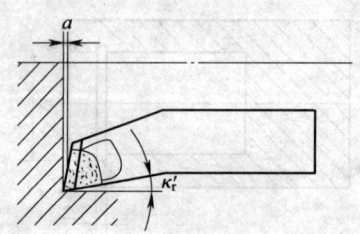 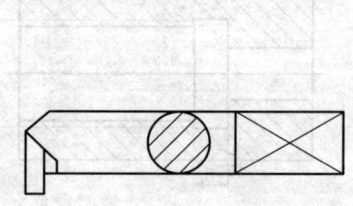

图3—25 主偏角 κ_r >90°偏刀的端面轴向进给　　图3—26 内孔切槽车刀

五、刃磨平底钻头

图3—27所示为平底钻头的几何形状。图3—27a为中心有定位尖的平底钻头钻孔。图3—27b为底平面全平钻头形式。

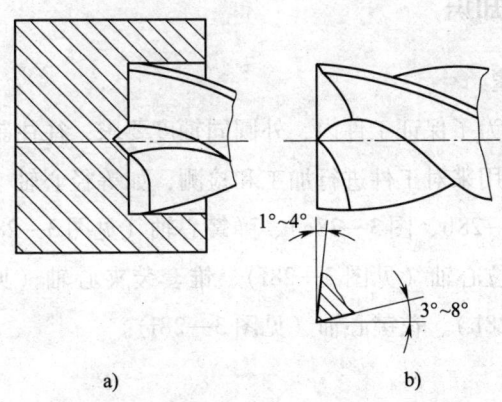

图3—27 平底钻头
a) 中心有定位尖的平底钻头钻孔 b) 底平面全平钻头

六、加工工艺过程的技术要点

1. 麻花钻的刃磨、钻孔、车孔技术

掌握内、外沟槽平底套零件加工中，麻花钻的刃磨、钻孔、车孔技术。

2. 平底套的装夹方法

掌握内、外沟槽平底套的装夹方法，保证定位套的尺寸和同轴度精度。

3. 正确刃磨内孔车刀和使用内孔测量量具

定位套加工主要完成外径、内孔、外沟槽、内沟槽的加工和测量，完成端面切削，保证全长尺寸精度。要正确刃磨内孔车刀，内、外切槽刀；正确使用内孔测量量具，达到图样要求。

4. 公差要求

此件为光滑圆柱台阶套车削件，查极限偏差表 $\phi 47_{-0.087}^{-0.025}$ mm 为 f9、$\phi 26_{0}^{+0.084}$ mm 为 h10，查未注公差表 GB/T 1804-m 的尺寸未注公差为：(70±0.3) mm、(35±0.3) mm、(52±0.3) mm，$Ra3.2$ μm 为车削要求的表面粗糙度。此工件标注同轴度位置公差，要求找正内孔再加工大头外圆尺寸。

5. 内孔的精加工措施

内孔的精加工可以采用两种做法：一种是用硬质合金高速精车；另一种是用高速钢光刀低速精车。

6. 刃磨平底钻头

钻头刃磨时，可刃磨成平底钻头形式。

七、标准心轴知识

1. 标准心轴用途

在生产实践中，为了保证工件内、外圆同轴度要求，往往制作一些符合工件公差尺寸的标准心轴，用来对工件进行加工和检测，如等径心轴（见图3—28a）、锥度自锁心轴（见图3—28b、图3—28c）、弹簧心轴（见图3—28d）、装刀心轴（见图3—28e）、锥堵定位心轴（见图3—28f）、锥套装夹心轴（见图3—28g）、精密测量心轴（见图3—28h）、花键心轴（见图3—28i）。

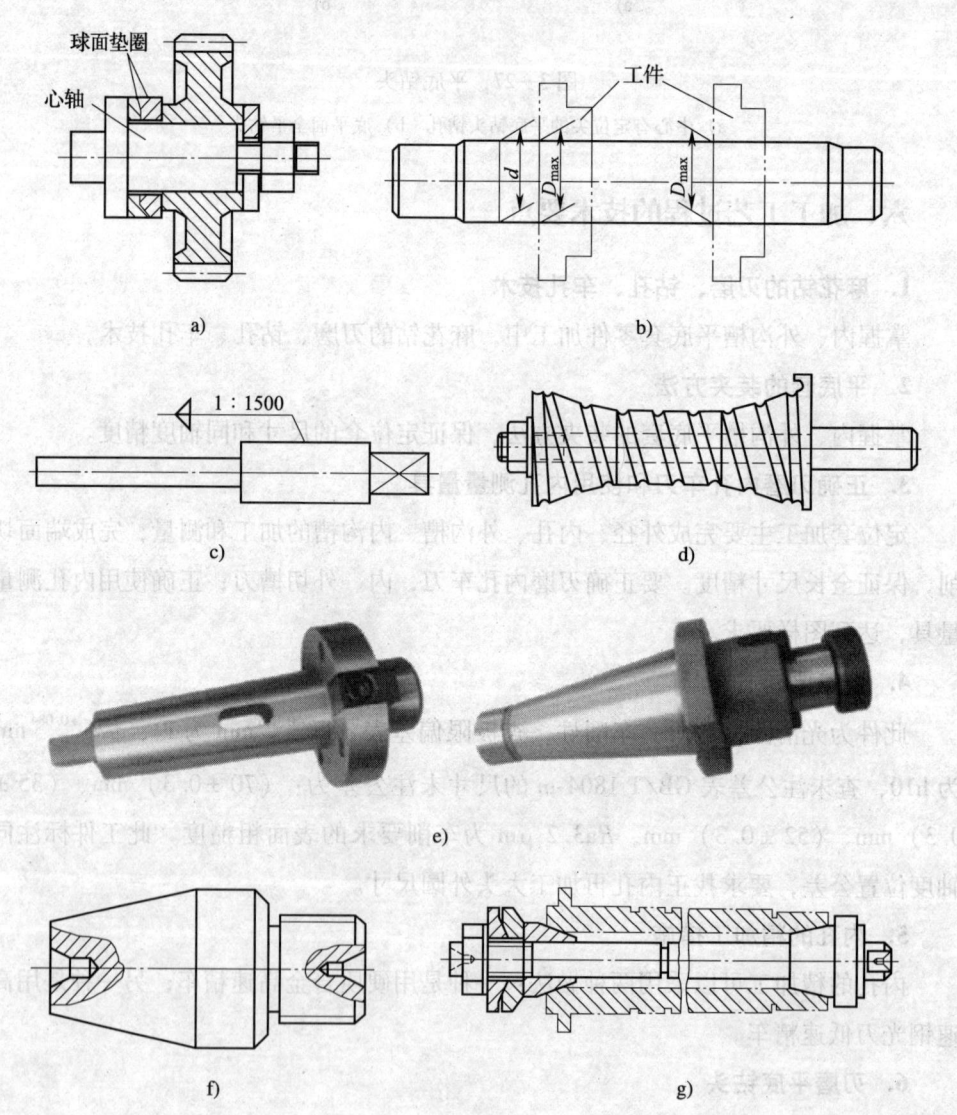

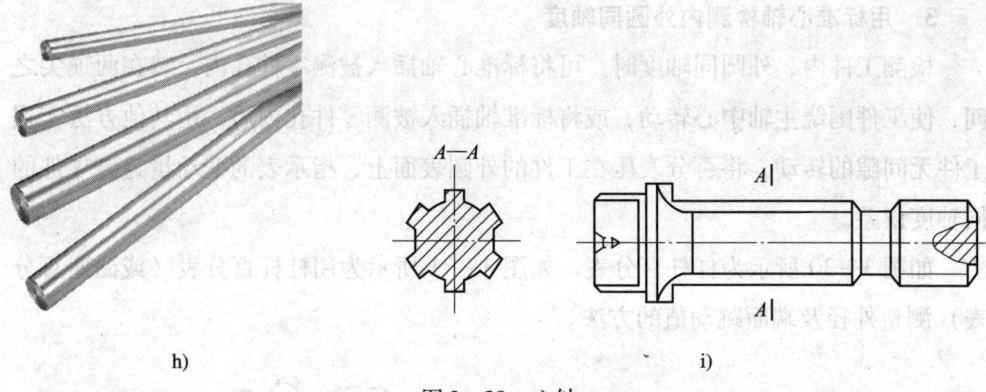

图 3—28 心轴

a) 基准孔定位心轴 b) 小锥度自锁心轴（尺寸表示） c) 小锥度心轴（锥度表示） d) 弹簧心轴
e) 铣床装刀心轴 f) 锥堵定位心轴 g) 锥套装夹心轴 h) 精密测量心轴 i) 花键心轴

2. 车制加工和测量的标准心轴

工件内、外圆有同轴度要求时，可将标准心轴插入被测零件孔内，如加工平底盲孔的内外圆时，可以现场车制心轴，将工件套在心轴上，另一端用尾座顶盘顶住（见图 3—29a），将很少的外圆余量车去。如加工通孔时，也可以现场车制螺纹心轴，将工件套在心轴上，用螺母固定工件，用尾座顶尖顶住心轴（见图 3—29b），将很少的外圆余量车去，保证内外圆的同轴度要求。也可以将工件装在心轴上，心轴装在两顶尖之间（见图 3—29c），保证内外圆的同轴度要求。

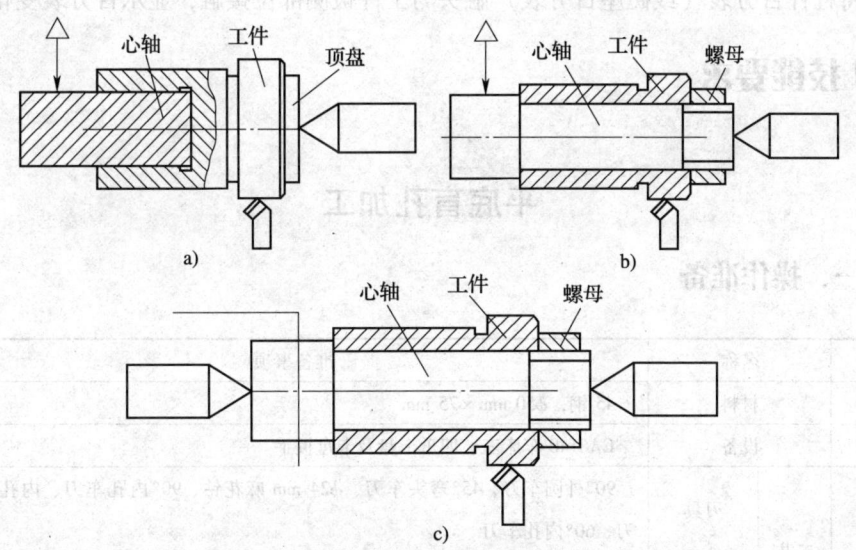

图 3—29 用心轴装夹工件

a) 盲孔套心轴保证内外圆同轴度 b) 通孔套心轴保证内外圆同轴度
c) 套心轴两顶尖支撑保证内外圆同轴度

3. 用标准心轴检测内外圆同轴度

检测工件内、外圆同轴度时，可将标准心轴插入被测零件孔内，装在两顶尖之间，使工件围绕主轴中心转动，或将标准轴插入被测零件孔内后，用其他方法实现工件无间隙的转动，将百分表压在工件的外圆表面上，指示表的变动量为该零件的同轴度误差。

如图3—30所示为杠杆百分表。如图3—31所示为用杠杆百分表（或磁座百分表）测量外径及端面跳动值的方法。

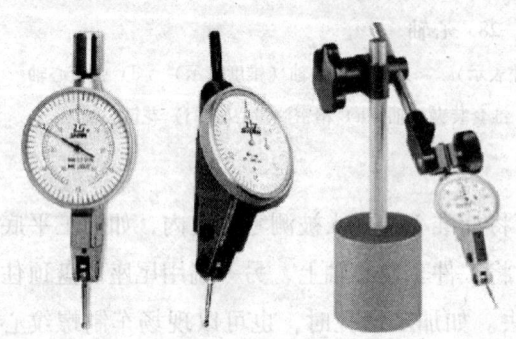

图3—30 杠杆百分表

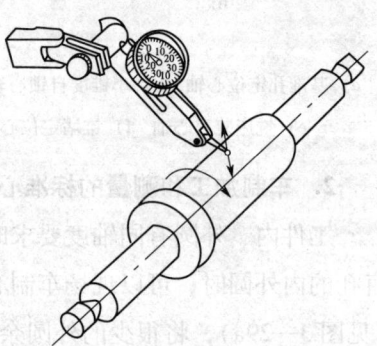

图3—31 用杠杆百分表检验同轴度误差

将杠杆百分表（或磁座百分表）触头与工件被测部位接触，显示百分表变化值。

平底盲孔加工

一、操作准备

序号	名称		准备事项
1	材料		45钢，φ50 mm×75 mm
2	设备		CA6140车床三、四爪卡盘及卡盘扳手
3	工艺装备	刃具	90°外圆车刀、45°弯头车刀、φ24 mm麻花钻、90°内孔车刀、内孔精车刀、60°内孔车刀
4		量具	游标卡尺0.02 mm/（0~150 mm）、千分尺0.01 mm/（25~50 mm）、钢直尺、内径百分表0.01 mm/（18~35 mm）
5		工、附具	钻夹具、活扳手、旋具等常用工具

二、操作步骤

序号	操作步骤	操作简图
步骤1	装夹毛坯外径	
步骤2	用45°刀车削端面	
步骤3	车削外径至 $\phi 42$ mm	
步骤4	钻孔 $\phi 24$ mm，尖部到达深度为 34.5 mm 或用 $\phi 24$ mm 平钻头将孔粗钻平至 34.5 mm 深度	
步骤5	用主偏角 >90°的内孔车刀粗车内孔 $\phi 26$ mm 至 $\phi 25.8$ mm，将根部车平，取刀杆直径为细直径，细直径尺寸为刀尖从根部退至中心时，刀杆后部与孔壁不相碰，这样刀尖反复在内孔平面上车削，就可以将内孔平面车平	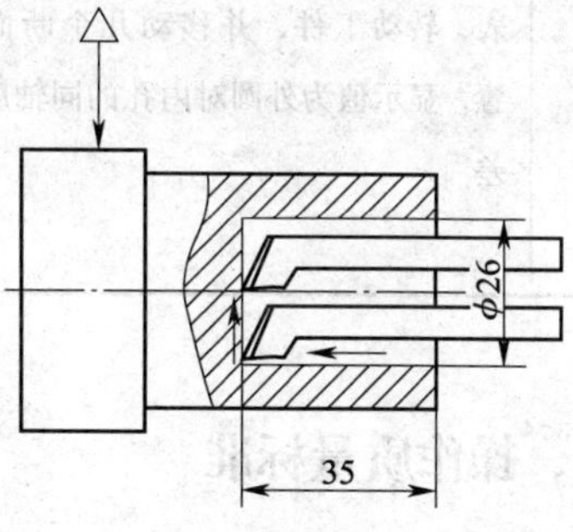
步骤6	用主偏角 >90°的内孔精车刀精车内孔至 $\phi 26$ mm	

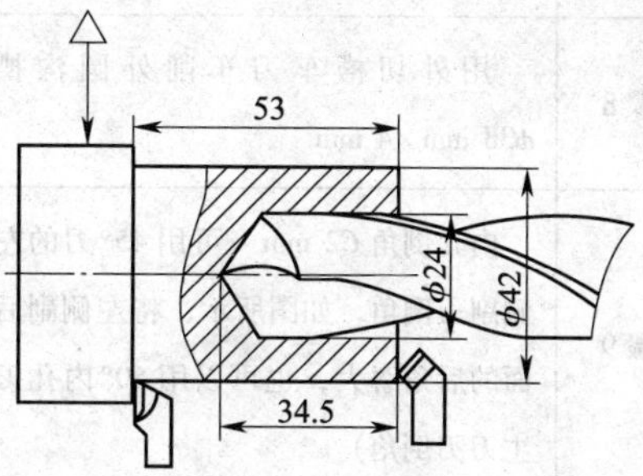

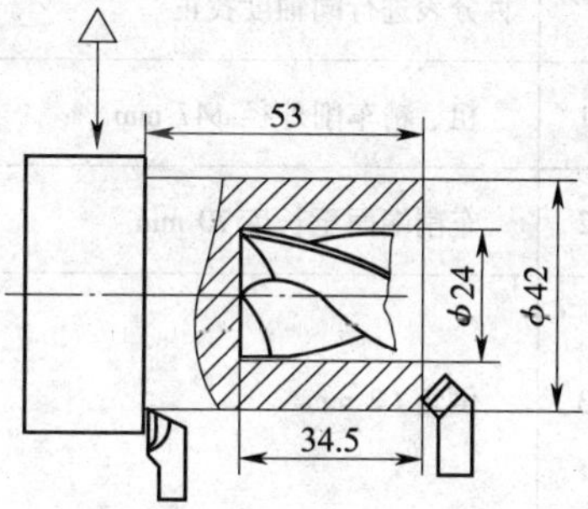

续表

序号	操作步骤	操作简图
步骤7	用内沟槽车刀车削平底孔的沟槽 $\phi 30$ mm×4 mm	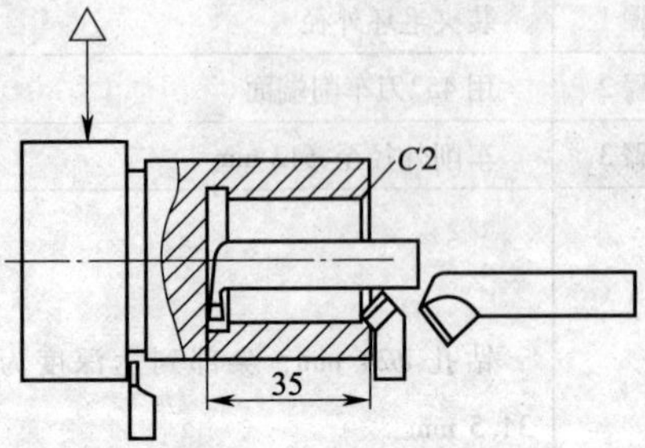
步骤8	用外切槽车刀车削外圆沟槽 $\phi 38$ mm×4 mm	
步骤9	内孔倒角 C2 mm（可用45°刀的左侧副刃倒角，如图所示，将左侧副后面的后角磨大，也可以用60°内孔刀主刀刃倒角）	
步骤10	工件调头，用四爪卡盘装夹，配合百分表进行同轴度找正	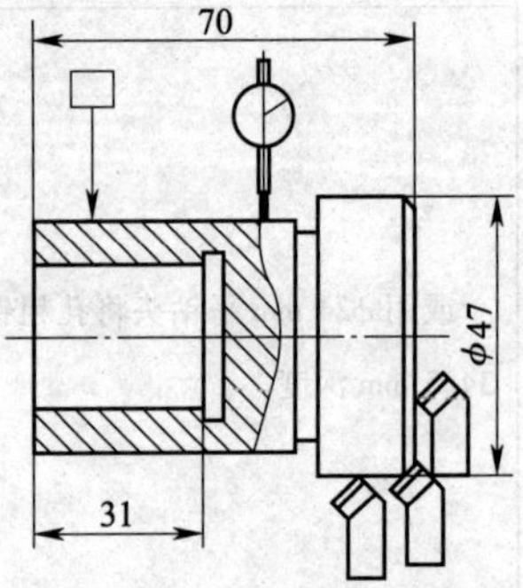
步骤11	粗、精车削外径 $\phi 47$ mm	
步骤12	车削端面至长度 70 mm	
步骤13	倒角 C2 mm	
	工件检测同轴度	
步骤14	在车床上做一标准尺寸验棒，将工件内孔插入验棒，在工件外圆压百分表，转动工件，并移动几个断面位置，显示值为外圆对内孔的同轴度误差	

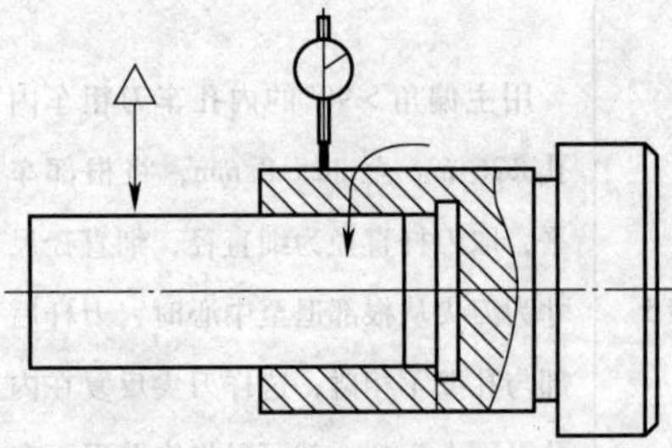

三、操作质量标准

1. 外径尺寸控制

外径 $\phi 47_{-0.087}^{-0.025}$ mm、$\phi 42_{-0.084}^{0}$ mm 及内孔 $\phi 26_{0}^{+0.084}$ mm 都有较严的公差，需要控制尺寸。

2. 内、外沟槽加工工艺

内、外沟槽是轴类加工中一种必不可少的加工形式，有些内、外沟槽不但是为了清根、退刀需要，还有密封等重要的使用要求。

3. 同轴度检测

同轴度的检测类同于径向圆跳动值的检测，只是同轴度的检测是检测内外圆中心轴线同轴的情况，而径向圆跳动的检测是检测外表面若干个截面中圆心在基准轴线上的最大跳动量值。

4. 其他部位要求

其他倒角等部位按要求制作，倒角是加工工艺中一个不可缺少的步骤，会直接与装配有关。

思 考 题

1. 同轴度要求对轴类有什么作用？
2. 精车内孔时切削速度如何选择？
3. 铰刀的作用是什么？
4. 平底孔车刀如何刃磨？
5. 精车孔刀如何刃磨？
6. 内孔车刀的后角如何刃磨？
7. 麻花钻顶角不对称或切削刃长度不等会造成什么后果？
8. 怎样用塞规进行测量？
9. 麻花钻钻削时轴向力大，应如何改善角度？
10. 群钻是什么，它有什么优点？

第4章 圆锥面加工

第1节 标准锥度与锥角加工

 学习单元1 圆锥面计算

 **学习目标**

- 掌握圆锥面的有关计算
- 掌握正三角形的直径尺寸和车削角度计算

 **知识要求**

一、基本概念

1. 圆锥表面

与轴线成一定角度，且一端相交于轴线的一条直线段（圆锥母线），围绕着该轴线旋转形成的表面，称为圆锥表面，如图4—1所示。

2. 圆锥量规

圆锥量规是具有标准光滑锥面，能反映被检验内（外）锥体边界条件的锥度定性测量器具，属于角度测量器具，如图4—2所示为锥度配合和检验。

第4章 圆锥面加工

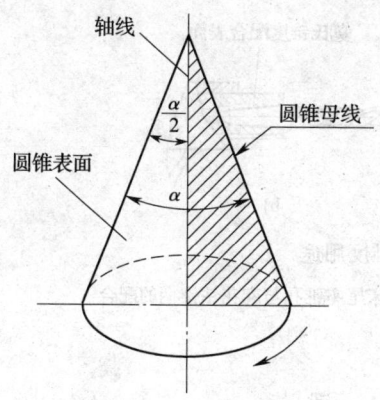

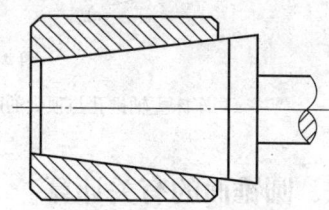

图4—1 圆锥表面　　　　图4—2 圆锥量具检验

在圆锥角度配合中，有如图4—3a所示的莫氏 No.3 塞规等圆锥量规，圆锥角为 2°52′31.4″，锥度基本值为 1:19.922；有如图4—3b所示的锥度基本值为 7:24，圆锥角为 16°35′39″等的专用量规；还有一些如 1:5 等的标准锥度，见附录表5。

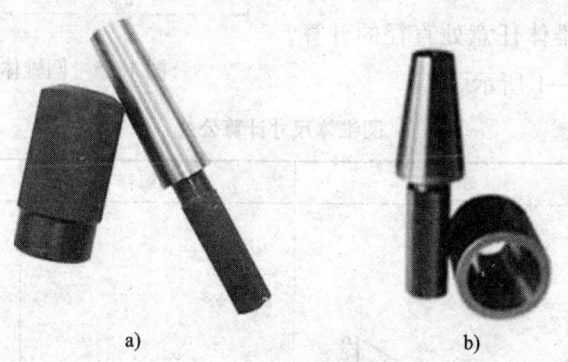

图4—3 莫氏3号圆锥塞规

a) 莫氏 No.3 圆锥塞规　b) 7:24 锥度专用量规

3. 莫氏锥度量规

莫氏锥度量规每套包括莫氏圆锥塞规和莫氏圆锥套规各一件。普通精度莫氏圆锥量规适用于检查工具圆锥孔及圆柱柄的正确性。高精度莫氏圆锥量规适用于机床和精密仪器等的主轴与孔的锥度检查。莫氏圆锥量规一般选用合金钢，工作面均经过精研。塞规表面粗糙度为 $Ra0.2~\mu m$；套规表面粗糙度为 $Ra0.4~\mu m$。高精度莫氏圆锥量规能满足机床制造业中莫氏圆锥互换的要求。莫氏圆锥量规分为 0、1、2、3、4、5、6 七种规格，形式分为带扁尾和无扁尾两种。

4. 莫氏锥度用途

机床和刀具与莫氏锥度的配合应用很广泛。如图4—4a所示为车床主轴锥孔与顶尖的配合，如图4—4b所示为车床尾座锥孔与麻花钻锥柄的配合。

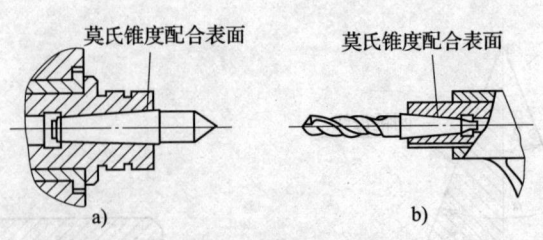

图4—4 莫氏锥度用途
a) 车床主轴锥孔与顶尖的配合   b) 车床尾座锥孔与麻花钻锥柄的配合

二、圆锥面的有关计算

圆锥的各部分尺寸计算

圆锥的各部分尺寸计算分为直角三角形、斜角三角形计算，圆锥角、圆锥半角（斜角）的计算，锥度比、锥体直径与锥体长度及锥体任意处直径的计算，如图4—5和表4—1所示。

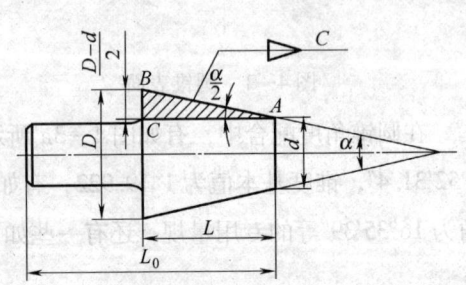

图4—5 圆锥体尺寸计算

表4—1　　　　　　圆锥体尺寸计算公式

名称	代号	图示	名词解释	计算公式
直角三角形				(1) 正弦 $\sin\alpha = \dfrac{a}{c}$ (2) 余弦 $\cos\alpha = \dfrac{b}{c}$ (3) $\tan\alpha = \dfrac{a}{b}$ (4) $\cot\alpha = \dfrac{b}{a}$ (5) $c = \sqrt{a^2 + b^2}$
斜角三角形	正弦定理		如图所示3个边长，3个角度，得知任意2个边长和其中一边所对的角或得知任意2个夹角和一个边长，可以求另一个夹角或边长	$\dfrac{a}{\sin A} = \dfrac{b}{\sin B} = \dfrac{c}{\sin C}$
	余弦定理		如图所示两边夹一角，可求角所对边的尺寸	$a^2 = b^2 + c^2 - 2bc\cos A$

续表

名称	代号	图示	名词解释	计算公式
圆锥角	α	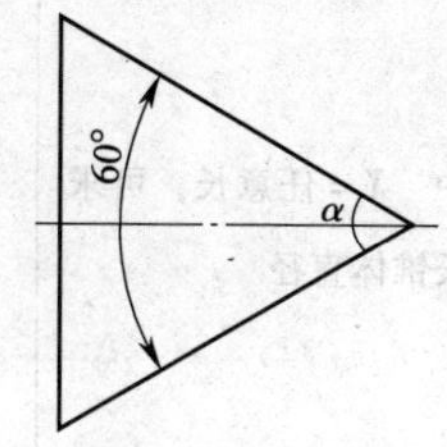	圆锥角是在通过圆锥轴线的截面内,两条圆锥母线之间的夹角,如图所示,圆锥角为60°	
圆锥半角（斜度）	$\alpha/2$		圆锥半角为圆锥角的一半,如图所示,圆锥半角为30° 计算小滑板转过的角度	$\tan(\alpha/2) = \dfrac{D-d}{2L}$
锥度	C	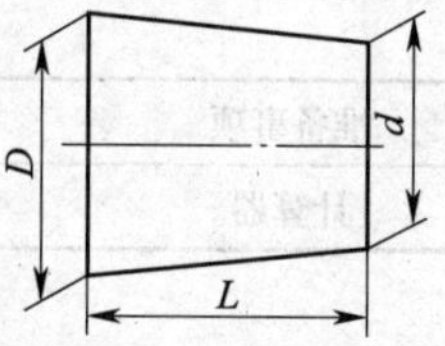	圆锥大端直径减去小端直径后被圆锥长度除	$C = \dfrac{D-d}{L}$ $\tan(\alpha/2) = C/2$
锥度符号（比）		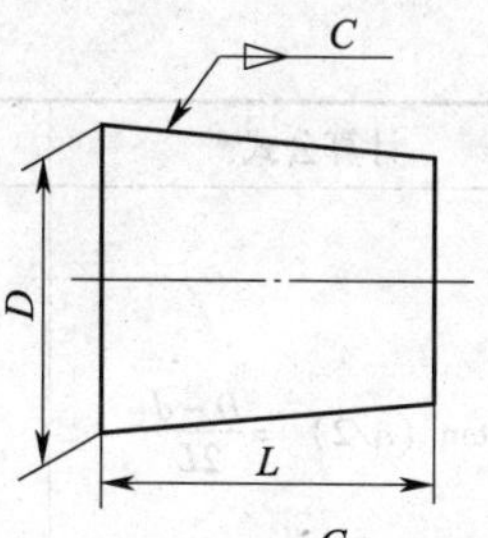	C为锥体大、小头尺寸之差与长度之比,例如1∶10,在锥体长度每10 mm长度上,大、小头尺寸相差1 mm	
圆锥大端直径	D		圆锥体中的大端尺寸	$D = d + 2L\tan(\alpha/2)$ 或 $D = d + CL$
圆锥小端直径	d	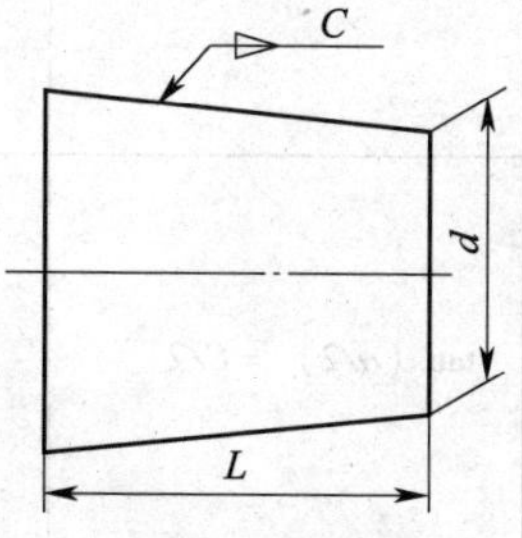	圆锥体中的小端尺寸	$d = D - 2L\tan(\alpha/2)$ 或 $d = D - CL$
圆锥长度	L		圆锥体大端与小端之间的垂直距离	$L = (D-d)/[2\tan(\alpha/2)]$ 或 $L = (D-d)/C$

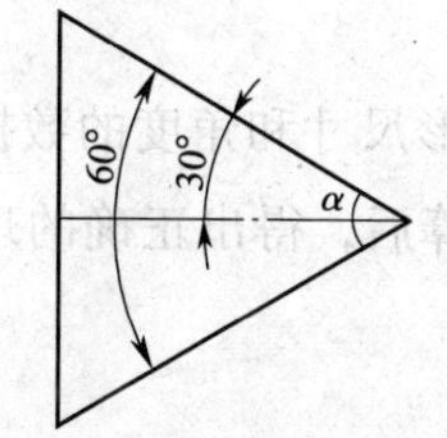

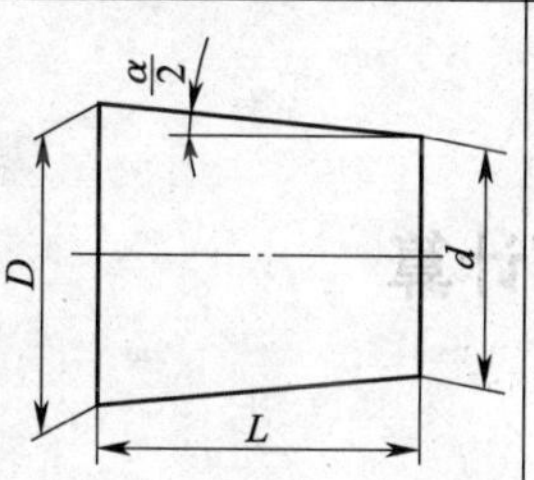

续表

名称	代号	图示	名词解释	计算公式
任意处直径	d_x	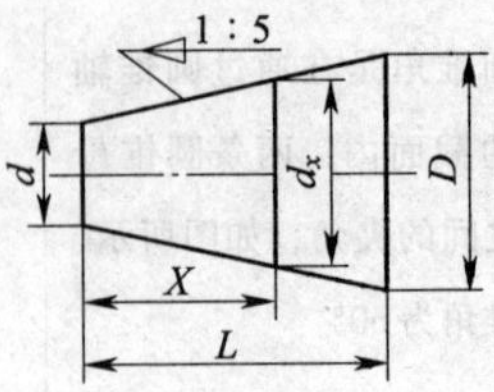 	式中 X = 任意长，可求任意长锥体直径	$d_x = d + CX$ $d_x = D - C(L - X)$

图示的圆锥塞规具有典型的 ABC 正三角形尺寸和角度的数据，通过这个图形可以将有关的正三角形的一系列数值经过计算后，得出正确的理论直径值和角度值。

技能要求

圆锥面计算

一、操作准备

序号	名称	准备事项
1	设备	计算器

二、操作步骤

序号	计算题	计算公式	计算过程
【例4—1】	一锥体，已知 $D = 70$ mm，$d = 60$ mm，$L = 100$ mm，求度盘扳转角度	$\tan(\alpha/2) = \dfrac{D - d}{2L}$	$\tan(\alpha/2) = \dfrac{70 - 60}{2 \times 100}$ $= \dfrac{10}{200} = 0.05$ $\alpha = 2.862°$
【例4—2】	一锥体，已知斜角 $\alpha/2 = 5.71°$，$D = 60$ mm，$L = 40$ mm，求锥度 C	$\tan(\alpha/2) = C/2$	$C = 2\tan(\alpha/2)$ $= 2\tan 5.7 = 0.2$ $C = \dfrac{1}{5}$

续表

序号	计算题	计算公式	计算过程
【例4—3】	一锥体，已知 $C=1:5$，$d=52$ mm，$L=40$ mm，求 D	$D=d+CL$	$D=d+CL$ $=52+\dfrac{1}{5}\times 40=60$（mm）
【例4—4】	一锥体，已知 $D=50$ mm，$L=100$ mm，$C=1:4$，求 d	$d=D-CL$	$d=D-CL$ $=50-\dfrac{1}{4}\times 100=25$（mm）
【例4—5】	一锥体，已知 $D=64$ mm，$d=60$ mm，$C=1:20$，求圆锥长度 L	$L=(D-d)/C$	$L=(D-d)/C$ $=(64-60)/(1/20)$ $=80$（mm）
【例4—6】	一锥体，已知大端直径为 $\Phi 25$ mm，小端直径为 $\Phi 20$ mm，锥度 C 为 $1:20$，圆锥体长 100 mm，求距离大端直径 45 mm 处的直径尺寸	$d_x=D-CX$	$d_x=D-CX$ $=25-\dfrac{1}{20}\times 45$ $=22.75$（mm）

学习单元2 转动小滑板车削锥体工件

学习目标

- 掌握用转动小滑板法车削标准圆锥
- 掌握用转动小滑板法车削标准圆锥的检验方法
- 掌握精车锥体的锥度校验

知识要求

一、圆锥工件识读

如图4—6所示为锥体与锥套的内外圆锥配合件。

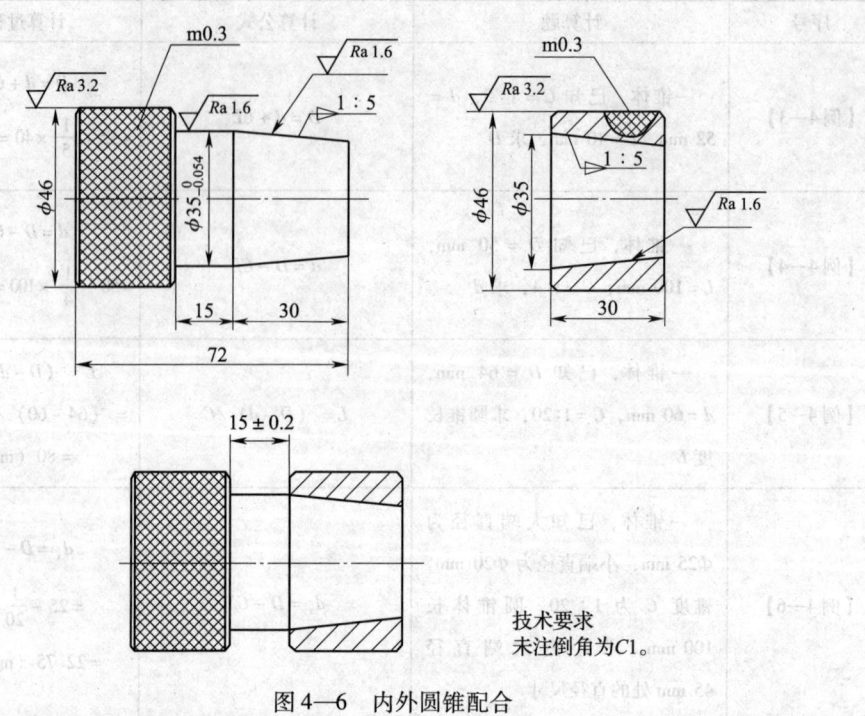

图 4—6　内外圆锥配合

锥面有 1∶5 锥度，保证接触率。脖颈径尺寸为 $\phi 35_{-0.054}^{0}$ mm，也是锥面的大头尺寸。锥度件有滚花 m0.3 要求。

二、用转动小滑板法车削圆锥体

1. 调整小滑板塞铁

车较短的圆锥时，可以用转动小滑板法。车削时只要把小滑板转动一定的角度，使车刀的运动轨迹与所要车削的圆锥母线平行即可。图 4—7 所示是用转动小滑板法车外圆锥，图 4—8 所示是用转动小滑板法车内圆锥。

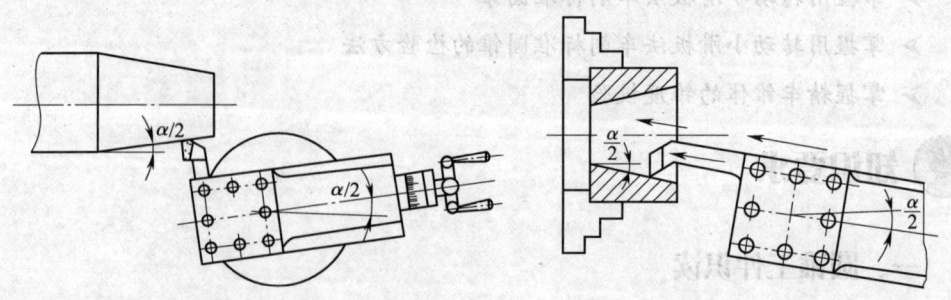

图 4—7　用转动小滑板法车外圆锥　　图 4—8　用转动小滑板法车内圆锥

车削锥体前应检查并调整小滑板塞铁的松紧程度，塞铁塞得过紧或过松都会对工件表面的粗糙度、锥度及直线度产生影响。应调至摇动小滑板手柄无过松或过紧的感觉为止。如图4—9所示为小滑板前端镶条调整螺丝，如图4—10所示为小滑板后端镶条调整螺丝，镶条前端为大头，后端为小头。摇动要松一些时，松开前端螺丝，拧紧后端螺丝，再拧紧前端螺丝，将镶条固定；摇动要紧一些时，松开后端螺丝，拧紧前端螺丝，再拧紧后端螺丝，将镶条固定。

图4—9 小滑板前端镶条调整螺丝

图4—10 小滑板后端镶条调整螺丝

2. 调整转盘角度

当用转动小滑板法车内、外圆锥时，转盘可±90°回转，用扳手将转盘螺母松开，转动转盘，使转盘上的基准零线与中滑板上的角度刻度对齐后将螺母锁紧。转盘转过的角度可稍大于计算值10′~20′，而不能小于计算值，因为车削精度较高的圆锥体时，须经试车削后将角度逐渐校正至图样要求，如果转盘转过的角度小于圆锥角易使圆锥面车长产生废品。也可用磁座百分表粗校锥度，将转盘转过所需圆锥半角之后稍加紧固，把磁力百分表座吸在床身导轨上，使百分表的测量头垂直接触在小滑板的侧边，如图4—11所示。移动床鞍距离为b，同时观察百分表指标移动的数值c，当c等于圆锥半角$\alpha/2$的正切函数值与b的乘积时，小滑板转过的角度正确，如不等，需调整小滑板转动的角度，重复上述动作，直至相等为止，校准锥度后将转盘锁紧。

【例4—7】 当加工如图4—12所示的1:5锥度零件时，如床鞍移动距离b为50，百分表指标移动的数值c应为：$c = \text{tg}(\alpha/2) \times b = C/2 \times b = 1/5/2 \times 50 = 5$（mm）

如需车削的工件有样件或标准锥度塞规等，可将样件或标准锥度塞规装在两顶尖之间，将转盘转过$\alpha/2$角度，刀架上安装一个百分表，使百分表的测量头与工件侧母线垂直接触，移动小滑板，如百分表的表针摆动为零，说明转盘转过的角度正确，如图4—13所示。

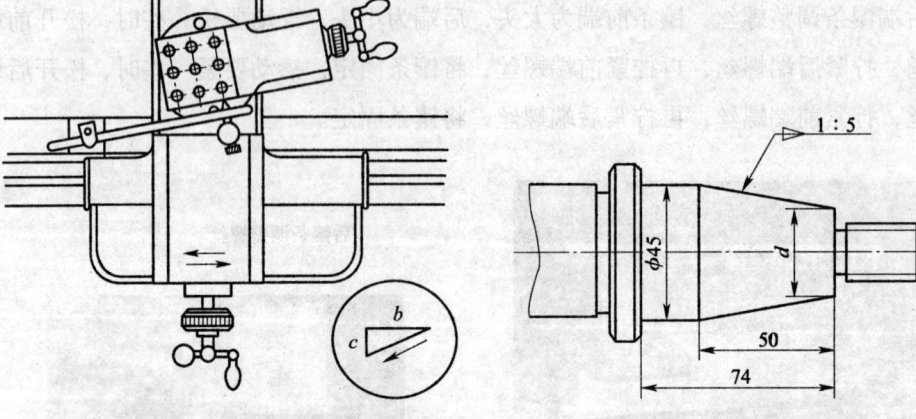

图4—11　用百分表校正小滑板转动角度　　　　图4—12　锥度零件1:5

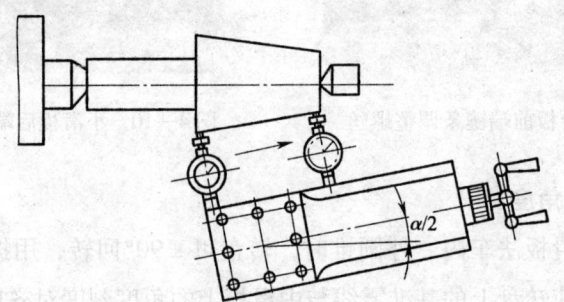

图4—13　用锥塞规校正小滑板转动角度

3. 确定小滑板的工作行程

小滑板的工作行程（CA6140型车床小滑板最大行程为140 mm）应大于锥体加工长度。将小滑板退至工作行程的起始位置，试移动一次，检查小滑板的工作行程起止位置是否满足加工要求。

三、确定车削的背吃刀量

开动机床，先调整床鞍与工件的相对位置，移动中、小滑板使刀尖与工件轴端外圆轻轻接触后，将小滑板退至工作行程起始位置，调整中滑板刻度盘零位。粗车锥体时，根据加工余量大小确定背吃刀量，车削时双手交替摇动小滑板手柄，使手动进给速度连续且均匀。

四、锥体的锥度校验

1. 粗车工件的锥体角度校正

在粗车过程中应利用工件的切削余量校正锥体角度。车削圆锥半角较大或精度要求低的锥面工件时,可用万能角度尺或样板检验。

2. 圆锥套规检验圆锥体

用圆锥套规检验圆锥体,车标准圆锥或配合精度要求较高的圆锥工件时,可用锥度量规检验。如图4—14所示圆锥量规。

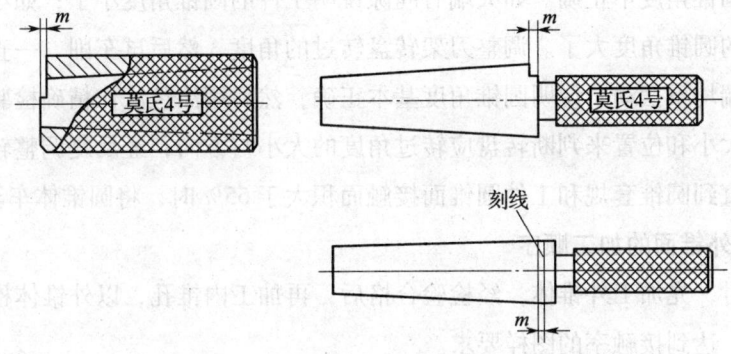

图4—14 圆锥量规

(1)精车锥体时,车到圆锥套规能套上锥体长度一半时,即可检验并校准锥度,如图4—15所示。

(2)用圆锥套规检测时,如图4—16所示,先在工件上沿母线方向对称抹两条红丹粉显示剂,然后将套规套在工件上,用力均匀、对称转动少半周,观察显示剂擦去情况。如果接触部位均匀,说明锥面角度正确,假如小端擦去,大端没擦去,说明圆锥角小了,反之则说明圆锥角大了。

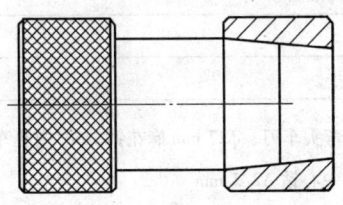 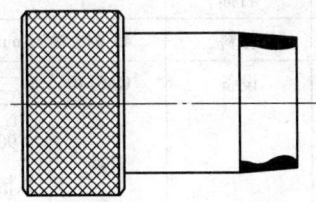

图4—15 锥体长度一半时,校验角度　　图4—16 对称抹两条红丹粉显示剂

(3)当用锥度套规检测圆锥体时,显示剂两端被擦去,中间不接触,或用塞规检测内圆锥时,中间显示剂被擦去,两端没有擦去的痕迹,是由于刀尖没有对准工件轴线,使车出的圆锥母线不直,形成了双曲线误差,如图4—17所示。

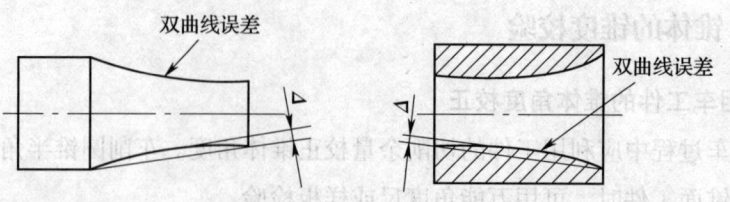

图4—17 圆锥表面的双曲线误差

（4）用圆锥套规检验圆锥体前应使圆锥表面粗糙度的 Ra 值小于 $3.2\ \mu m$。检验时将圆锥套规轻轻套在工件圆锥面上，摆动套规，如发现一端有间隙，套规能摆动，说明圆锥角度不正确。如大端有间隙说明工件的圆锥角度小了；如小端有间隙说明工件的圆锥角度大了。调整刀架转盘转过的角度，然后试车削，一直调整到套规大、小端均不摆动。说明圆锥角度基本正确，然后用涂色法作精确检验，根据接触面积的大小和位置来判断转盘应转过角度的大小与方向，经反复调整转盘角度和试车削，直到圆锥套规和工件圆锥面接触面积大于65%时，将圆锥体车至尺寸。

3. 内外锥面的加工顺序

加工时，先加工外锥体，经检验合格后，再加工内锥孔，以外锥体检验内锥孔进行研合，达到接触率的图样要求。

 技能要求1

车削圆锥体

一、操作准备

序号	名称		准备事项
1	材料		45 钢，$\Phi 50\ mm \times 105\ mm$
2	设备		CA6140 车床三爪卡盘及卡盘扳手
3	工艺装备	刃具	90°外圆车刀、45°弯头车刀、$\phi 27\ mm$ 麻花钻、60°内孔车刀、内孔精车刀、滚花刀、中心钻 A2/5 mm
		量具	游标卡尺 0.02 mm/（0~150 mm）、千分尺 0.01 mm/（25~50 mm）、钢直尺、万能角度尺 2′（0°~320°）
		工、附具	红丹粉、钻夹具、活扳手、旋具等常用工具

二、操作步骤

序号	操作步骤	操作简图
步骤1	装夹毛坯外圆 1）车平端面 2）车削外圆 $\phi46$ mm，长 70 mm 3）钻中心孔 4）顶上顶尖 5）外圆滚花 m0.3	
	6）钻孔 $\phi27$ mm，长 32 mm 7）在 32 mm 处切断 8）切断前左侧倒角	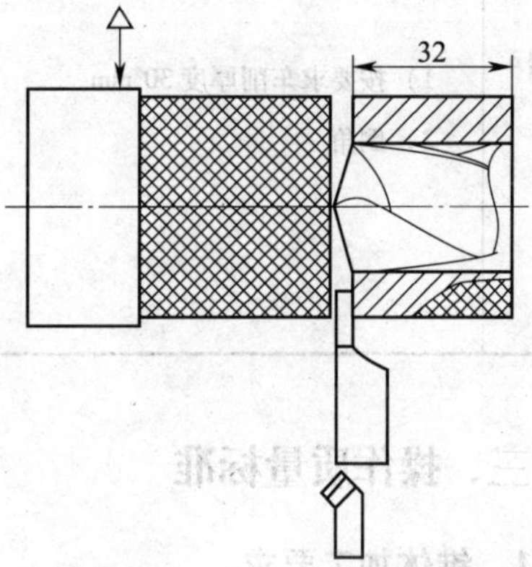
步骤2	装夹锥体调头滚花处 1）车削端面 2）车削外圆面 3）车削外锥面	

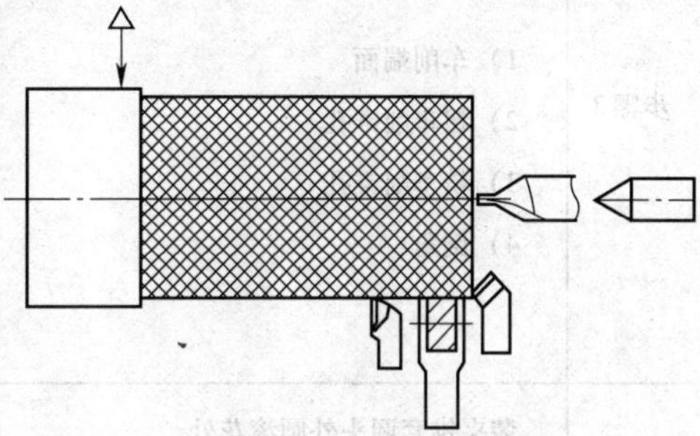

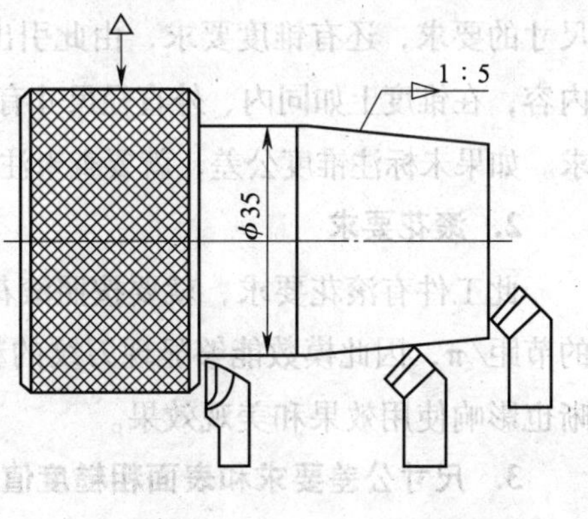

续表

序号	操作步骤	操作简图
步骤3	装夹锥套外圆滚花处 1）车削端面 2）粗车削锥孔 3）精车削锥孔 4）倒角	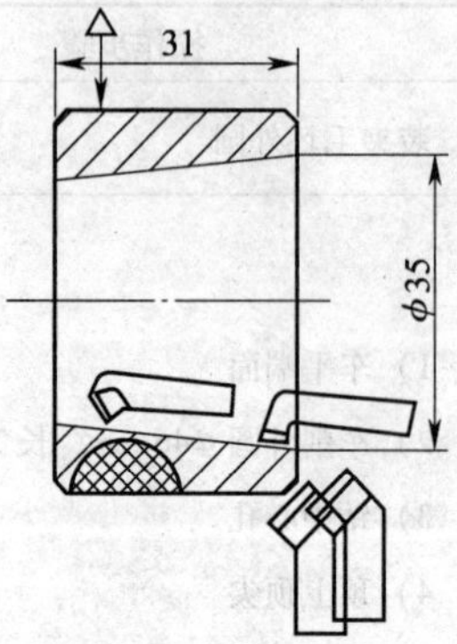 （图示：31，$\phi 35$）
步骤4	装夹锥套调头外圆滚花处 1）按要求车削厚度30 mm 2）倒角	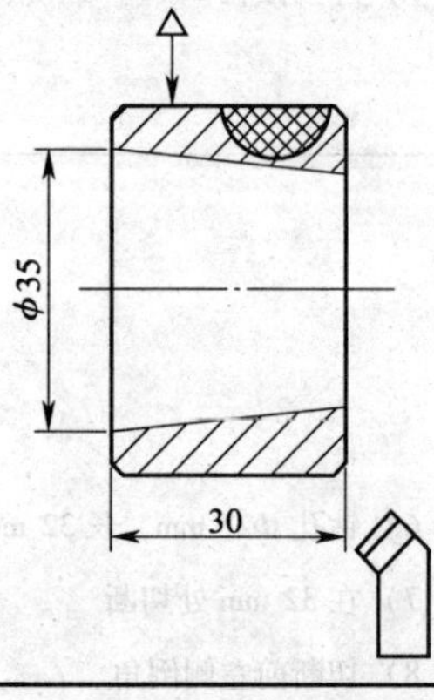 （图示：$\phi 35$，30）

三、操作质量标准

1. 锥体加工要求

锥体加工的主要技术要求在于锥体角度的正确性。一般锥体角度的设计，都是有其锥面配合要求的，因此必然出现锥体检验的技术手段。锥体加工项目有其直径尺寸的要求，还有锥度要求，由此引出直径尺寸的公差控制和锥度的公差控制两项内容，在锥度上如同内、外直径尺寸有未注公差要求一样，锥度也有未注锥度公差要求。如果未标注锥度公差，就要查未注公差表，按照未注公差表值，检验锥度值。

2. 滚花要求

此工件有滚花要求，就要按照滚花的模数要求选取滚花刀，滚花的模数指刀纹的节距/π，因此模数能够显现刀纹的粗细使用效果和美观效果。加工中刀纹不清晰也影响使用效果和美观效果。

3. 尺寸公差要求和表面粗糙度值要求

尺寸公差要求和表面粗糙度值应符合工件设计要求。

4. 未注尺寸公差要求

未注尺寸公差要符合工件设计要求。

 技能要求 2

圆锥体涂色检验产生质量问题的原因及解决办法

一、操作准备

序号	名称	准备事项
1	材料	工件
2	设备	车床
3	量具	游标卡尺 0.02 mm/（0~150 mm）、千分尺 0.01 mm/（25~50 mm）、万能角度尺 2′（0°~320°）、1:5 锥度量具
4	工、附具	樟丹粉

二、操作步骤

锥度量规涂色检验锥柄时，涂色应均匀涂在工件左右两侧，量规套在工件外锥上，手握量规转动，应注意左右两侧用力均匀。将量规转动不超过半周。

序号	操作步骤	操作简图
步骤1	涂色检验 将塞规沿母线对称抹两道显示剂，水平塞进圆锥孔内，使力量尽量集中在中心，正反旋转塞规不超过90°，拔出塞规进行显示剂擦去痕迹检查	
步骤2	内锥孔角度大 当塞规小头痕迹擦去较多时，如图 a 所示，或由于力量稍有歪斜，一边痕迹擦去较多时，如图 b 所示，这时表明内锥孔角度大了	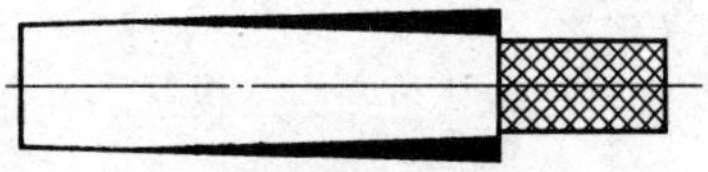 a) 塞规小头痕迹擦去较多 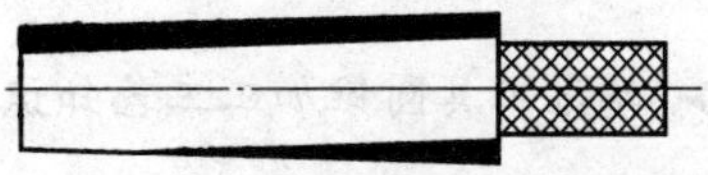 b) 一边痕迹擦去较多

续表

序号	操作步骤	操作简图
步骤3	内锥孔角度小 当塞规大头痕迹擦去较多时，如图 a 所示，或由于力量稍有歪斜，一边痕迹擦去较多时，如图 b 所示，这时表明内锥孔角度小了	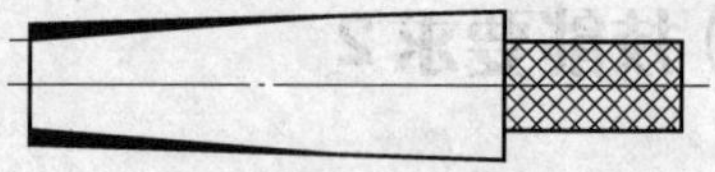 a)塞规大头痕迹擦去较多 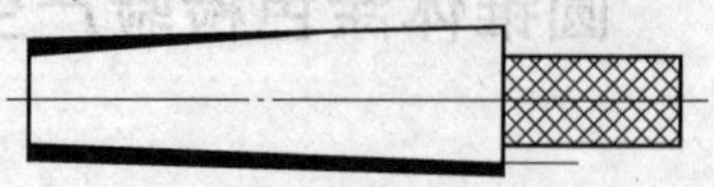 b)一边痕迹擦去较多
步骤4	双曲线误差 当塞规大、小头痕迹擦去较多，中间痕迹擦去较少时，这时表明自制的塞规锥面中间凹陷，有双曲线误差或内锥孔母线不直	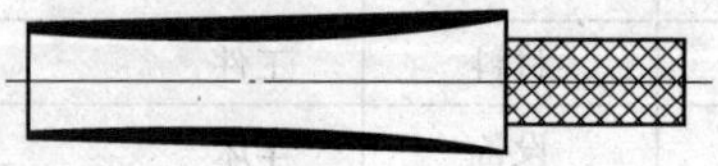
步骤5	双曲线误差 当塞规大、小头痕迹擦去较少，中间痕迹擦去较多时，这时表明内锥孔母线不直，中间有凸出面，表明内孔有双曲线误差	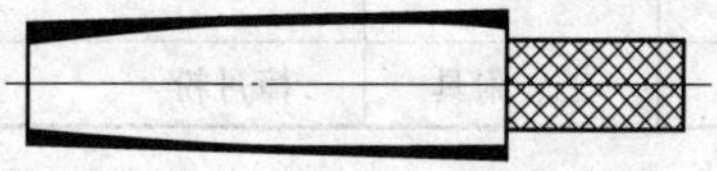

三、操作质量标准

锥面接触率指锥体与锥套的配合严密程度。是全接触还是接触一部分，用接触率来表示。一般接触率最低为65%，要求较高的接触率达到90%以上。较好的接触率可以实现许多设计要求。较低的接触率则实现不了更高的要求。

学习单元3　工具圆锥的加工

学习目标

➢ 学习工具圆锥加工工艺知识
➢ 掌握用转动小滑板法车削标准圆锥面
➢ 掌握用转动小滑板法车削标准圆锥并用涂色法检验圆锥面

 知识要求

一、工具圆锥工件概述

工具圆锥尺寸用于工具在机床上静配合的精确定位,利用摩擦力的原理,可以传递一定的转矩,又因为是锥度配合,所以可方便地拆卸。在同一锥度的一定范围内,工件可以自由地拆装,同时在工作时又不会影响到使用效果。

一般常用的工具圆锥有公制圆锥和莫氏圆锥两种。用于检验工具圆锥的量规称为圆锥量规。公制圆锥量规有 4、6、80、100、120、140、160 和 200 共 8 个规格,规格号数即是它大端直径 D 的毫米数,例如,公制 4 号圆锥量规的大端直径 D 为 4 mm。莫氏锥度量规有 0、1、2、3、4、5、6 共 7 种规格,0 号规格尺寸最小,6 号规格尺寸最大。

圆锥量规根据圆锥量规的公差分为高精度和普通精度两种。高精度的圆锥量规用于检验机床、精密仪器等的主轴及孔的锥度,普通精度的圆锥量规用于检验工具圆锥轴及圆锥孔的准确性。

圆锥量规的用途是用于检验符合工具圆锥尺寸的内外锥体工件的锥度及尺寸偏差。检验内锥体的为锥度塞规,检验外锥体的为套规。一般量规都是成对使用,可分为通规和止规。通规的作用是防止工件尺寸超出最大实体尺寸,止规的作用是防止工件尺寸超出最小实体尺寸。检验时,如果通规能通过工件,而止规不能通过,则认为工件是合格的。

工具圆锥尺寸国家都有标准限定。图4—18为螺纹攻、套工具尾柄。

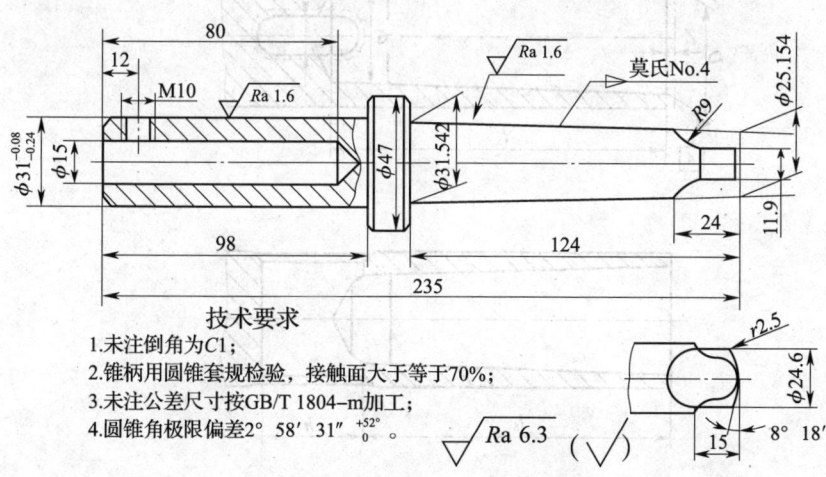

图4—18 螺纹攻、套工具尾柄

工具的尾柄为莫氏4号锥柄,锥度2°58′31″,锥柄大端直径 Φ31.54 mm,这是在工具中经常用到的。在前部为套筒,外圆与活动套筒配合,内孔为工艺性设置,目的是减轻重量,有钻孔,此工具尾柄塞在尾座套筒中进行使用。

二、带扁尾的莫氏圆锥及米制圆锥柄自锁尺寸和公差

圆锥柄形状如图4—19外圆锥体及图4—20内圆锥孔所示,尺寸见附录表7及附录表8。

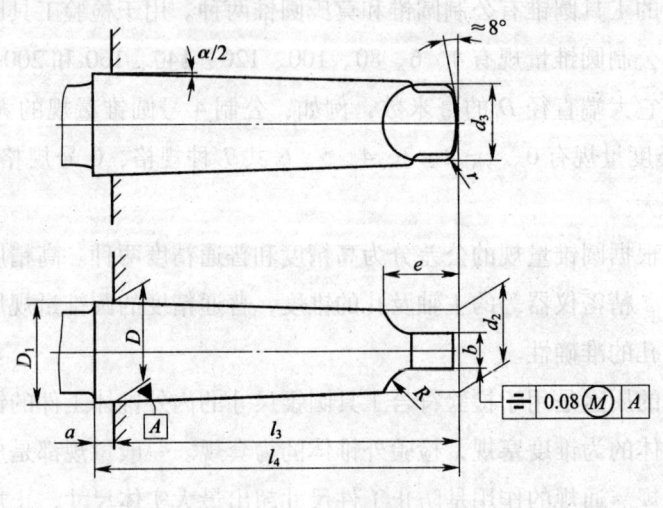

图4—19 外圆锥体

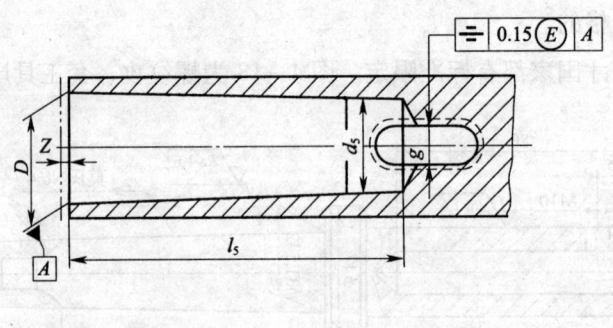

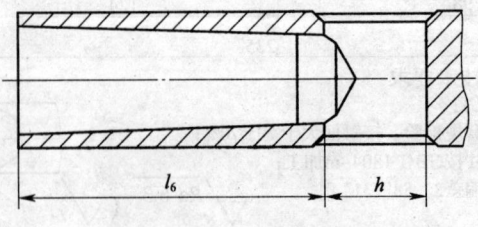

图4—20 内圆锥孔

技能要求

螺纹攻、套工具尾柄

一、操作准备

序号	名称		准备事项
1	材料		45 钢，ϕ50 mm×240 mm
2	设备		CA6140 车床三、四爪卡盘及卡盘扳手
3	工艺装备	刃具	90°外圆车刀、45°弯头车刀、ϕ15 mm 麻花钻、内孔精车刀、中心钻 A2/4.25 mm
		量具	游标卡尺 0.02 mm/（0~150 mm）、千分尺 0.01 mm/（25~50 mm）、钢直尺、万能角度尺 2′（0°~320°）、莫氏 4 号锥度量器
		工、附具	樟丹粉以及活扳手、旋具等常用工具

二、操作步骤

序号	操作步骤	操作简图
步骤1	夹工件，探出长度大于 120 mm 1）车端面 2）钻孔 ϕ15 mm 3）粗、精车外径 ϕ31 mm 4）粗、精车外径 ϕ47 mm 5）ϕ31 mm 处倒角 C1 mm 6）ϕ47 mm 处倒角 C1 mm	
步骤2	掉头夹 ϕ31 部位（注意找正，与锥柄同心） 1）车端面，控制长 235 mm 2）粗车锥面直径 ϕ33 mm、长度 123 mm 3）进行试切，摇小滑板车锥度（斜角 1°29′15″），用 No.4 锥度量规测量，接触率不小于 70%，注意大、小端头尺寸 4）外径 ϕ47 mm 倒角	

续表

序号	操作步骤	操作简图
步骤2	5）车锥尾 ϕ24.6 mm×15 mm 6）倒端面角度 8°18′ 7）用圆弧 R 刀车 R2.5 mm	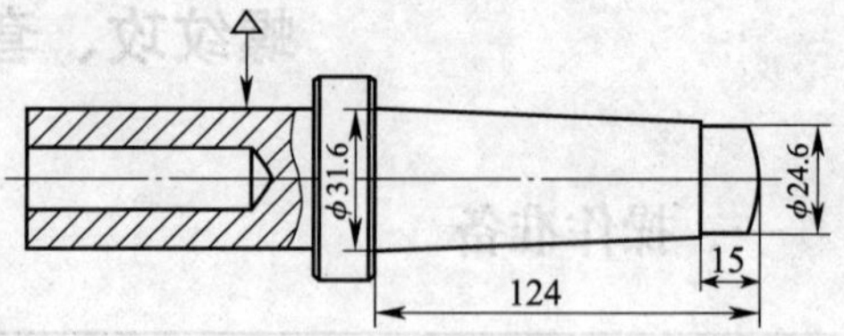

三、注意事项

1. 螺纹攻、套工具尾柄的角度为英制莫氏4号锥度，按照配合的尺寸，大端尺寸应按 ϕ31.6 mm，这是有效直径尺寸，如果大端尺寸车至 D 为 31.267 mm，工具尾柄将不能露出尾座套筒端面，这是配合直径小的缘故，因此尾端大端直径应保证车至 ϕ31.6 mm 的 D_1 尺寸。

2. 莫氏4号锥柄需用锥度套规进行检验，接触率要不小于70%，否则影响攻、套螺纹时的自锁性能。

四、操作质量标准

操作质量标准应按图4—18所示螺纹攻、套工具尾柄工件需要达到的标准要求。

1. 锥面接触面

锥面莫氏锥度 No.4，接触面不小于70%，因为螺纹攻、套工具尾柄的受扭转力较大，最好达到90%为最佳的效果。$Ra \leq 1.6$ μm 值必须予以保证。锥面大头尺寸 $D_1\phi$31.6 mm 的尺寸，考虑使用的效果，未注公差取正值。

2. 圆柱面尺寸控制

圆柱面 $\phi 31_{-0.24}^{-0.08}$ mm 的尺寸 $Ra \leq 1.6$ μm 是为了滑动要求，因此应严格按其公差要求加工。

3. 其他尺寸控制

其他尺寸可按正常的未注公差加工。

学习单元4 偏移尾座法车削锥体工件

学习目标

- ➢ 掌握偏移尾座法车削锥体工件的方法
- ➢ 掌握偏移尾座法车削锥体工件时的偏移量计算
- ➢ 掌握车削圆锥面时产生质量问题的原因及解决办法
- ➢ 掌握偏移尾座车削外圆锥体的优缺点

知识要求

一、识读莫氏锥体工件

用偏移尾座法车削锥体工件，用在批量较大而且角度较小的场合，为了保证批量零件的角度值，偏移尾座时，要进行计算、检验，保证首件合格。如图4—21所示为钻夹头尾柄。

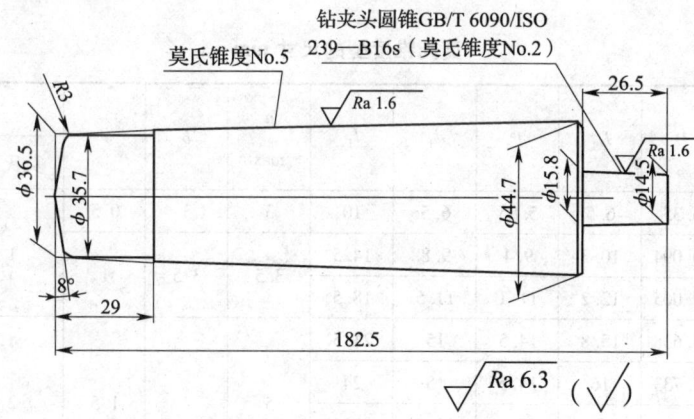

图4—21 钻夹头尾柄

图示为钻夹头的配套锥尾体，左侧锥体与尾座锥孔配合，右侧锥体与钻夹头锥孔配合。两侧锥体要求同轴度。莫氏锥度No.5，接触面不小于70%。莫氏锥度No.2，接触面不小于80%。锥面粗糙度，$Ra \leqslant 1.6$ μm，锥度大端尺寸 $\Phi 44.7$ mm。

及 $\phi15.8$ mm，倒角 $8°$。

二、钻夹头圆锥

莫氏锥度又分为长锥和短锥，长锥多用于主动机床的主轴孔，短锥用于机床附件和机床连接孔，钻夹头与锥柄的连接圆锥属于短圆锥，莫氏短锥有 B6、B10、B12、B16、B18、B22、B24 等型号，它们是根据莫氏长锥 1、2、3 号缩短而来，一般机床附件根据大小和所需传动转矩选择使用的短锥，如常用的钻夹头直径为 1~13 mm 通常都是采用 B16 的短锥孔。

1. 莫氏锥度型的形式和尺寸

莫氏锥度型的形式和尺寸（见图 4—22 和表 4—2）。

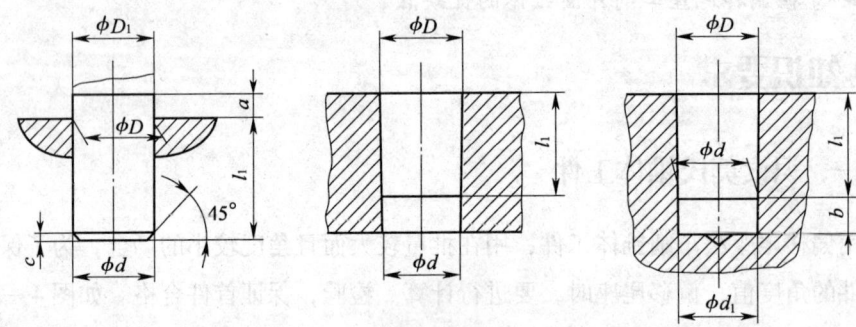

图 4—22 莫氏锥度型的形式和尺寸

表 4—2 莫氏锥度型的尺寸 mm

莫氏圆锥代号	D	D_1^a	d^a	d_1	l_1	a max	b	c	锥度 莫氏号	锥度值
B6	6.35	6.5	5.85	6.5	10	3	3	0.5	1	0.05
B10	10.094	10.3	9.4	9.8	14.5	3.5	3.5	1	1	0.049 88
B12	12.065	12.2	11.1	11.5	18.5	3.5	3.5	1		
B16s[b]	15.608	15.8	14.5	15	21.5	5	4	1.5	2	0.049 95
B16	15.733	16	14.5	15	24	5	4	1.5	2	
B18s[b]	17.431	17.6	16.2	16.8	25	5	4	1.5		
B18	17.78	18	16.2	16.8	32	5	4	1.5		
B22	21.793	22	19.8	20.5	40.5	5	4.5	2	3	0.050 2
B24	23.825	24.1	21.3	22	50.7	5	4.5	2		

a 供参考的计算值，其有效值是由锥度、直径 D 和长度 a 和 l_1 之间相应的换算得到的
b 短莫氏圆锥

2. 命名

钻夹头圆锥的命名应包含以下内容：

（1）名称：钻夹头圆锥。

（2）标准编号：GB/T 6090/ISO 239。

【例4—8】 B16短莫氏锥度型钻夹头圆锥，命名如下：钻夹头圆锥 GB/T 6090/ISO 239 – B16s。

【例4—9】 B16莫氏锥度型钻夹头圆锥，命名如下：钻夹头圆锥 GB/T 6090/ISO 239 – B16。

三、偏移尾座法车削锥体工件

偏移尾座法车削锥体工件是指工件被双顶尖顶在中间，然后将尾座横向移动一定距离，带动尾座顶尖偏移主轴中心线 S，形成三角形的短边，使工件的中心线与主轴中心线夹一个工件斜角并使工件的中心线形成三角形的斜边，这个斜边就是切削工件的纵向机动进给的方向，这样就可以机动进给车削锥度工件了。

当将偏移尾座法用在车削批量较大而且角度较小的锥体工件场合，为了保证批量零件的角度值，偏移尾座时，要进行计算、检验，保证首件合格。

在两顶尖之间车削圆柱体时，床鞍进给是平行于主轴轴线移动的，若尾座横向移动一个距离 S 后，如图4—23所示，则工件旋转轴线与纵向进给相交成一个角度 $\alpha/2$，因此，工件距操作者一侧的外圆母线就形成了直面。采用偏移尾座的方法车削外圆锥时，必须注意尾座的偏移量不仅和圆锥部分的长度 L 有关，而且还和两顶尖之间的距离有关，这段距离一般可以近似看作工件总长 L_0。

1. 尾座偏移量的计算

（1）尾座偏移量可根据下列公式计算，即 $S = \dfrac{D-d}{2L}L_0$ 或 $S = \dfrac{C}{2}L_0$

式中　S——尾座偏移量（mm）；

　　　D——大端直径（mm）；

　　　d——小端直径（mm）；

　　　L——工件圆锥部分长（mm）；

　　　L_0——工件的总长（mm）。

（2）证明：在三角形 ABC 中，$BC = AC\sin\dfrac{\alpha}{2}$，$AC = L_0$，$BC = S$，$S = L_0\sin\dfrac{\alpha}{2}$，当 α 小于 $8°$ 时，$\sin\dfrac{\alpha}{2} \approx \text{tg}\dfrac{\alpha}{2}$，$S = L_0 \text{tg}\dfrac{\alpha}{2} = \dfrac{D-d}{2L}L_0 = \dfrac{C}{2}L_0$。

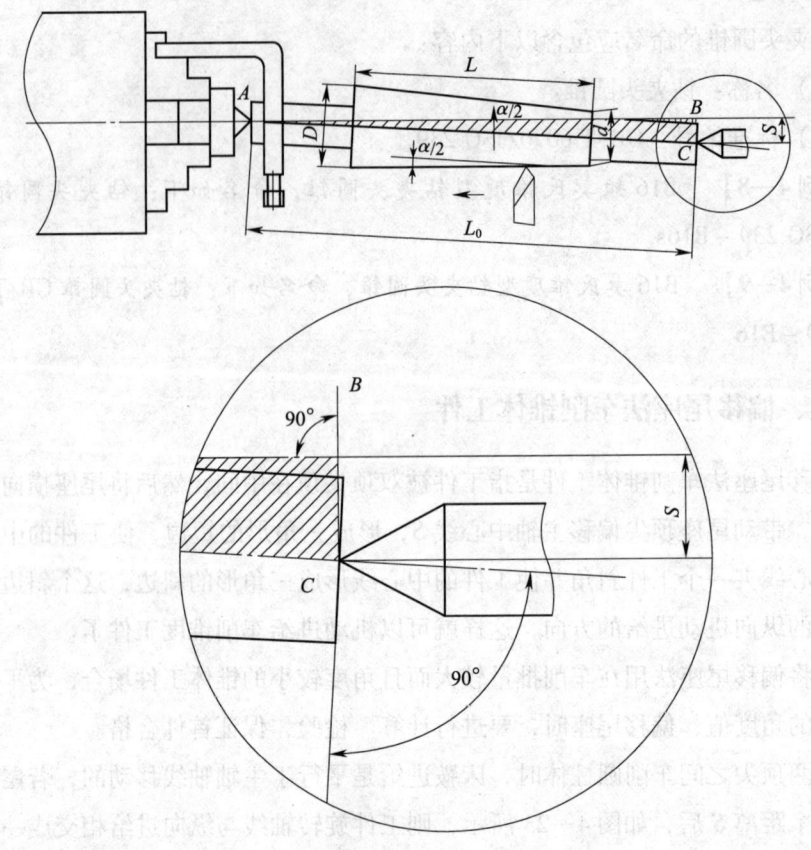

图4—23 偏移尾座车削圆锥体的方法

2. 测量尾座偏移量的方法

测量尾座偏移量常用的方法是，用百分表触头与主轴线等高后，触及在尾座套筒侧母线上，如图4—24所示，然后偏移尾座（参考尾座后端刻线），当百分表指示值到达 S 后，就把尾座固定。经试切后进行微调整，最后固定尾座再进行批量生产。

经测量尾座端直径尺寸比床头端大，这时将尾座向操作者方向调整一定的距离。用两顶尖安装光滑轴，车出工件的尺寸在全长上有0.1锥度，在调整尾座时，应将尾座按正确方向移动0.05 mm，可达到要求。

3. 偏移尾座法车削外圆锥体的优缺点

偏移尾座法车削外圆锥体的优点包括：

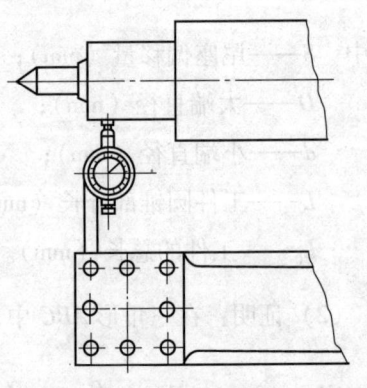

图4—24 用百分表测量偏移尾座数值

任何卧式车床都可以使用；由于自动进给车锥面，表面粗糙度得以保证；能车较长的圆锥体。

偏移尾座法车削外圆锥体的缺点包括：因为中心孔在顶尖歪斜支顶下，接触不良，中心孔及顶尖都易于磨损；受尾座偏移量的限制，不能车锥度较大的工件。

技能要求 1

计算和调整尾座偏移

一、操作准备

序号	名称		准备事项
1	材料		45 钢，$\Phi50$ mm×188 mm
2	设备		CA6140 车床三、四爪卡盘及卡盘扳手
3	工艺装备	刃具	90°外圆车刀
		量具	万能角度尺 2′（0°~320°），莫氏 2、5 号锥度量器，磁性百分表 0.01 mm（0~5 mm）
		工、附具	顶尖、验棒、活扳手、旋具、鸡心夹头、内六角扳手等常用工具

二、操作步骤

序号	操作步骤	操作简图
步骤1	偏移量计算 $S = L_0 \sin \dfrac{\alpha}{2}$ 已知：$L_0 = 182.5$ mm，$\dfrac{\alpha}{2} = 1°30′27″$ 解：$S = L_0 \sin \dfrac{\alpha}{2} = 182.5 \times \sin 1°30′27″$ $= 4.78$（mm）	

续表

序号	操作步骤	操作简图
步骤2	尾座向前偏移的调整技术 1）将百分表触头与主轴线等高并触及在尾座套筒侧母线上，将尾座不锁紧 2）松开螺钉3 3）拧紧螺钉1，带动螺母2前移，上尾座体4相对尾座底板5产生移动，实现尾座向前偏移 4）调整好后，紧固螺钉1和3 5）紧固尾座进行两顶尖支撑试车 6）进行微调，用圆锥量规进行检测	1，3—螺钉 2—螺母 4—尾座体 5—尾座底板

技能要求 2

偏移尾座法车削钻夹头长、短锥柄

一、操作准备

序号	名称		准备事项
1	材料		45 钢，$\phi 50$ mm×188 mm
2	设备		CA6140 车床三、四爪卡盘及卡盘扳手
3	工艺装备	刃具	90°外圆车刀、45°弯头车刀、中心钻 A2/4.25 mm、R3 圆弧刀
		量具	游标卡尺 0.02 mm/（0～150 mm），千分尺 0.01 mm/（0～25 mm、25～50 mm），钢直尺，万能角度尺 2′（0°～320°），莫氏 2、5 号锥度量器，磁性百分表 0.01 mm（0～5 mm）
		工、附具	顶尖、樟丹粉以及活动扳手、旋具、鸡心夹头、内六角扳手等常用工具

二、操作步骤

序号	操作步骤	操作简图
步骤1	装夹一端毛坯外圆 1）用45°弯头车刀车平端面 2）钻中心孔 3）顶上顶尖 4）用90°外圆偏车刀车削外圆至 Φ46 mm，长至157 mm	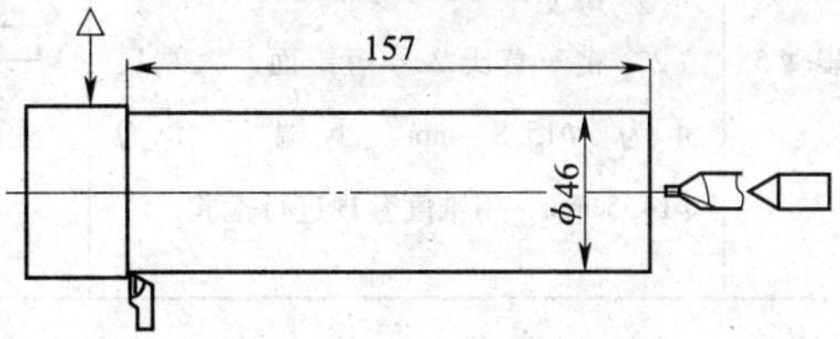
步骤2	工件调头装夹 Φ46 mm 外圆 1）用45°弯头车刀车平端面，长度保证182.5 mm 2）钻中心孔 3）用90°外圆偏车刀车削外圆至 Φ16 mm，长至26.5 mm	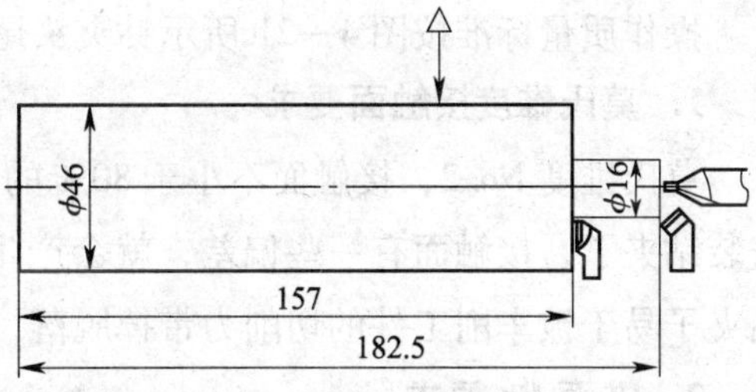
步骤3	工件偏移尾座装夹和车削 1）两顶尖装夹，工件偏移尾座车削，按照莫氏5号锥度的一半（斜度）计算尾座偏移量，进行试切削 2）粗车削外圆锥度，留量0.5 mm 3）精车削外圆锥度，用锥度套规进行检验，接触率不小于70%，大端尺寸 Φ（44.7±0.15）mm	
步骤4	工件两顶尖间车削锥体以外的部分 1）车削尾部直径 Φ35.7 mm，长度29 mm 2）用90°外圆偏车刀，刀架偏移8°，或用8°成形刀车削8°锥面 3）用成形圆弧刀车削 R3 mm	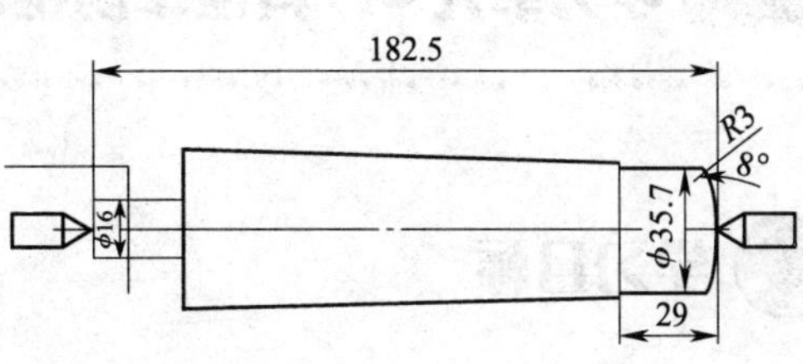

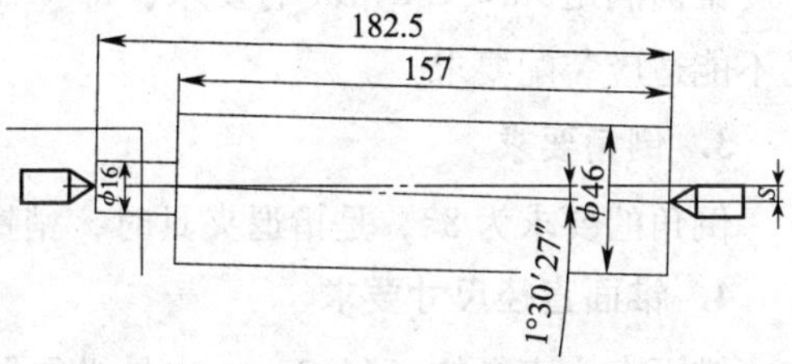

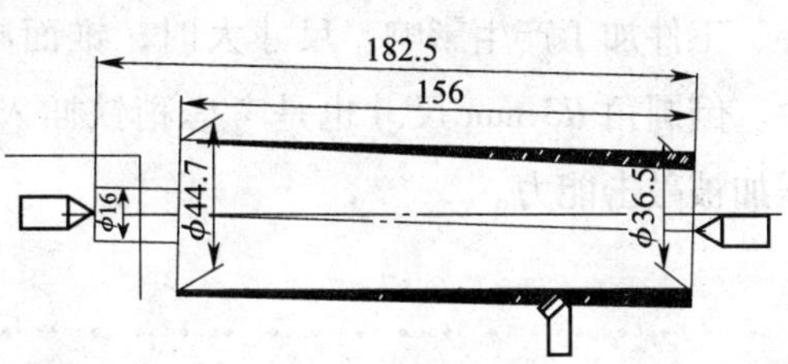

续表

序号	操作步骤	操作简图
步骤5	工件调头两顶尖装夹 1）粗车莫氏2号短锥面 2）精车莫氏2号短锥面，大端尺寸为 $\Phi15.8$ mm，小端尺寸为 $\Phi14.5$ mm，用锥度套规进行检验	

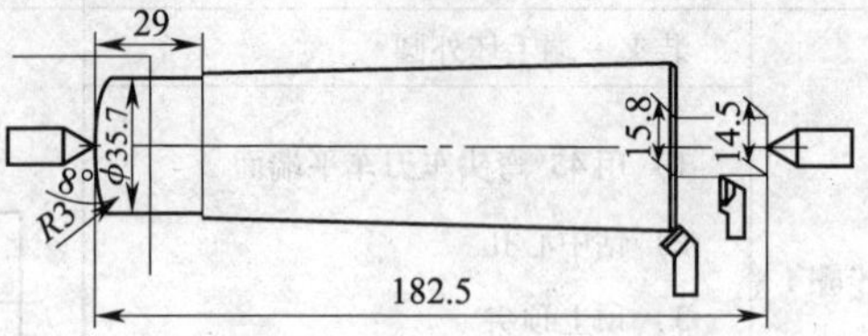

三、操作质量标准

操作质量标准按图4—21所示钻夹头尾柄工件需要达到的标准要求。

1. 莫氏锥度接触面要求

莫氏锥度No.2，接触面不小于80%的要求，是针对较短的长度而言的，此处安装钻夹子，接触面有一些偏差，就会产生明显的钻夹子晃动，或由于接触面短，钻夹子易于被车削工件的切削力带掉脱落，因此要求接触率较高。

2. 锥面 Ra 要求

锥面满足 $Ra \leqslant 1.6$ μm 的要求，即 1.6 μm 为最大值，再大于或等于此值时，已不能适应装配要求。

3. 倒角要求

倒角的要求为8°，是指退夹具时，稍铁插入8°时，能够顺利退下夹具。

4. 锥面直径尺寸要求

锥面大头直径的 $\Phi44.7$ mm 也是必须保证的尺寸，尺寸或大或小都会对夹具安装、工件加工产生影响。尺寸大时，锥面减短，尺寸小时，会使插入稍铁空隙减少。倒圆角 $R3$ mm 尺寸也是考虑稍铁插入工件后，防止受力敲击才出现的圆角，增加被敲击能力。

 其他车削锥体工件的方法

学习目标

➤ 掌握靠模装置车削锥体工件的方法

➢ 掌握宽刃刀法车削锥体工件的方法

知识要求

一、靠模装置车削锥体

1. 中滑板靠模车削锥体原理

如图 4—25 所示，在车床的床身后面装一块固定靠模板 1，其斜角可以根据工件的圆锥半角调整。刀架 3 通过中滑板与滑块 2 刚性连接，当床鞍纵向进给时，滑块 2 沿着固定模板中间的斜面移动，并带动车刀作平行于靠模板斜面的移动。

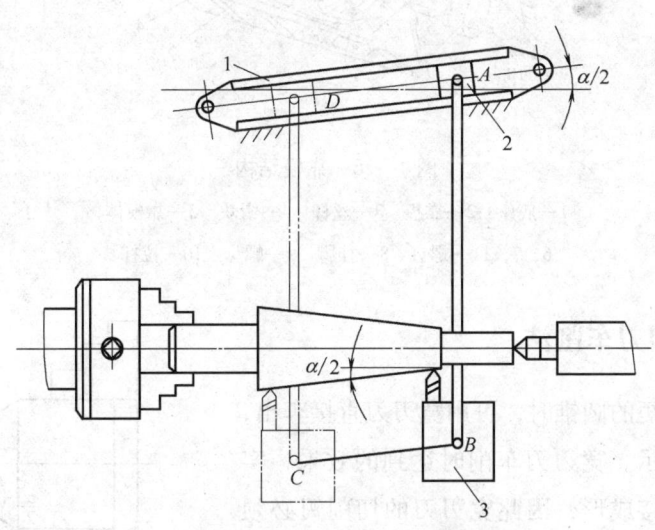

图 4—25　靠模车圆锥的原理

1—靠模板　2—滑块　3—刀架

2. 靠模板结构

靠模板的结构如图 4—26 所示。底座 1 固定在车床床鞍上，它下面的燕尾导轨和靠模体 5 上的燕尾槽滑动配合。靠模体 5 上装有锥度靠板 2，它可绕着中心进行旋转到与工件轴线相交成所需的斜角（圆锥半角）。两只螺钉 7 用来固定锥度靠板。滑块 4 与中滑板丝杆 3 连接，可以沿着锥度靠板 2 自由滑动。当需要车削圆锥时，用两只螺钉 11 通过挂脚 8、调节螺母 9 及拉杆 10 把靠模体 5 固定在车床床身上。螺钉 6 用来调节靠模板斜度。当床鞍作纵向移动时，滑块就沿着靠模板斜面滑动。由于丝杆和中滑板上的螺母是连接的，这样床鞍纵向进给时，中滑板就沿着靠模斜面作横向进给。车刀就合成斜进给车削锥体运动。当不需要使用靠模时，只要

把固定在床身上的两只螺钉 11 放松，床鞍就带动整个附件一起移动，使靠模失去作用。

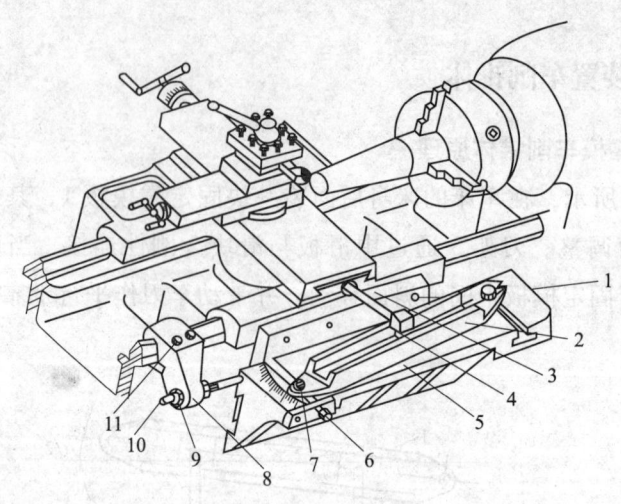

图 4—26　靠模结构

1—底座　2—靠板　3—丝杆　4—滑块　5—靠模体
6，7，11—螺钉　8—挂脚　9—螺母　10—拉杆

二、宽刃刀车削法

在车削较短的圆锥时，可用宽刃刀直接车出，如图 4—27 所示。宽刃刀车削时达到的效果，实质上是属于直接成形，因此宽刃刀的切削刃必须平直。使用宽刃刀车圆锥时，车床应具有较好的刚度，否则极容易引起振动。当工件的圆锥斜面较长时，也可以通过多次接刀完成锥面的加工。

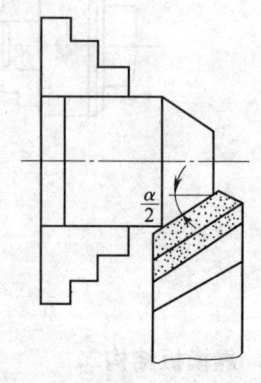

图 4—27　用宽刃刀车削圆锥体

 技能要求 1

锥柄铰刀柄部锥体加工

如图 4—28 所示为锥柄铰刀，锥柄为莫氏锥度式。

第4章 圆锥面加工

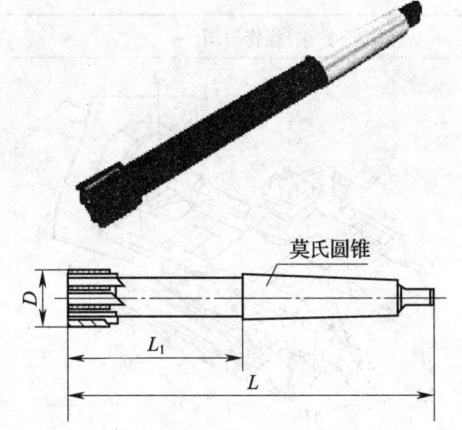

齿数Z	莫氏圆锥	尺寸		
		D	L	L_1
4	M1	12~15	182	116
6	M2	16~22	210	131
	M3	23~31	268	170
8	M4	32~44	317	194
		45~50	330	210

图4—28 锥柄铰刀

一、操作准备

序号	名称		准备事项
1	材料		45钢,ϕ50 mm×188 mm
2	设备		CA6140车床三爪卡盘及卡盘扳手
3	工艺装备	刃具	90°外圆车刀
		量具	万能角度尺2′（0°~320°），莫氏1、2、3、4号锥度量器，磁性百分表0.01 mm（0~5 mm）
		工、附具	顶尖，活扳手、旋具等常用工具

二、操作步骤

安装中滑板靠模结构，换上靠模结构的中滑板丝杆，仿形加工锥体。首先要校正尾座轴线对主轴轴线的同轴度，然后才能校正靠模板应该扳的斜度。

序号	操作步骤	操作简图
步骤1	确定长度，钻定位孔 1）车平两端面 2）一端用中心钻钻孔	

续表

序号	操作步骤	操作简图
步骤2	"一夹一顶"装夹工件,靠模加工锥柄 1)探出工件长度,夹刃头部 2)尾座顶尖顶上 3)调整好要求的莫氏角度 4)定好中滑板刻度 5)车削莫氏锥度	1—工件 2—三爪卡盘 3—底座 4—靠板 5—丝杆 6—滑块 7—靠模体 8,9—螺钉 10—挂脚 11—螺母 12—拉杆 13—螺钉 14—尾座
步骤3	利用主轴锥孔精度加工刃部 1)将工件定位在主轴锥孔中 2)车削刃部	

 技能要求2

按三爪卡盘及两顶尖安装成批加工锥体

一、操作准备

序号	名称		准备事项
1	材料		45钢,Φ50 mm×188 mm
2	设备		CA6140车床三爪卡盘及卡盘扳手
3	工艺装备	刃具	90°外圆车刀
		量具	万能角度尺2′(0°~320°)、莫氏1、2、3、4号锥度量器,磁性百分表0.01 mm(0~5 mm)
		工、附具	顶尖,验棒,活扳手、旋具、鸡心夹头、内六角扳手等常用工具

二、操作步骤

安装中滑板靠模结构，换上靠模结构的中滑板丝杆，仿形加工锥体。首先要校正尾座轴线对主轴轴线的同轴度，然后才能校正靠模板应该扳的斜度。

序号	操作步骤	操作简图
步骤1	确定长度，钻定位孔 1）车平两端面 2）两端用中心钻钻孔	
步骤2	加工主轴侧顶尖 1）在三爪卡盘夹上高速钢等材料硬料 2）扳转度盘角度为30° 3）车出60°固定顶尖	
步骤3	安装尾座顶尖准备 1）安装顶尖前，擦好锥孔 2）检查活动顶尖转动间隙	
步骤4	安装尾座顶尖 1）将顶尖装入锥孔中 2）将尾座套筒摇向固定顶尖，观察同轴度	
步骤5	在两顶尖之间装夹工件 1）用扳手上好鸡心夹 2）工件连带鸡心夹一同顶在两顶尖之间	

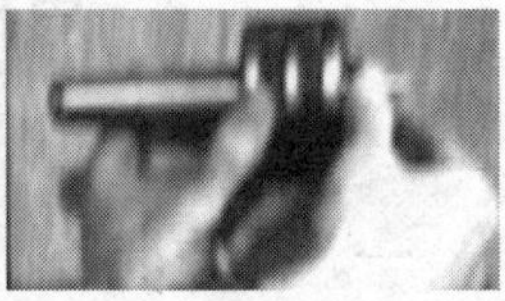

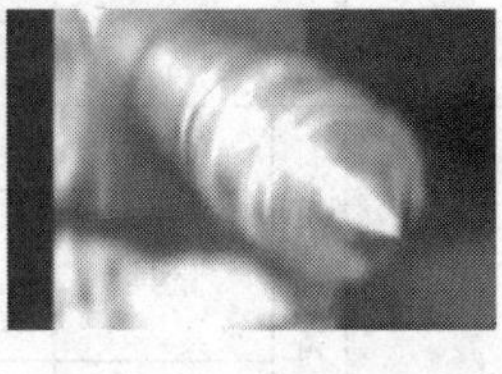

续表

序号	操作步骤	操作简图
步骤6	测量尾座轴线与主轴轴线同轴值 1）检查尾座端直径值 2）检查主轴端直径值 3）按照车出的锥度误差调整尾座的偏移量	
步骤7	按调整好的靠模板莫氏角度加工锥体	

技能要求3

用拨盘及两顶尖安装成批加工锥体

一、操作准备

序号	名称		准备事项
1	材料		45钢，$\phi 50$ mm × 188 mm
2	设备		CA6140车床拨盘
3	工艺装备	刃具	90°外圆车刀
		量具	万能角度尺 2′（0°~320°），莫氏1、2、3、4号锥度量器，磁性百分表 0.01 mm（0~5 mm）
		工、附具	前、后顶尖，验棒，活扳手，旋具，鸡心夹头，内六角扳手等常用工具

二、操作步骤

利用拨盘装夹主轴顶尖或卡盘装夹顶尖，两顶尖成批车削加工锥柄铰刀柄部的锥体，首先要校正尾座轴线对主轴轴线的同轴度，然后才能校正工件应该扳的斜度。

序号	操作步骤	操作简图
步骤1	在拨盘上装夹固定顶尖 1）上拨盘 2）选择合适固定顶尖 3）选择合适变径套 4）在主轴孔中送进固定顶尖	 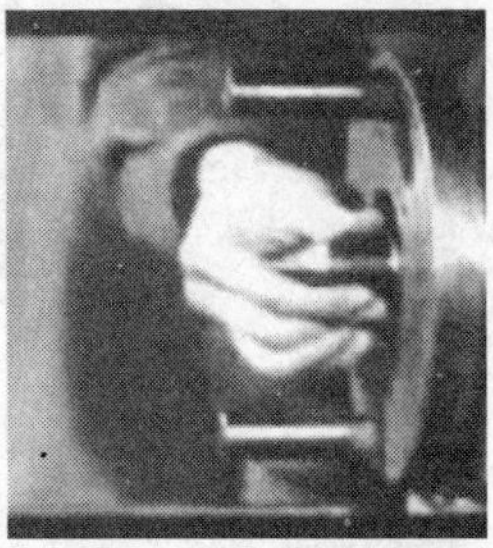
步骤2	在尾座中装夹固定顶尖 1）选择合适固定顶尖 2）选择合适变径套 3）在锥孔中送进固定顶尖	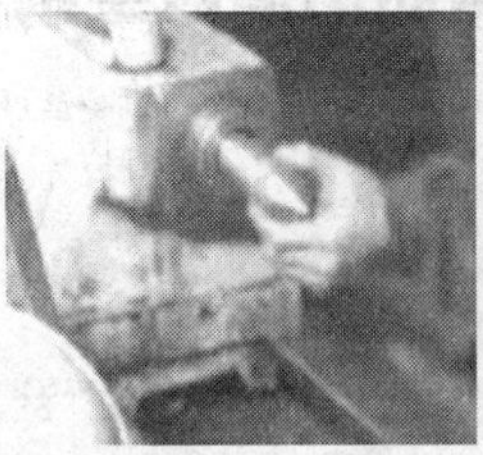 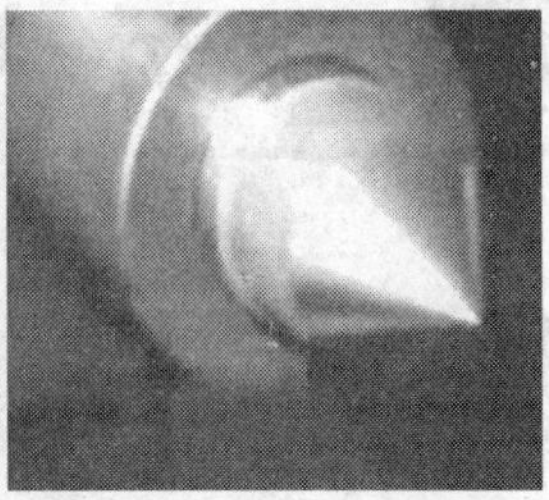
步骤3	固定鸡心夹，顶好工件 1）成批件一般在未安装在机床上时，用扳手卜好鸡心夹 2）工件连带鸡心夹一同顶在两顶尖之间	 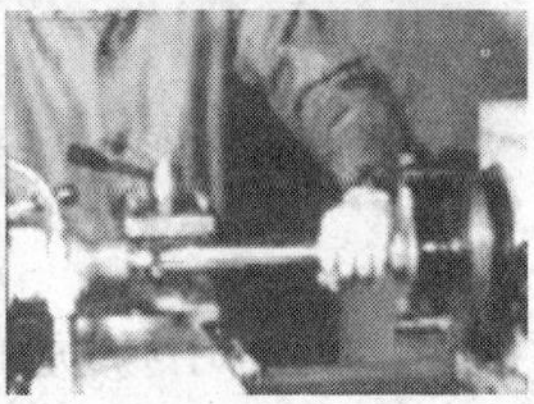
步骤4	车削工件 1）确定装夹工件的间隙 2）粗车工件 3）精车工件	 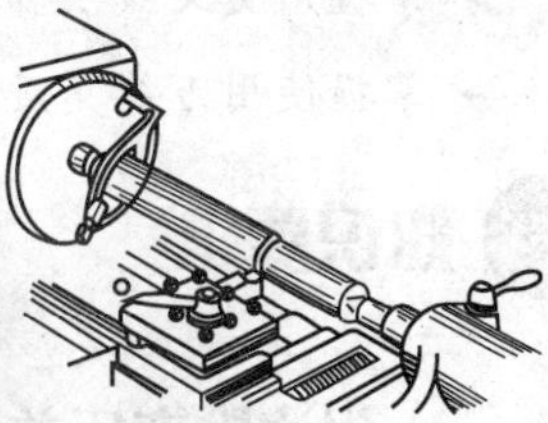
步骤5	车削工件注意事项 尾座端的固定顶尖与工件之间要留有间隙，间隙量中存有润滑油，防止摩擦发热，图示为发热烧黑，顶尖为非硬质合金材料时，势必要烧糊退火，尖部毁掉。因此用固定顶尖时，转速不是很高，尤其高速钢顶尖时，更是如此	
步骤6	按调整好的靠模板莫氏角度加工锥体	

第2节 零件结构性设计的任意圆锥角加工

 学习单元 转动小滑板车削任意圆锥角

 学习目标

➢ 掌握用转动小滑板的方法车削任意圆锥角,用万能角度尺、样板测量任意圆锥角

➢ 掌握用万能角度尺测量大角度锥度,并按计算扳转角度进行各种锥面的加工

➢ 掌握用几何角度的知识测定小滑板的旋转方向和角度的有关计算

➢ 掌握用交叉线法转动小滑板角度

➢ 掌握使用万能角度尺、样板测量圆锥面的知识

 知识要求

一、识读锥度压盖工件

零件结构性设计的任意圆锥角指根据零件使用要求的前提下,设计的角度不属于工具圆锥角度,而是属于国家标准规定的其他标准锥度或非标准锥度,主要考虑零件结构的工艺性。如图4—29所示的圆锥齿轮,它的节锥设计角度是72°46′48″,它的背锥角度应与节锥角度垂直,应换算和计算出小滑板车削时度盘应转动的角度。又如它的顶锥角度为75°6′3″,也应换算和计算出小滑板车削时度盘应转动的角度。因为车床度盘在此角度下不会有刻度值,即便有刻度,图纸的角度也可能并不是小滑板能够直接扳转的角度。

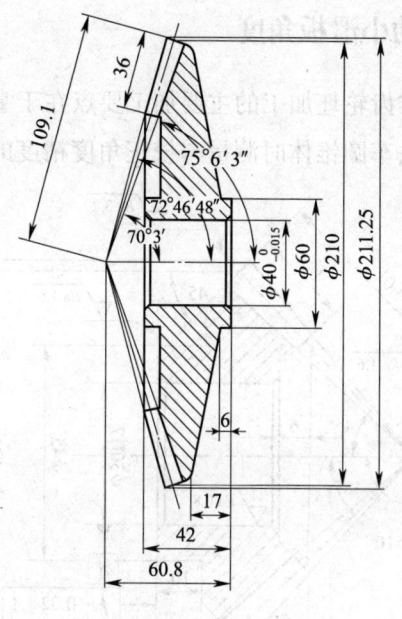

图 4—29 圆锥齿轮

又例如图 4—30 所示车锥齿轮内锥所示角度时的情况，如果目前图样标注为 40°角，车削时的角度应换算成 50°角进行车削。

车削锥度压盖，如图 4—31 所示。

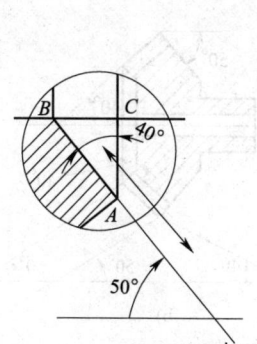

图 4—30 圆锥齿轮内角换算角度

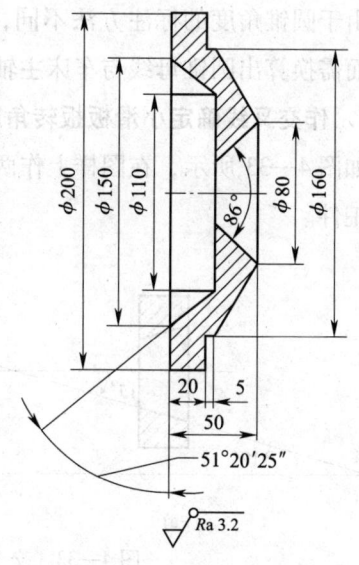

图 4—31 锥度压盖

图示锥度压盖上有三个角度锥面，左侧有一个内锥面，右侧有一个内锥面和一个外锥面。

二、交叉线法转动小滑板角度

如图 4—32 所示圆锥齿轮坯加工的主要加工要点在于掌握圆锥齿轮坯车加工工艺,提高用转动小滑板法车圆锥体时测量与校正角度精度的熟练程度。

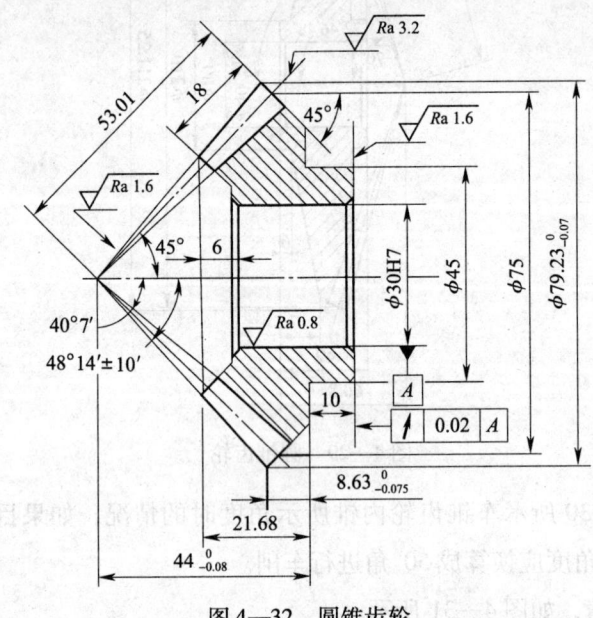

图 4—32 圆锥齿轮

由于圆锥角度的标注方法不同,不能直接按图样上所标注的角度去转动小滑板,而需换算出圆锥母线与车床主轴轴线的夹角 $\alpha/2$。

1. 作交叉线确定小滑板扳转角度

如图 4—33 所示,在图样上作两条直线,一条直线为主轴轴线平行线,一条直线为工件。

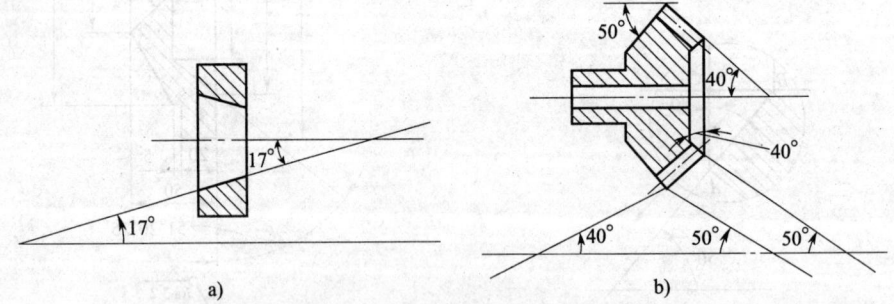

图 4—33 交叉线法测定角度和旋转方向
a) 内圆锥的倒锥　b) 内圆锥正锥 40°

锥表面母线的延长线,两条直线相交夹一锐角,即小滑板转动的角度,画角度弧线时的箭头由轴线平行线向母线延长线旋转,即形成小滑板转动方向。转动方向总是从轴线的平移线向上转动,转动角度小于90°,车内圆锥的正锥如图4—33b所示的内锥的40°,转动方向为顺时针转动,内圆锥的倒锥如图4—33a所示的转动方向为逆转,车外圆锥的正锥如4—33b所示的外锥40°,转动方向为逆转,而车外圆锥的倒锥50°时为顺转,即在一象限内旋转都为逆转,在三象限内旋转都为顺转。以上轴线水平位移与锥面母线延长线相交,可称为交叉线法,条件为设计夹角应是锥面与轴线夹角,如不是时,应换算成与轴线夹角,如图4—33b所示的内锥40°,它是锥面与端面的夹角,利用直角三角形互补角度原理,可知锥面与轴线夹角为50°。

2. 角度和锥度的检验

(1) 用万能角度尺测量圆锥齿轮坯工件的方法,如图4—34所示。

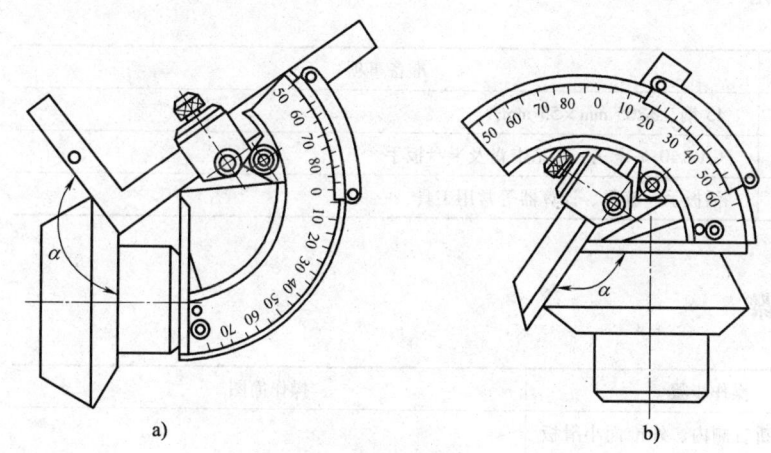

图4—34 万能角度尺测工件
a) 测量锥齿轮背锥 b) 测量锥齿轮顶锥

(2) 用样板测量圆锥齿轮坯的方法,如图4—35所示。

用钳工加工的半形和全形角度样板(或线切割加工)测量锥体角度。

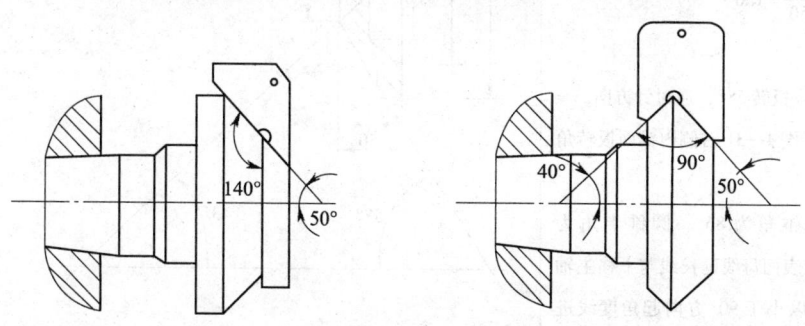

图4—35 样板测量圆锥齿轮坯

三、注意事项

1. 车刀的刀尖必须对准工件旋转中心，以避免产生双曲线（母线不直）误差。
2. 检验角度时，应与尺寸相互认证，才能确保角度的正确。

 **技能要求1**

交叉线法转动小滑板角度的计算

一、操作准备

序号	名称	准备事项
1	材料	45钢，$\phi 205$ mm $\times 55$ mm
2	设备	CA6140车床三、四爪卡盘及卡盘扳手
3	工、附具	活扳手、旋具、计算器等常用工具

二、操作步骤

序号	操作步骤	操作简图
步骤1	计算和判断右侧内、外锥面小滑板扳转角度 1）计算图右侧外锥面扳转角度 $$\tan\alpha = \frac{D-d}{2L} = \frac{160-80}{2 \times (50-20-5)}$$ $$= \frac{80}{50} = 1.6$$ $\alpha = 58°$ 小滑板应扳转58°，逆时针方向。 2）判断图4—31右侧内锥面扳转角度 已知内锥角为86°，圆锥半角为43°，沿锥表面母线延长线与下移主轴线相交，以小于90°方向起角度线进行扳转角度，为顺时针方向	（图示：$\phi 200$、$\phi 150$、$\phi 110$、$\phi 80$、$\phi 160$，86°，20、5、50，58°，43°）

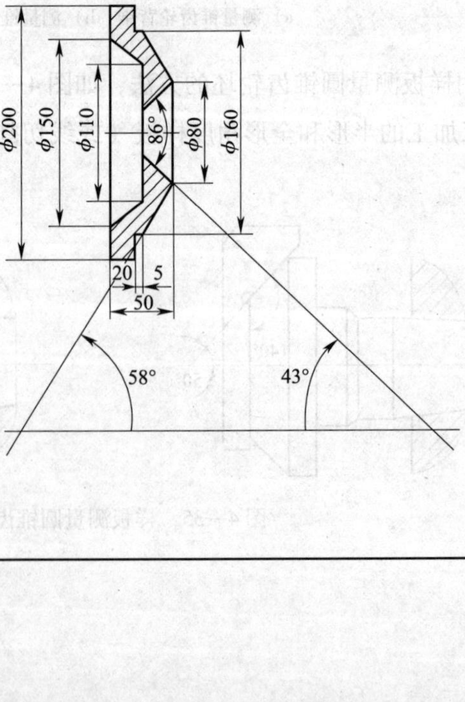

续表

序号	操作步骤	操作简图
步骤2	计算右侧内锥面扳转角度和车削深度 1) 计算图右侧内锥面扳转角度 图所示内锥面角度为51°20′25″，但此角度为锥表面母线与平面母线相交角度，交叉线法要求必须是锥表面母线延长线与下移主轴线相交，这里不符合交叉线法要求。图示为平面母线与主轴轴线相交为垂直线，这里需要将角度换算成锥表面母线延长线与下移主轴线相交的形式。在三角形 $\triangle ABC$ 中，$\angle ACB$ 为51°20′25″，那么 $\angle ABC$ 就为 38°39′35″，$\angle ACB$ 与 $\angle ABC$ 互为余角，两个角相加为90°。38°39′35″ 满足交叉线法要求，因此，小滑板扳转角度为38°39′35″，以小于90°方向起角度线进行扳转角度，为顺时针方向 2) 计算图右侧内锥面车削深度 L_{AB} 已知：AC 为 (150－110)/2 = 20 (mm) $\angle ACB$ 为 51°20′25″ $L_{AB} = \dfrac{150-110}{2\tan 38°39′35″}$ $= \dfrac{40}{2 \times 0.8} = 25$ (mm)	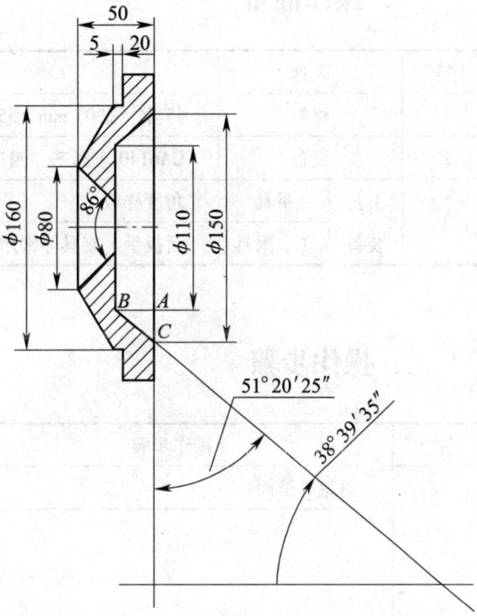
步骤3	计算中间孔直径 1) 计算厚度 $L_2 = 50$ mm $- 25$ mm $= 25$ mm 2) 计算大、小端直径差 已知轴线与锥面母线夹角为43°，即 $\angle EDF$ 为43°，如图所示 $L_{EF} = 25 \times \tan 43° = 23.313$ (mm) 3) 中间孔直径 $= \phi (80 - 2 L_{EF}) =$ $\phi (80 - 2 \times 23.313) = \phi 33.374$ (mm)	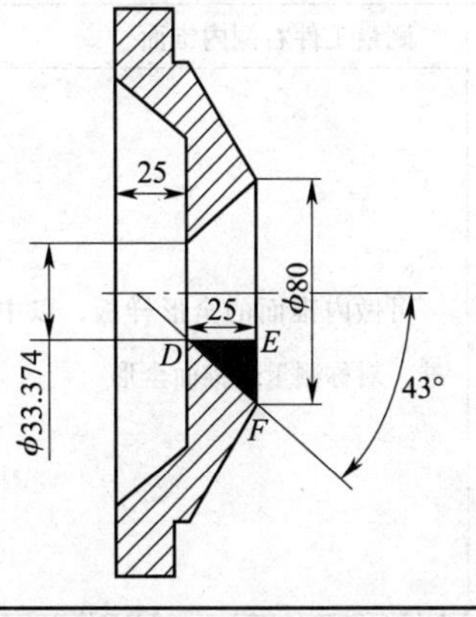

技能要求 2

用样板进行锥度测量

一、操作准备

序号	名称		准备事项
1	材料		45 钢，ϕ205 mm × 55 mm
2	设备		CA6140 车床三、四爪卡盘及卡盘扳手
3	工艺装备	量具	角度样板
		工、附具	活扳手、旋具等常用工具

二、操作步骤

序号	操作步骤	操作简图
步骤1	测量外锥面 可做外锥面的半形样板，以台阶平面为基准，测量外锥面	
步骤2	测量工件右侧内锥面 可做内锥面的全形样板，以中心轴线为基准，对称测量内锥面全形	

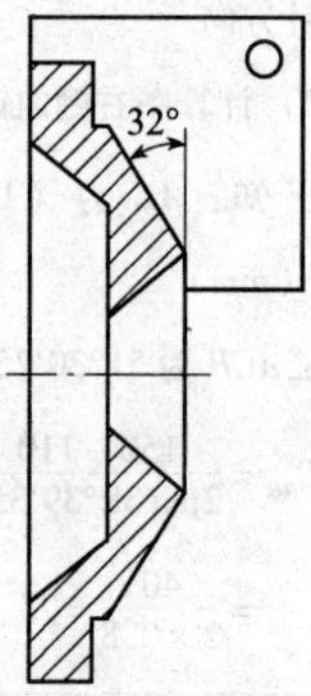

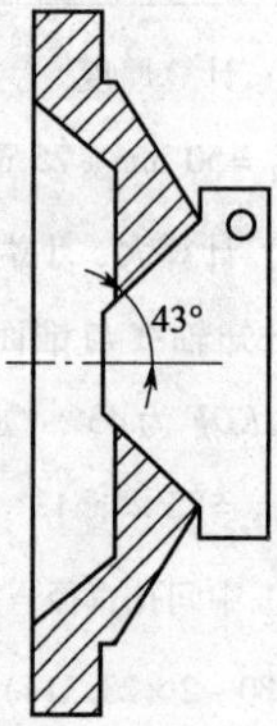

续表

序号	操作步骤	操作简图
步骤3	测量工件左侧内锥面 可做半形样板，以两端面为基准，对内锥面进行测量	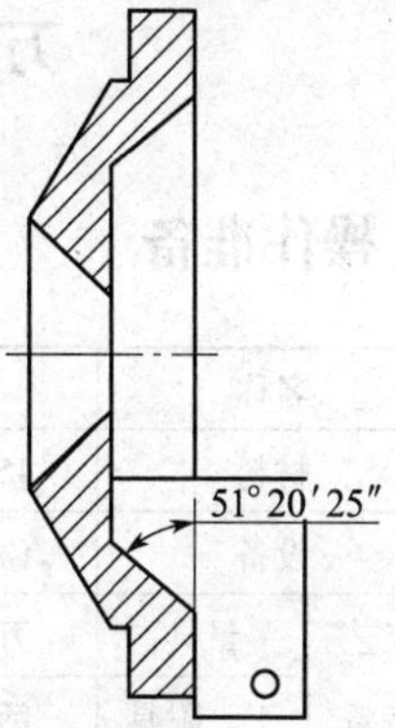 51°20′25″
步骤4	测量工件右侧全形角度和尺寸 做半形样板，对内、外锥面进行测量，以台阶端面为基准。不但测量了内、外角度的正确性，而且也测量了台阶直径尺寸至内锥面的尺寸	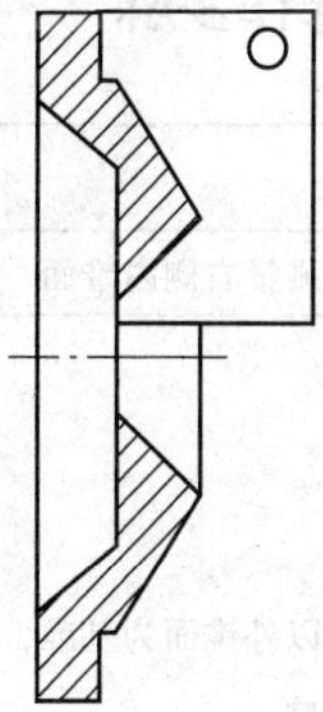
步骤5	测量左侧内锥面全形角度及尺寸 做全形样板，对右侧的内锥面进行测量，以端面为基准。不但测量了内锥面角度的正确性，而且也测量了内锥面的直径尺寸	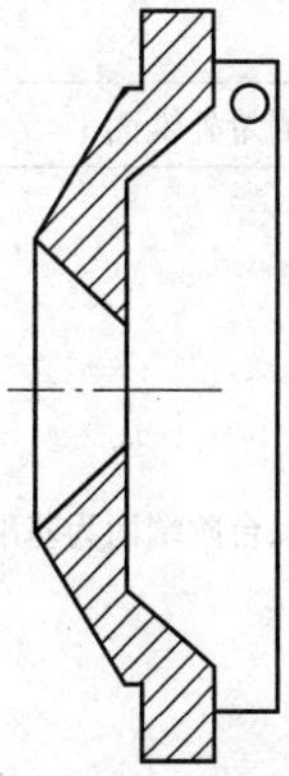

技能要求3

万能角度尺进行锥度测量

一、操作准备

序号	名称		准备事项
1	材料		45钢，φ205 mm×55 mm
2	设备		CA6140车床三、四爪卡盘及卡盘扳手
3	工艺装备	量具	万能角度尺2′（0°~320°）
		工、附具	活扳手、旋具等常用工具

二、操作步骤

序号	操作步骤	操作简图
步骤1	测量右侧内锥面 以外锥面为基准，用直尺及角尺旋转角度进行内锥面测量	
步骤2	测量外锥面 以台阶端面为基准，测量外锥面	

续表

序号	操作步骤	操作简图
步骤3	测量左侧内锥面 以端面为基准,测量内锥面	

技能要求4

加工锥度压盖

一、操作准备

序号	名称		准备事项
1	材料		45钢,ϕ205 mm×55 mm
2	设备		CA6140车床三、四爪卡盘及卡盘扳手
3	工艺装备	刀具	90°外圆车刀、45°弯头车刀、ϕ30 mm麻花钻、内孔精车刀
4		量具	游标卡尺0.02 mm/(0~200 mm)、钢直尺、万能角度尺2′(0°~320°)、角度样板
5		工、附具	活扳手、旋具等常用工具

二、操作步骤

序号	操作步骤	操作简图
步骤1	用反爪装夹毛坯外圆 1）车平端面 2）车外圆至 $\phi200$ mm，长至 25 mm	
	3）钻孔 $\phi30$ mm	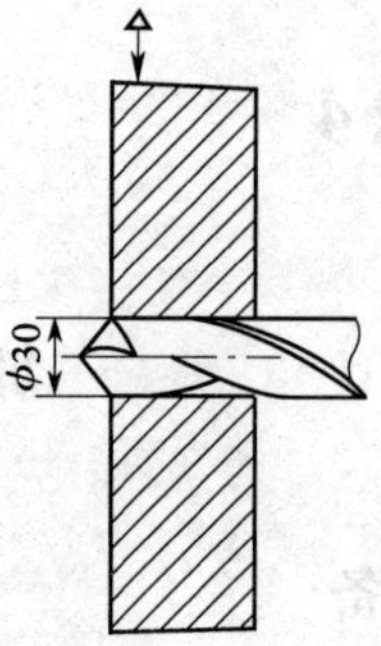
	4）钻孔 $\phi50$ mm 5）精车削端面至 54 mm 6）车锥面 $38°39'35''$，深度为 25 mm，大端直径为 $\phi150$ mm	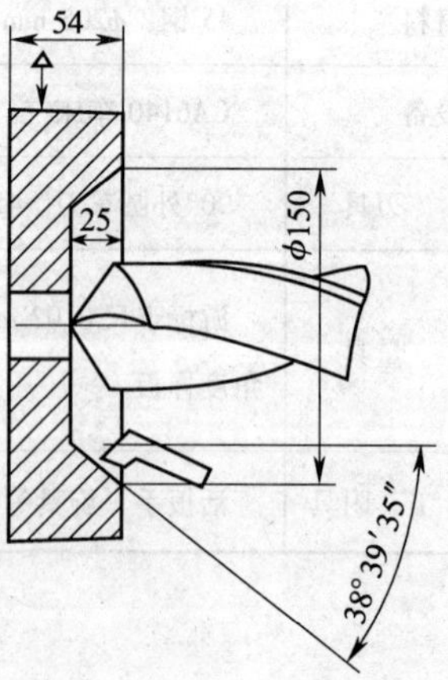

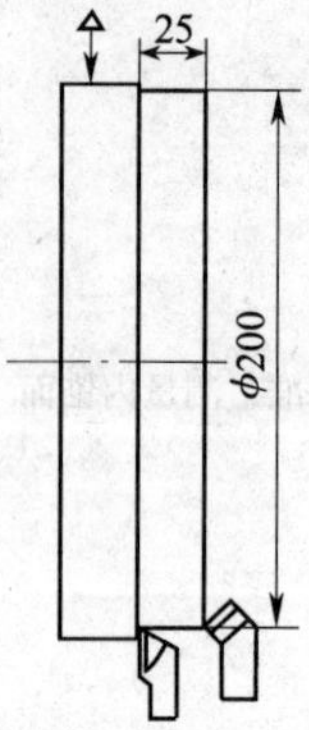

续表

序号	操作步骤	操作简图
步骤2	工件调头装夹 φ200 mm 1）车削端面至 50 mm 2）车削外圆 φ160 mm，长至 30 mm	
	3）转动小滑板 43° 车削内锥面	
	4）转动小滑板 58° 车削外锥面（58° 为技能要求 1 中，步骤 1 中，用交叉线法车削 32° 外锥面时的小滑板转动角度）	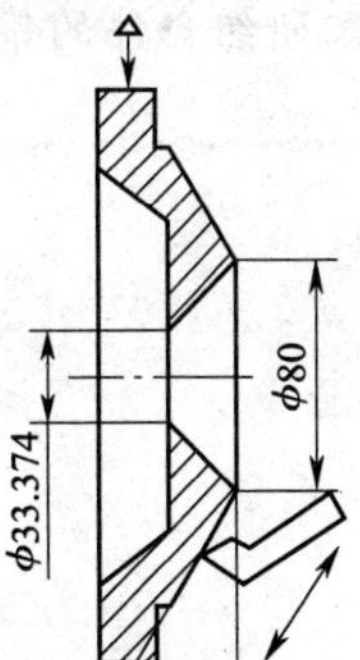

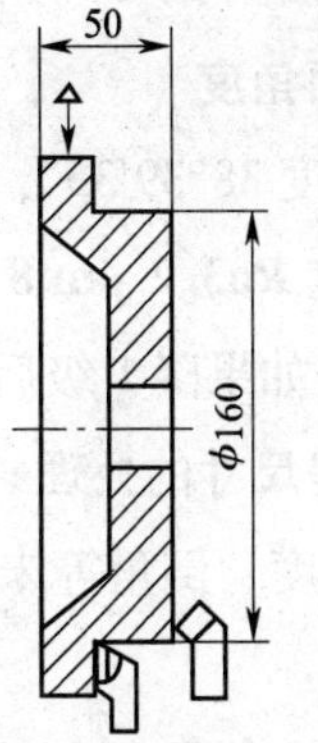

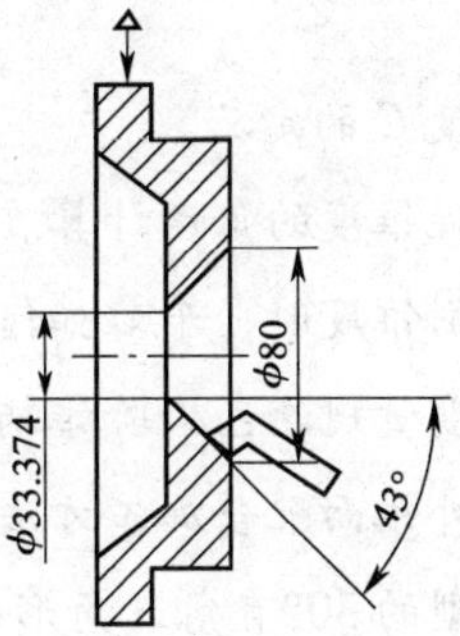

三、操作质量标准

操作质量标准按图4—31所示锥度压盖工件需要达到的标准要求。

1. 内、外锥面角度

内、外锥面角度38°39′35″、43°、58°的误差可选择±10′进行加工和检验。

2. 表面粗糙度 $Ra3.2\ \mu m$ 8处

$Ra3.2\ \mu m$ 8处如果降1级后，按照返修品处理。

3. 未标注公差尺寸的处理

（1）直径、长度、倒角等未标注公差，加工时按照未注公差GB/T 1804-m加工。

（2）加工和检验的量具为万能角度尺。

思 考 题

1. 锥度C的定义。
2. 掌握锥度的角度计算。
3. 车削锥度时，车刀如何安装及如何进行机床调整？
4. 锥度量规涂色检验锥柄的要求和技术操作有哪些？
5. 内外锥面配合加工方法怎样掌握？
6. 典型的30°直角三角形的各边比值是多少？
7. 偏移尾座车削锥度有什么优、缺点？
8. 加工锥度时怎样判定锥面有双曲线误差，如何解决？
9. 怎样配研组合件的锥面接触面积，使接触率提高？

第 5 章 成形曲面加工

第 1 节 双手控制法车削成形曲面

学习单元 1 双手控制法车削球体圆弧曲面

学习目标

- 双手控制法车削圆弧曲面的进给方法
- 成形曲面加工切削用量的选择

知识要求

有些零件的表面不是平面，而是由若干个曲面组成的，如手轮、手柄、圆球、凸轮等，这类表面称为成形曲面（也称"特形面"）。对于这类零件的加工，应根据零件的特点、精度及批量等情况，可以分别采用不同方法进行加工。

第一种方法是内外圆弧曲线均采用凸圆弧刀用双手控制赶刀的方法，车出一般精度的成形面零件；第二种方法是外圆弧曲线采用凹圆弧刀、内圆弧曲线采用凸圆弧刀（样板刀），用双手车削控制赶刀成形面，这种加工方法是针对数量较少或单个零件采用的方法；第三种方法是用靠模法对工件进行仿形加工，其精度高、形状准确,但需要夹具工装准备,适用于批量生产。

一、识读球体圆弧工件

球体圆弧工件如图 5—1 所示。

如图 5—1 所示为一圆柱体加一个圆球体,在圆球的顶端有一圆面,直径为 $\phi20$ mm。整个圆球两端都与平面连接。球部 $S\phi50$ mm、$Ra1.6$ μm,圆柱 $\phi30$ mm、$Ra3.2$ μm,球体端部有 $\phi20$ mm 平面、$Ra6.3$ μm。

球形曲面加工在机械制造中占有较重要的地位,有许多零件有球形曲面造型,在制造中要求的技术手法有较高的难度,需要一定的圆度测量、样板制作和曲线计算知识。

二、计算圆球工件长度

车单球手柄时,需要计算球体部分长度尺寸,如图 5—2 所示,应先车 D 及 d 外圆,并留有精车余量 0.3 mm 左右,再车准长度尺寸 L,最后将圆球车削成形。长度尺寸 L 的计算如下。

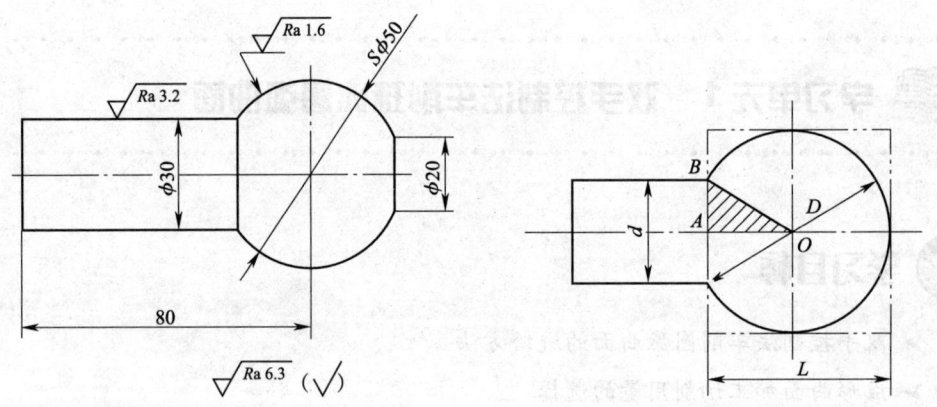

图 5—1 球体圆弧工件　　　　图 5—2 计算圆球长度尺寸 L

1. 已知球体的右半部长度为半径值,即 $D/2$。
2. 球体的左半部长度为 L_{AO},L_{AO} 一般不给出尺寸,需要通过计算得知。

△ABO 为直角三角形,已知 BO 为球半径,并已知 AB 为圆柱半径,一个直角三角形在已知了两个尺寸情况下,可以求第三个未知数,这样可以通过 AB 值和 BO 值求得 L_{AO} 长度尺寸,加上球半径 $D/2$ 即为 L 尺寸。

$$L = L_{AO} + D/2$$
$$L_{AO}^2 = BO^2 - AB^2$$

$$L_{AO} = \sqrt{\left(\frac{D}{2}\right)^2 - \left(\frac{d}{2}\right)^2} = \sqrt{\frac{D^2}{4} - \frac{d^2}{4}} = \frac{1}{2}\left(\sqrt{D^2 - d^2}\right)$$

$$L = \frac{1}{2}\left(D + \sqrt{D^2 - d^2}\right)$$

式中　　L——圆球部分长度，mm；

　　　　D——圆球直径，mm；

　　　　d——圆柱直径，mm。

三、R 规

R 规也叫 R 样板、半径规，如图 5—3 所示。

R 规是利用光隙法测量刀具圆弧和工件圆弧半径的工具。测量时必须使 R 规的测量面与刀具或工件的圆弧完全紧密接触，当测量面与刀具或工件的圆弧中间没有间隙时，刀具或工件的圆弧度数则为此时 R 规上所表示的数字。由于是目测，故准确度不是很高，只能用作定性测量。

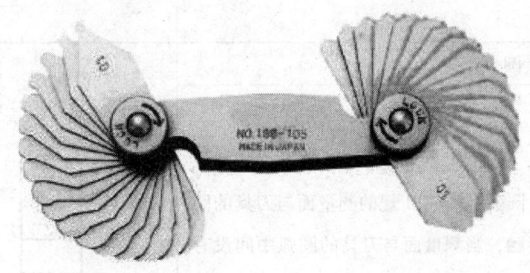

图 5—3　R 规

技能要求 1

刃磨圆弧刀具

一、操作准备

序号	名称	准备事项
1	材料	硬质合金车刀、高速钢车刀
2	设备	砂轮机

续表

序号	名称		准备事项
3	工艺装备	刃具	碳化硅、氧化铝砂轮
4		量具	游标卡尺 0.02 mm/（0~150 mm）
5		工、附具	活扳手、旋具等常用工具

二、操作步骤

序号	操作步骤	操作简图
步骤1	采用刀具 采用焊接车刀，车刀形式为宽切槽车刀	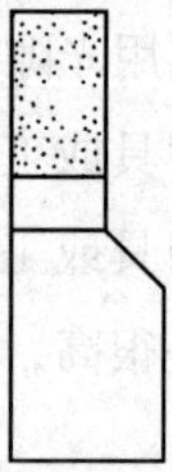
步骤2	用 R 规测量圆弧 1）刃磨时，按照半径要求，将矩形刀片磨削成圆弧形，测量圆弧必须使 R 规的测量面与刀具的圆弧完全紧密接触，当测量面与刀具的圆弧中间没有间隙为准 2）刃磨时，在砂轮的外圆面上将刀具转动，磨成圆弧状	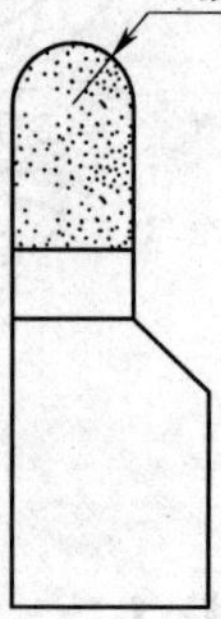 R规转圈检测间隙0.02mm
步骤3	刃磨前角与后角 1）刀具的后角分成两部分，贴近刀刃处，在砂轮的外圆面，转动刀具磨成半径 30 mm 左右的圆弧后刀面，显示锋利，在 $R30$ 圆弧后刀面的下部再形成 6° 左右的第二后刀面 2）刀具的前角要磨成平直刃，防止 R 型的变化，刀具的前角要在 10° 左右，这样形成既有一定楔角、强度又比较锋利刀刃的圆弧刀	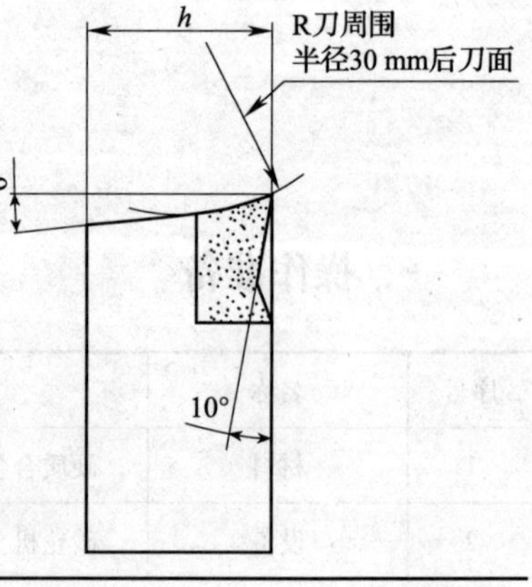 h，R刀周围半径30 mm后刀面，6°，10°

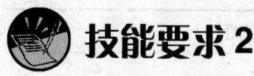

双手控制法车削圆球过程及圆度检验

一、操作准备

序号	名称		准备事项
1	材料		45钢，$\phi55$ mm×108 mm
2	设备		CA6140车床三爪卡盘及卡盘扳手
3	工艺装备	刃具	90°外圆车刀、45°弯头车刀、凸圆弧形车刀、切刀
4		量具	游标卡尺0.02 mm/（0~150 mm）、钢直尺、样板
5		工、附具	活扳手、旋具等常用工具

二、操作步骤

序号	操作步骤	操作简图
步骤1	车出圆球长度尺寸L，按球体长度切出球部尺寸 车削时，按计算圆球长度尺寸先车削圆球外径尺寸，外径尺寸留0.2 mm精车尺寸，并将圆球长度部分切出，如图所示	（图：L、d、$D_{\ 0}^{+0.20}$）
步骤2	倒角减少车削余量，车圆球两边倒角 然后划出球体中心刻线痕迹，保证左、右半球面对称。为减少车圆球时的车削余量，一般用45°车刀先在圆球的两端倒角，如图所示	（图：中心线）

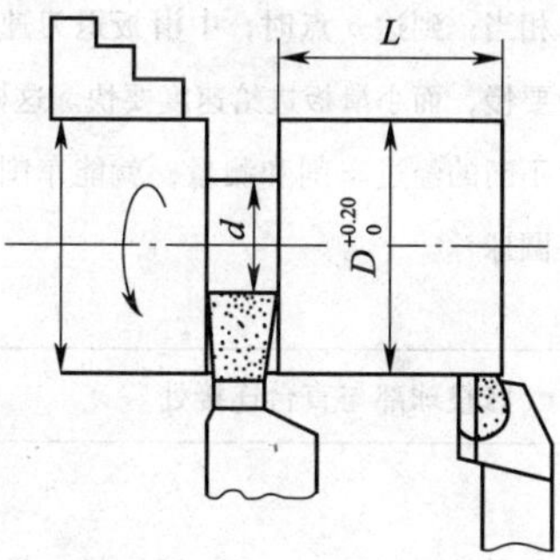

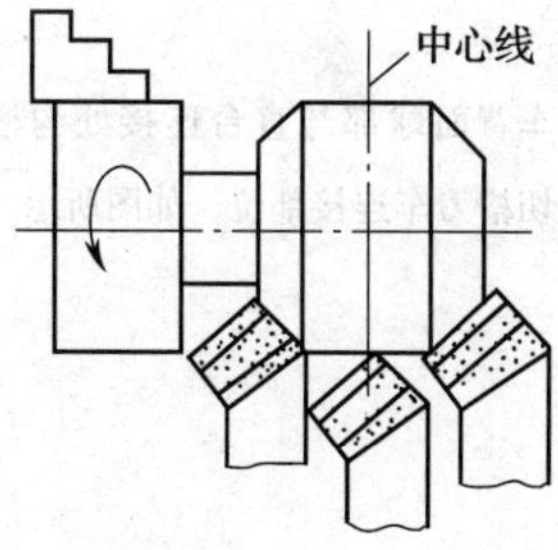

续表

序号	操作步骤	操作简图
步骤3	用圆弧刀双手控制法车圆球 1）车圆球时，如图所示为用双手控制法车圆球。车削圆球需要用双手配合坐标尺寸进行赶刀车削。车削时，用右手握小滑板手柄，左手握中滑板手柄，先粗车成形，然后再精车 2）可用样板不断测量圆弧尺寸	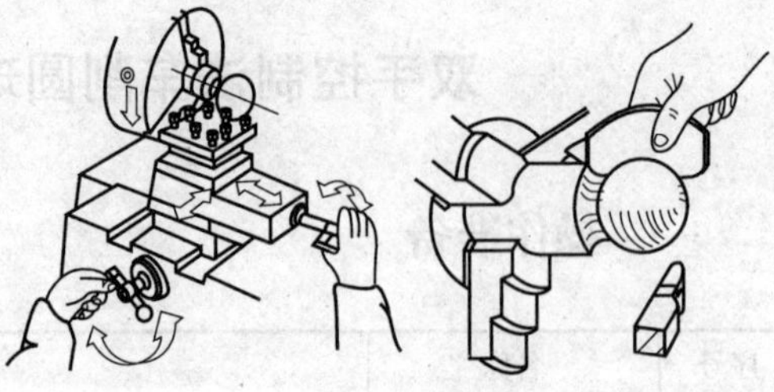
步骤4	用双手控制法车成形面，车削圆球斜率分析 用双手控制法车成形面，首先要分析曲面各点的斜率，然后根据斜率来确定纵、横进给速度的快慢。车削圆球时，从右向左车时，c点中滑板退刀速度要快，而小滑板进给速度要慢；到达b点时，中滑板与小滑板的速度相当；到达a点时，中滑板退刀速度要慢，而小滑板进给速度要快。这样，不断的经过车削和测量，就能车削出圆球	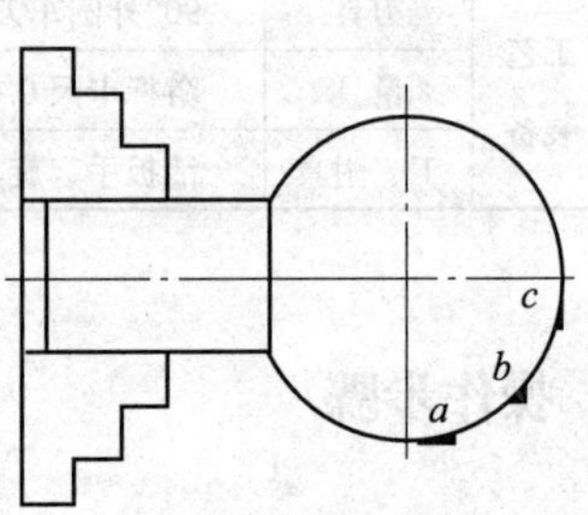 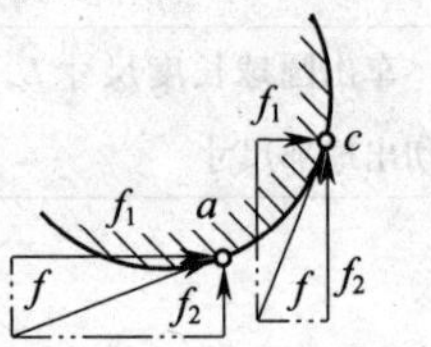
步骤5	修整球部与直台连接处 车背面球部与直台连接处沟槽时，用切槽刀车连接部位，如图所示	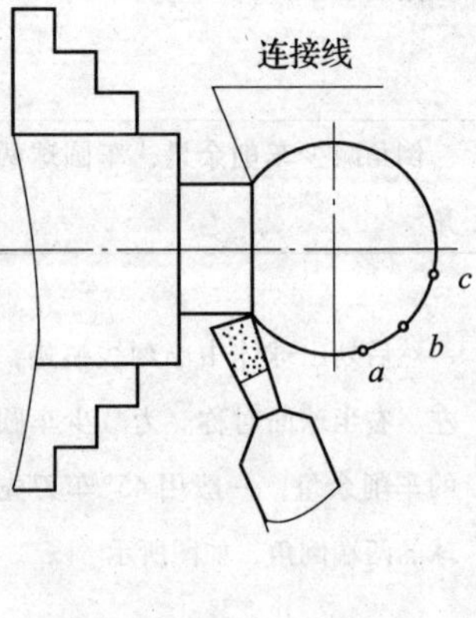

续表

序号	操作步骤	操作简图
步骤6	用锉刀修整圆弧面 修整圆弧面时，锉刀的运动应是沿着圆球的弧线进行锉削，前后运动是呈弧线形，左右也要呈弧线形运动，如图所示 用油石、砂纸、研磨材料进行内孔抛光，抛光过程中，可使用抛光夹，更安全可靠	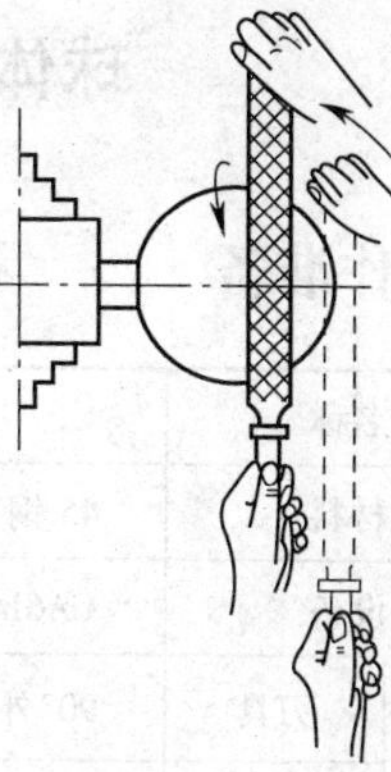
步骤7	用样板检验成形球面 如图所示用样板检验成形面工件，根据样板与工件之间的缝隙大小来判断间隙误差值	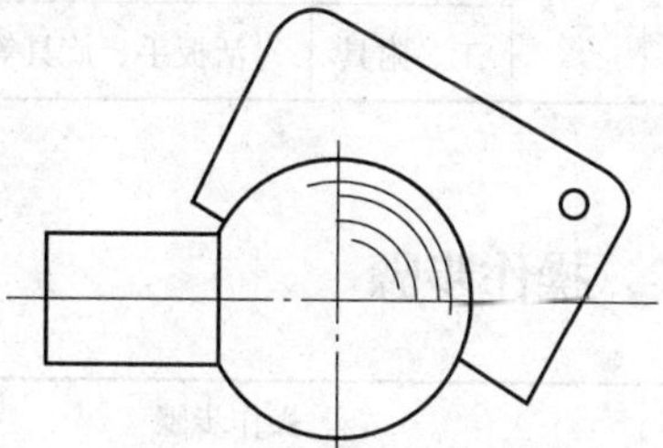
步骤8	用套环检验成形球面 套环是由操作者自己车一个铁环，内孔按照球体的设计尺寸车出，用此环检查球体	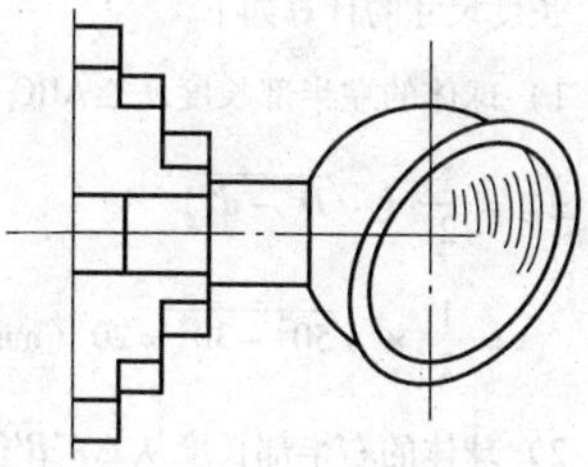
步骤9	用千分尺检验成形球面的圆度误差 如图所示用千分尺检验。变换几个方向测量圆度误差	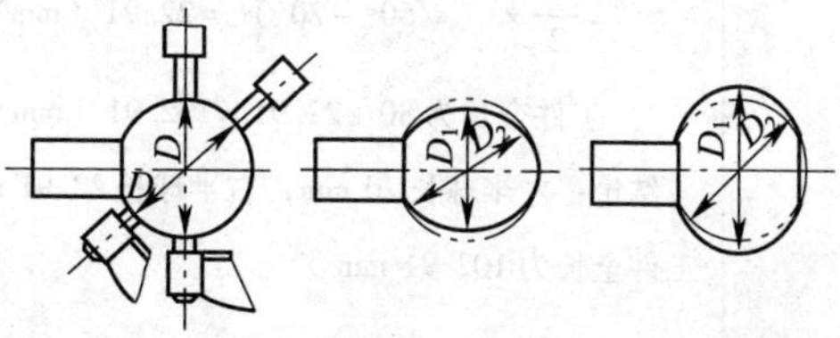

技能要求3

球体圆弧工件计算和加工

一、操作准备

序号	名称		准备事项
1	材料		45钢，φ55 mm×108 mm
2	设备		CA6140车床三爪卡盘及卡盘扳手
3	工艺装备	刃具	90°外圆车刀、45°弯头车刀、凸圆弧形车刀、切刀
4		量具	游标卡尺0.02 mm／（0~150 mm）、钢直尺、套环式样板及球体圆弧样板
5		工、附具	活扳手、旋具等常用工具

二、操作步骤

序号	操作步骤	操作简图
步骤1	计算圆球工件长度 长度尺寸的计算如下 1）球体的左半部长度从△ABO看出 $L_{左} = \frac{1}{2}(\sqrt{D^2 - d^2})$ $= \frac{1}{2} \times \sqrt{50^2 - 30^2} = 20$（mm） 2）球体的右半部长度从△A'B'O看出 $L_{右} = \frac{1}{2}(\sqrt{D^2 - d^2})$ $= \frac{1}{2} \times (\sqrt{50^2 - 20^2}) = 22.91$（mm） 3）工件全长为80+22.91=102.91（mm） 结论：左半球长20 mm，右半球长22.91 mm，工件全长为102.91 mm	

续表

序号	操作步骤	操作简图
步骤2	装夹毛坯外圆 1）车削端面 2）车削外圆 $\phi 30$ mm，长 60 mm 3）倒角 C1	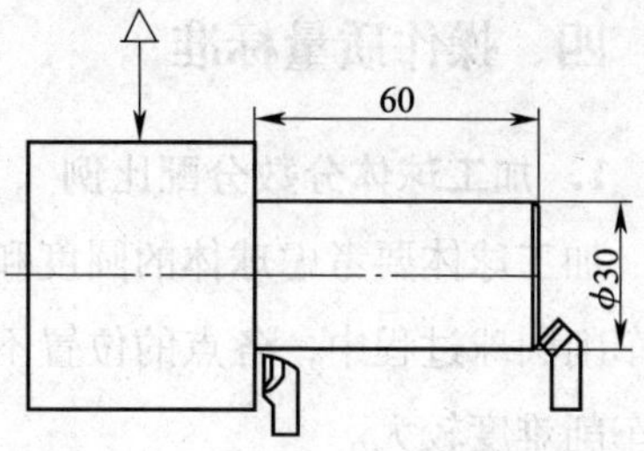
步骤3	调头装夹 $\phi 30$ mm 外圆表面 1）车端面，保证总长 102.91 mm 2）车削外圆 $\phi 50$ mm 至 $\phi 50.2$ mm 3）划球中心线 4）倒左右大角，去除粗加工量 5）用圆弧刀双手控制法车圆球。车削圆球需要用双手配合坐标尺寸进行赶刀车削 6）用切刀清除直线与圆弧线连接处的圆弧	

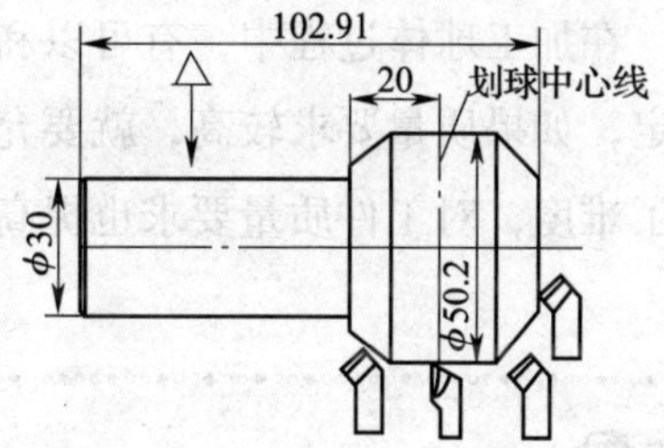

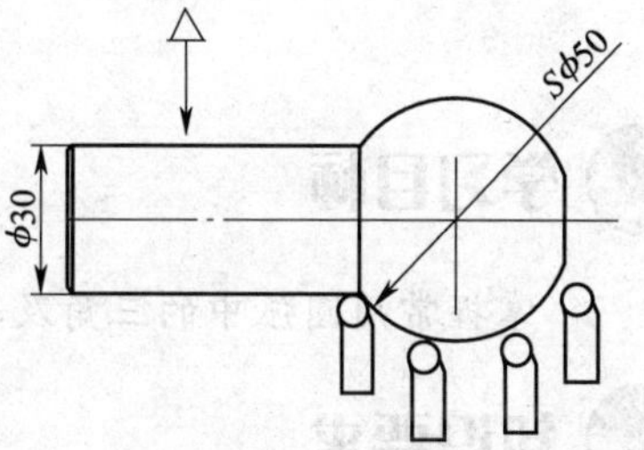

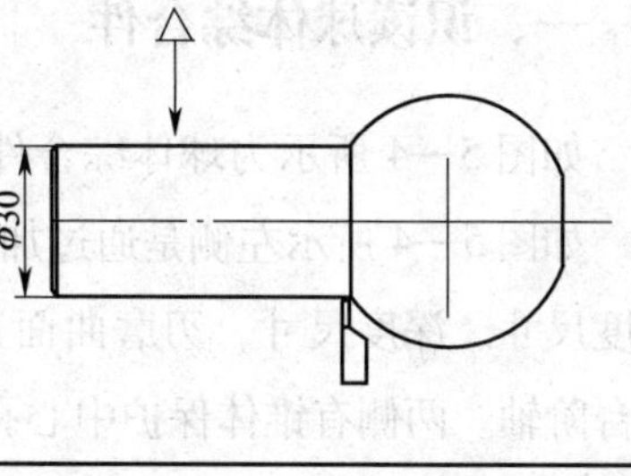

三、注意事项

在加工工件时，需要计算球体部分长度尺寸，然后才能计算出全长尺寸，进行车削。计算出全长尺寸后再车出 Sϕ50 mm 及 ϕ30 mm 外圆，并留有 0.3 mm 左右精车余量，再车准球部长度尺寸，最后将圆球车削成形。

四、操作质量标准

1. 加工球体分数分配比例

加工球体要考虑球体的圆度和表面粗糙度，需要娴熟的左右手交替车削技术。在车削圆球过程中，各点的位置不断发生变化，在每个点上背吃刀量不断变化，因此车削难度较大。

2. 球体加工项目设立

在加工球体过程中，有可以和不可以使用锉刀、砂纸区别，应视球体要求质量而定，如果质量要求较高，就要允许使用锉刀、砂纸，这样不是降低难度，而是增加了难度，对工件质量要求也提高了。

学习单元 2 圆弧加工的弓形计算

 学习目标

➢ 掌握常用圆弧中的三角及弓形计算

 知识要求

一、识读球体综合件

如图 5—4 所示为球体综合件。

如图 5—4 所示左侧是通过加工零件的圆弧曲面，计算 ϕ28 mm 喉颈部位劣弧的宽度尺寸、深度尺寸，刃磨曲面刀具，中间为 Sϕ（40±0.10）mm 部分球面，右侧为台阶轴。两侧有锥体保护中心孔 B2.5/10 mm，ϕ28 mm 喉颈部位劣弧 R8 mm 宽度尺寸，需要计算宽度。外圆 ϕ25$_{-0.084}^{\ 0}$ mm、ϕ26$_{-0.033}^{\ 0}$ mm、ϕ38$_{-0.054}^{\ 0}$ mm 需要精车，其中 ϕ26$_{-0.033}^{\ 0}$ mm 对两端中心孔有同轴度要求 ϕ0.03mm、长度一处（26±0.2）mm 的要求。

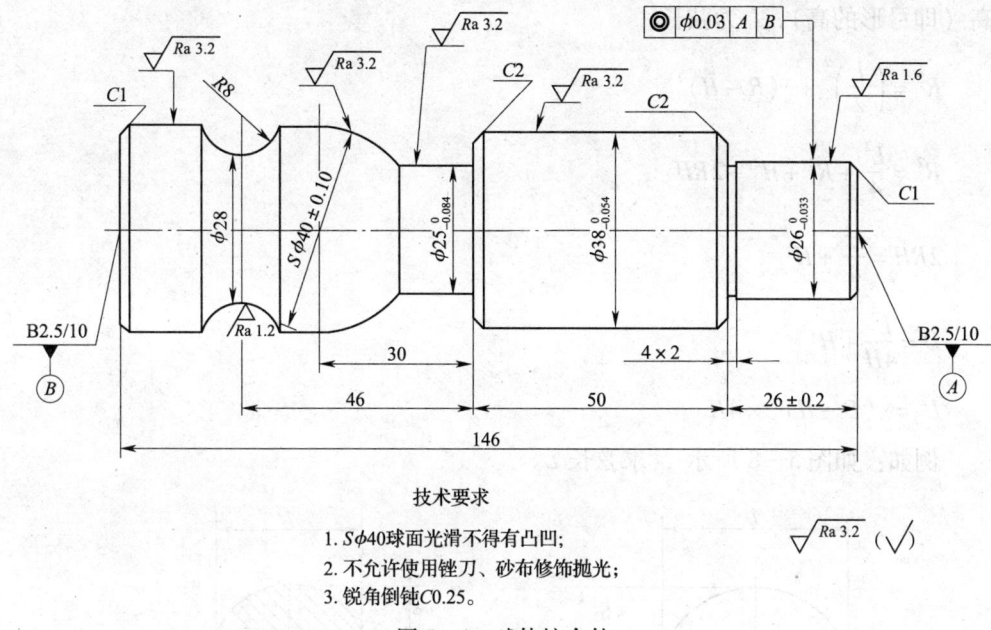

图 5—4 球体综合件

技术要求
1. $S\phi40$ 球面光滑不得有凸凹；
2. 不允许使用锉刀、砂布修饰抛光；
3. 锐角倒钝 $C0.25$。

二、勾股定理与弓形公式

1. 勾股定理

直角三角形的两直角边的平方和等于斜边的平方这一特性叫做勾股定理或勾股弦定理（见图 5—5），数学公式中常写成：

$$a^2 + b^2 = c^2$$

2. 弓形公式

如图 5—6 所示为弓形图。

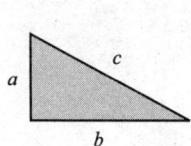
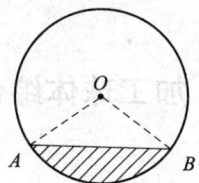
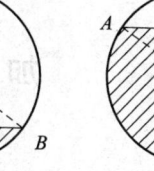

图 5—5 勾股定理　　　　　图 5—6 弓形图

由弦及其所对的弧组成的图形叫做弓形。弦 AB 把圆分成两部分，这两部分都是弓形，弓形是最简单的组合图形之一。大于半圆的弧叫做优弧，小于 180°（半圆）的弧叫做劣弧。

弓形公式计算的尺寸如图 5—7 所示：R 为弓形所在圆的半径（$D/2$），h 为矢高（即弓形的高），L 为弦长。

$$R^2 = \left(\frac{L}{2}\right)^2 + (R-H)^2$$

$$R^2 = \frac{L^2}{4} + R^2 + H^2 - 2RH$$

$$2RH = \frac{L^2}{4} + H^2$$

$$D = \frac{L^2}{4H} + H$$

$$L^2 = (D-H) \times 4H$$

例如：如图 5—8 所示，求弦长 L。

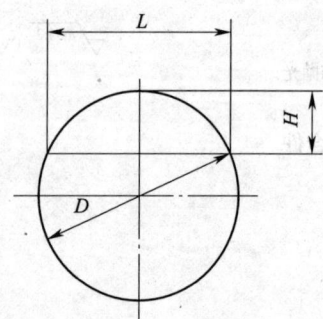
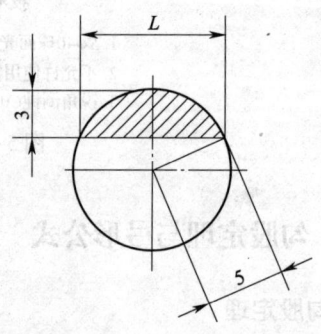

图 5—7　弓形公式计算　　　图 5—8　计算弦长 L

已知：$L^2 = (D-H) \times 4H$

解：$L = \sqrt{(10-3) \times 4 \times 3} = 9.165$（mm）

 技能要求

加工球体综合件

一、操作准备

序号	名称		准备事项
1	材料		45 圆钢，$\phi 45$ mm × 151 mm
2	设备		CA6140 车床三、四爪卡盘及卡盘扳手
3	工艺装备	刃具	90°外圆车刀、45°端面车刀、切槽刀、R8 圆弧刀、B2.5/10 mm 中心钻、球面凸圆弧刀

续表

序号	名称		准备事项
4	工艺装备	量具	游标卡尺 0.02 mm/（0～200 mm）、千分尺 0.01 mm/（25～50 mm）、半径规 R7～16mm、回转顶尖
5		工、附具	钻夹具、活扳手、旋具等常用工具

二、操作步骤

序号	操作步骤	操作简图
步骤1	三角计算 在图中有一处 R8 圆弧，圆弧喉颈为 $\phi 28$ mm，但圆弧不为半圆，圆弧属于少半圆的劣弧，圆弧开口宽度需要计算。圆弧深度为 6 mm，即 $\dfrac{40-28}{2}$ 已知：对边为 H = 8 - 2 = 6（mm） 斜边 = R = 8 mm 利用直角三角公式 $a^2 + b^2 = c^2$ 解：邻边 = $\sqrt{8^2 - 2^2}$ = 7.746（mm） 圆弧开口宽度为：7.746 × 2 = 15.49（mm）	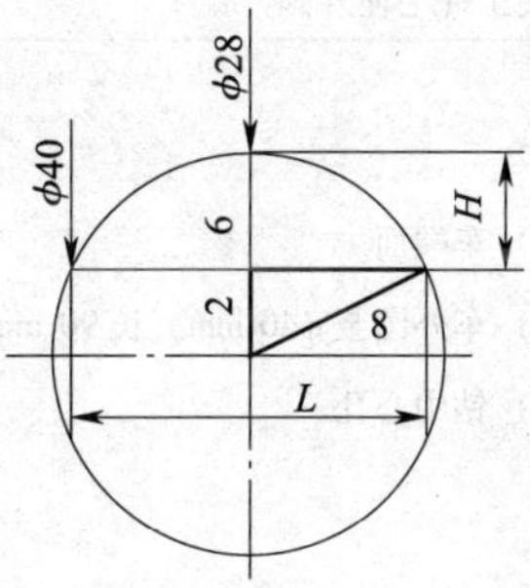
步骤2	利用弓形公式解 $R^2 = \left(\dfrac{L}{2}\right)^2 + (R-H)^2$ $R^2 = \dfrac{L^2}{4} + R^2 + H^2 - 2RH$ $2RH = \dfrac{L^2}{4} + H^2$ $D = \dfrac{L^2}{4H} + H$ 式中 D——圆弧直径 　　　L——弦长 　　　H——弓形高 　　　R——圆弧半径 已知：$L^2 = (D-H) \times 4H$ 解：$L = \sqrt{(16-6) \times 4 \times 6}$ = 15.49（mm）	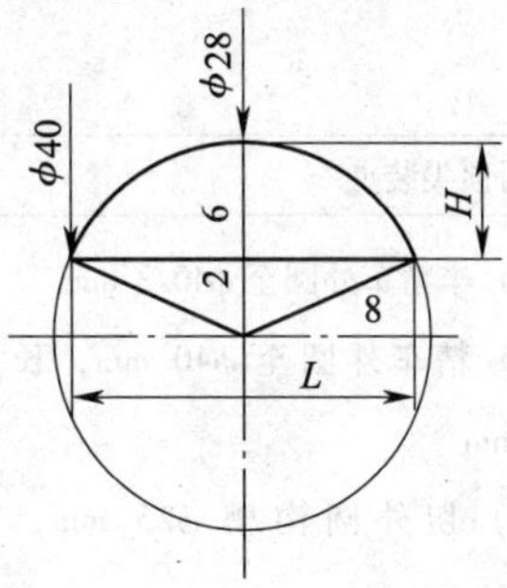

续表

序号	操作步骤	操作简图
步骤3	计算 $S\phi40$ mm 圆球部分的长度尺寸 1）已知脖颈为 $\phi25$ mm，a 边是 $\phi25$ mm 的一半尺寸为 12.5 mm 2）c 边为球体的半径 20 mm 3）b 边为：$\sqrt{20^2-12.5^2}=15.61$（mm） 4）$\phi25$ mm 沟槽宽为：$30-15.61=14.39$（mm）	
步骤4	夹工件毛坯外圆 1）车端面 2）车外圆至 $\phi40$ mm，长 90 mm 3）钻中心孔	
步骤5	调头装夹 $\phi40$ mm 外圆 1）车端面，总长为 146 mm 2）车外圆至 $\phi42$ mm 3）钻中心孔	
步骤6	两顶尖装夹 1）半精车外圆至 $\phi40.3$ mm 2）精车外圆至 $\phi40$ mm，长至 30 mm 3）切外圆沟槽 $\phi25$ mm，宽 14.39 mm 4）用圆弧刀车削 $R8$ 外圆弧槽 5）用圆弧刀车削 $S\phi40$ mm 圆球体，用切刀清根	

续表

序号	操作步骤	操作简图
步骤7	工件调头，两顶尖装夹 1）精车外径 φ38 mm 2）粗、精车外径 φ26 mm，长（26 ± 0.2）mm 3）倒角	

三、操作质量标准

1. 球部尺寸和表面粗糙度

球部尺寸和表面粗糙度为 $S\phi$（40 ± 0.1）mm、Ra3.2 μm，球体 ±0.1 mm 要按照加工要求采用圆弧刀进行加工，可以采用细锉刀和砂纸进行抛光。

2. 外圆尺寸和表面粗糙度

外圆 $\phi 25_{-0.084}^{0}$ mm、Ra3.2 μm，$\phi 26_{-0.033}^{0}$ mm、Ra1.6 μm，$\phi 38_{-0.054}^{0}$ mm、Ra3.2 μm，这三个尺寸要进行精确测量和高速（或低速）精车，才能达到尺寸要求。

3. 劣弧的宽度尺寸计算和加工

劣弧加工时的宽度尺寸要求较高的计算能力和圆弧刀的使用能力，因此要求计算要准确并能熟练使用圆弧刀精确加工。

4. 同轴度考核

同轴度 $\phi 0.03$ mm 的加工过程是对两顶尖加工过程的一次训练，要求掌握这种方法，要求 $\phi 26_{-0.033}^{0}$ mm 外径对两中心孔的同轴度在两顶尖之间进行检测。

同轴度 $\phi 0.03$ mm 的加工过程，要求使用两顶尖进行加工，保证 $\phi 26_{-0.033}^{0}$ mm 外径对两中心孔的同轴度，在两顶尖之间进行检测。

5. 中心孔采用标准

中心孔采用 B 型，要了解中心钻型号和作用。

6. 圆弧样板测量

车削圆弧时，要用圆弧样板进行对照车削。

7. 倒角的处理

锐角倒钝 $C0.2$ mm 指对尖棱的处理。

第2节　成形圆弧刀对光滑曲面的加工

 学习目标

➢ 掌握用圆弧成形刀车削圆弧的方法
➢ 掌握用半径规及曲线样板刃磨内、外圆弧刀的知识
➢ 掌握半径规及曲线样板测量圆度及轮廓度的使用方法
➢ 掌握计算圆弧曲线知识

 知识要求

一、识读球柄工件

如图5—9加工球柄工件。此工件除完成外圆精加工外,还要用成形刀完成 $S\phi58$ mm 的球面加工,还要完成 $R5$ 外圆弧的加工,完成 $R9$ 内圆弧的加工。内圆弧的喉颈 $\phi48$ mm 是加工中要加以保证的部分。

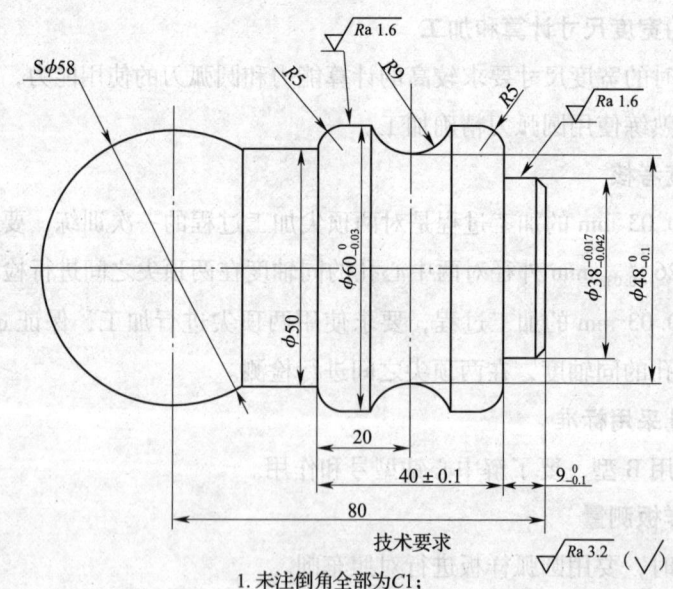

技术要求
1. 未注倒角全部为$C1$;
2. 未注公差尺寸按GB/T 1804—m加工。

图5—9　球柄

二、刃磨圆弧刀及车削曲面方法

数量较多的成形面工件，可以用成形圆弧刀车削。把刀刃磨得与工件表面形状相同的车刀叫成形刀（或称"样板车刀"）。一般手工刃磨的常用成形刀是普通成形刀，利用普通刀具（合金刀片或高速钢刀条）刃磨成形刀，这种刀具制造方便，可用手工刃磨，成本低，精度也较低，但若在工具磨床上刃磨，同样能达到较高精度。常用于加工简单的成形面和单件特形面。

1. 成形刀具圆弧刀的形状

如图 5—10a 所示为成形刀具的凸圆弧刀，如图 5—10b 所示为成形刀具的凹圆弧刀。

2. 成形刀多次转动靠形车削

如图 5—11 所示的球面加工采用成形刀进行多次转动靠形车削。刀具的曲线半径大于工件的圆弧半径，因此，可以多次转动刀具，参考样板对球体进行多次靠形车削，最后使球体形状正确。

车凸弧时，圆弧刀半径尺寸大于工件圆弧形状半径尺寸的目的是怕因接触面积大，使刀具产生颤动，导致工件加工表面产生振纹，因此用凹圆弧刀车削时，圆弧刀的半径尺寸要大于实际工件。

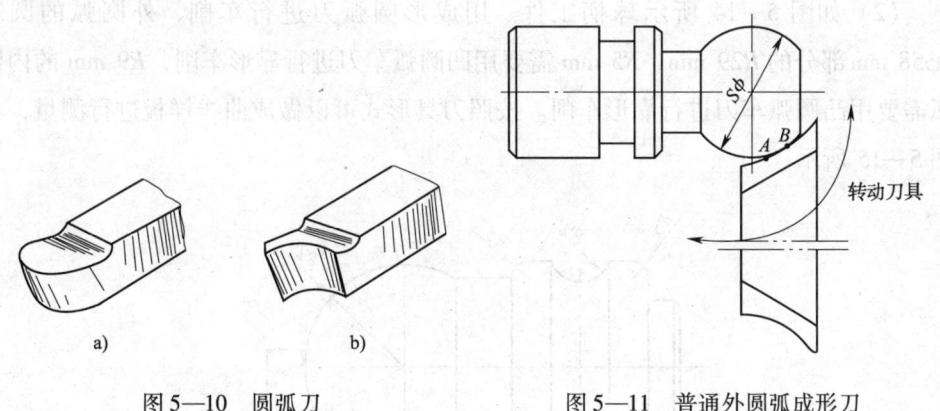

图 5—10　圆弧刀
a）凸圆弧刀　b）凹圆弧刀

图 5—11　普通外圆弧成形刀

半径尺寸在 AB 两点以内接触较多，以外应逐渐过渡为不接触，尤其刀具圆弧在适应不同的弧面时，还要转动刀头，所以刀刃的边缘不至于划伤工件。如果刀刃弧长不够，转动车削可弥补刀刃弧长的不足。

车工件内圆弧时，圆弧刀半径尺寸要小于工件内圆弧的半径尺寸，小于工件圆弧形状尺寸的目的是怕因接触面积大，使刀具产生颤动，导致工件加工表面产生振纹。因此可利用小于工件圆弧形状尺寸的刀具,多次挪动圆弧刀头靠形的方式来加工。

凸、凹圆弧都用圆弧样板或半径规进行测量。

3. 整体式成形刀具

(1) 整体式成形刀具的形状。如图 5—12 所示为整体式成形刀具,此刀具的曲线半径等于工件曲线半径,可一次性全形接触进行靠形,且形状准确,但由于接触面积大,需要切削力较大,对刀具的曲线形状、刀具的切削角度和强度有较严格的要求。如图 5—12a 所示为凹圆弧刀,如图 5—12b 所示为凸圆弧刀。

如图 5—13 所示为用普通内圆弧成形刀车削内圆弧。

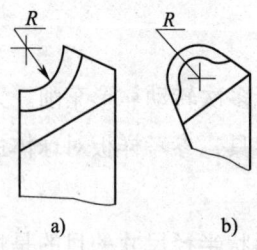
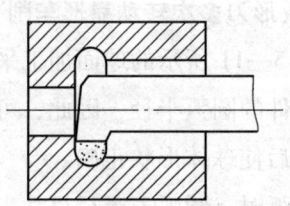

图 5—12　整体式成形刀具　　　　图 5—13　普通内圆弧成形刀
a) 凹圆弧刀　b) 凸圆弧刀

(2) 如图 5—14 所示球柄工件。用成形圆弧刀进行车削,外圆弧的圆球 $S\phi58$ mm 部分的 $R29$ mm、$R5$ mm 需要用凹圆弧车刀进行靠形车削,$R9$ mm 的内圆弧需要用凸圆弧车刀进行靠形车削。按照刀具形式可以做成曲线样板进行测量,如图 5—15 所示。

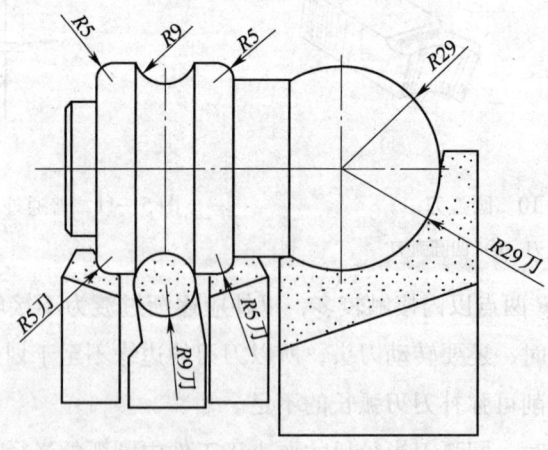

图 5—14　成形圆弧刀车削

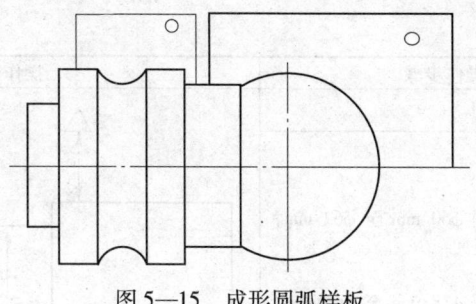

图 5—15　成形圆弧样板

 技能要求

车削球柄工件

一、操作准备

序号	名称		准备事项
1	材料		45 钢，$\phi 63$ mm × 120 mm
2	设备		CA6140 车床三爪卡盘及卡盘扳手
3	工艺装备	刃具	90°外圆车刀、45°弯头车刀、凸圆弧形 $R9$ mm 车刀、凹圆弧形 $R5$ mm、$R29$ mm 车刀、切刀、中心钻 A2/5 mm
4		量具	游标卡尺 0.02mm/（0~150 mm）、钢直尺、$R29$ mm 圆弧样板、半径规（$R1$~6.5 mm、$R7$~16 mm）、千分尺 0.01 mm/（25~50 mm、50~75 mm）
5		工、附具	活顶尖、钻夹具、活扳手、旋具等常用工具

二、操作步骤

序号	操作步骤	操作简图
步骤1	脖颈宽度计算 已知 $OA = 29$ mm，$AB = 25$ mm，求 OB 解： $$OB = \sqrt{OA^2 - AB^2}$$ $$= \sqrt{29^2 - 25^2} = 14.7 \text{（mm）}$$ 脖颈宽度为：$31 - 14.7 = 16.3$（mm）	

续表

序号	操作步骤	操作简图
步骤2	装夹毛坯外圆 1）车平端面 2）粗车外圆 $\phi60$ mm 至 $\phi62$ mm，长 65 mm 3）粗车外圆 $\phi38$ mm 至 $\phi40$ mm，长 9 mm 4）切外沟槽 $\phi50$ mm，宽 16.3 mm 5）精车外圆 $\phi60$ mm 6）精车外圆 $\phi38$ mm，长 9 mm 7）倒角	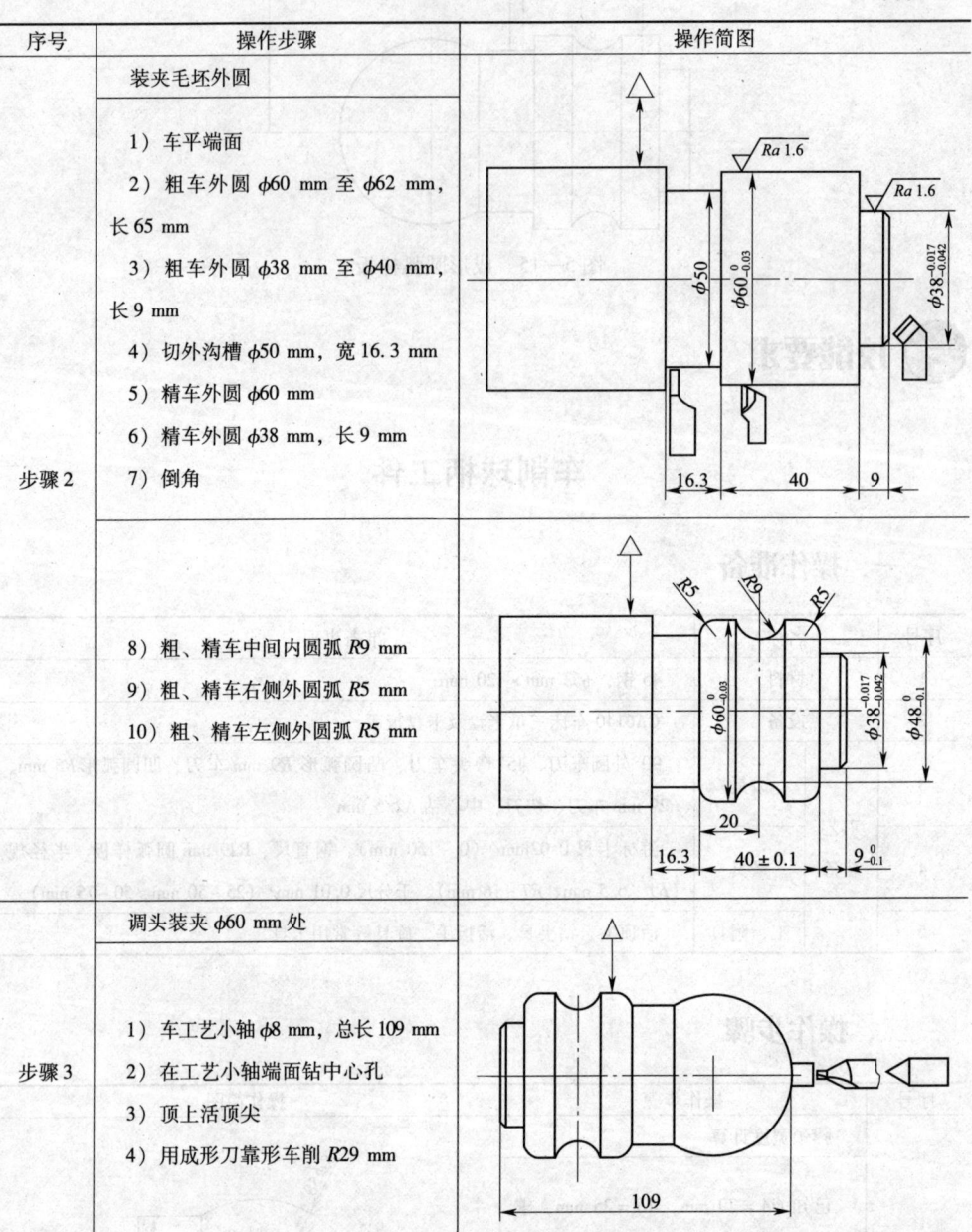
	8）粗、精车中间内圆弧 $R9$ mm 9）粗、精车右侧外圆弧 $R5$ mm 10）粗、精车左侧外圆弧 $R5$ mm	
步骤3	调头装夹 $\phi60$ mm 处 1）车工艺小轴 $\phi8$ mm，总长 109 mm 2）在工艺小轴端面钻中心孔 3）顶上活顶尖 4）用成形刀靠形车削 $R29$ mm	

三、注意事项

1. 圆弧刀刃制作

圆弧刀刃一般用成形刀片车削，成形刀片可以用标准的刀片，也可以用线切割成形的刀片。在靠形过程中，要求工艺系统刚度较强。

2. 圆球前面的工艺小轴

圆球前面留一个工艺小轴 φ8 mm 的目的是用来钻中心孔，当工件加工完后，要车掉此工艺小轴。

四、操作质量标准

（1）球体公差

球体 Sφ58 mm 未设标注公差，但要按照未注公差值进行要求。

（2）圆弧分值

所有圆弧要光滑加工，符合标准 Ra3.2 μm。

（3）外圆分值

外圆 $\phi60_{-0.03}^{0}$ mm、Ra1.6 μm 和 $\phi38_{-0.042}^{-0.017}$ mm、Ra1.6 μm 表面粗糙度应符合要求。

（4）球体的尺寸和圆度检测

检测球体的尺寸和圆度可用 φ58 mm 内孔样板。

（5）喉颈检测

喉颈 $\phi48_{-0.1}^{0}$ mm 与 R9 圆弧同时检测。

第 3 节　靠模法对光滑曲面的加工

学习目标

➢ 掌握靠模仿形方法车削成形曲面的方法

知识要求

一、识读摇手柄工件

如图 5—16 所示为摇手柄工件，用靠模法车削成形曲面。该工件外曲线由三段圆弧组成，由 R42 mm 与 R48 mm 的圆弧外切和 R48 mm 与 R6 mm 的内切圆弧组成。这三段圆弧光滑过渡而形成手柄曲面。手柄工件外径 φ24 mm，手柄部位中心距离台阶端面 50 mm。

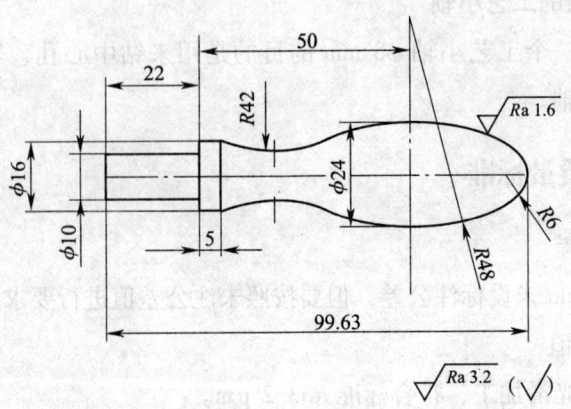

图 5—16 手柄工件

二、手柄曲面的双手赶刀加工

手柄曲面加工在机械制造中也占有一定的重要地位,许多零件有曲面相切与相交的情况出现。在制造中要求找出他们的交点,以便刀具能按尺寸进刀,车出正确的圆弧形曲面。手柄曲面的技术手法有较高的难度,一般在车削时,可按样板制作工件或自制样板,进行曲线计算。

单批小量车削手柄时,一般如图 5—17 所示用双手配合坐标尺寸进行赶刀车削。也可以如图 5—18 所示,先车 $\phi16$ 及轴颈 $\phi10$,装夹时伸出尽量短一些,用顶尖顶住轴端,车削轴台 $\phi16$ 及轴颈 $\phi10$ 的外径。然后按几何尺寸,定出 $R48$ 及 $R42$ 的圆弧轴向中心尺寸,车削脖颈 $\phi24$ 及 $R42$,按 $R48$ 圆弧中心 50 mm 车削圆弧 $R48$,留精车量。精车后,调头修整 $R6$ 的圆弧面。

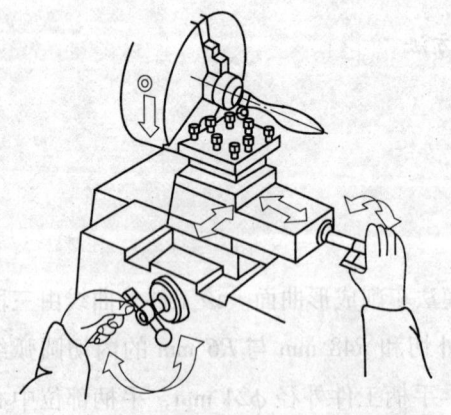

图 5—17 双手配合坐标尺寸进行赶刀车削

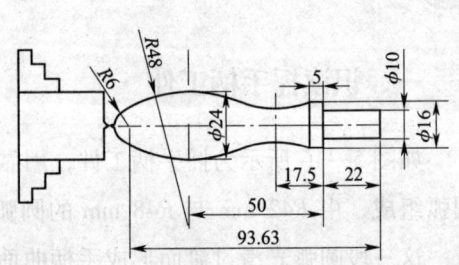

图 5—18 先车轴径、后车圆弧曲面

三、靠板靠模车削手柄曲面

1. 靠板靠模的结构原理

如图5—19所示表示用靠板靠模车削成形的情形。靠模板4上有一条与工件表面素线相同的沟槽,车削前需将其固定在床身外端适当的位置上,同时拆除中滑板螺纹杆。将拉杆2的一端固定在中滑板上层,另一端同靠模板沟槽中的滚柱3相连。当大溜板纵向移动时,车刀就随着靠模板曲线的变化,在工件上车削出符合要求的成形表面。

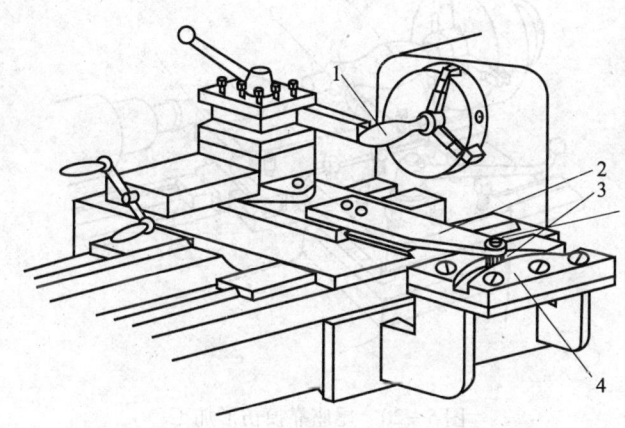

图5—19 用靠板靠模车削成形面
1—工件 2—拉杆 3—滚柱 4—靠模板

2. 用靠板靠模车削成形面的方法

用这种方法车成形面时,必须将中滑板螺纹杆抽掉,中滑板才能在大溜板纵向移动时,通过紧贴靠模板的滚柱,按照靠模板曲线形状移动,采用自动进给加工出所需的成形表面。但是,由于中滑板已无螺纹杆存在,刀具只能沿着一条固定的曲线移动,无法调整背吃刀量。因此在加工前,需将小滑板沿顺时针方向旋转90°并锁紧。这样,操作者可以通过调整小滑板,来实现刀具沿机床横向的移动,控制背吃刀量。

由于靠模滚柱与靠模板的曲面是切点贴合,所以刀尖圆弧半径必须等于滚柱的半径,这样车出的成形面才会合格。

四、尾座装夹样件仿形加工手柄曲面

尾座装夹样件仿形加工手柄曲面与用靠板靠模车削成形面的方法一样,区别是

在加工前应先做一个与工件形状相同的曲面而进行仿形,如图5—20所示。尾座装夹样件仿形加工手柄曲面是在刀架上装夹一个自制刀夹,左侧装夹圆弧刀2,右侧装夹靠模杆4,圆弧刀2与靠模杆4伸出长度一样,在尾座套筒内塞进一个仿形靠模体3,用双手操纵中、小滑板或床鞍自动进给,使靠模杆4紧贴在靠模体3上,沿靠模体3移动,利用靠模杆4与之接触形成曲线轨迹,利用左侧圆弧刀2也使工件1被车成与模体3同样曲线轨迹的形状。

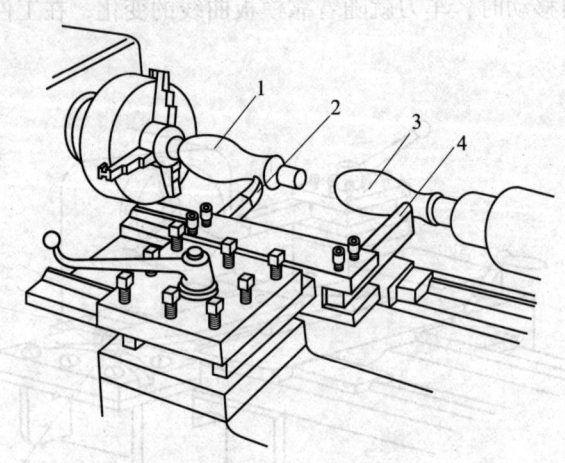

图5—20 尾座靠模仿形加工
1—工件 2—圆弧刀 3—靠模体 4—靠模杆

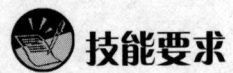

靠模车削手柄曲面

一、操作准备

序号	名称		准备事项
1	材料		45钢,ϕ28 mm×110 mm
2	设备		CA6140车床三爪卡盘及卡盘扳手
3	工艺装备	刀具	90°外圆车刀、45°弯头车刀、凸圆弧形R5 mm车刀、切刀
4		量具	游标卡尺0.02 mm/(0~150 mm)、钢直尺、R29 mm、曲线圆弧样板
5		工、附具	活顶尖、钻夹具、活扳手、旋具等常用工具

二、操作步骤

序号	操作步骤	操作简图
步骤1	**靠模杆靠模车削** 1）先把方刀架拆下，再装上靠模机构。靠模体2中有纵横两个圆柱孔，纵向孔中装上刀杆1，横孔中装有曲线靠模杆4，并穿过刀杆1 2）靠模杆4用拉杆8轴向固定在床身上。当车刀纵向进给时，由于靠模杆4不动，刀杆1上的触头3在弹簧5的作用下，一直紧贴靠模杆4的曲面，这样刀头的运动轨迹就与靠模杆4的形状相同 3）固定架7用螺钉9固定在床身上 4）当进刀和退刀时，靠模杆4可沿进、退刀方向平行移动	1—刀杆　2—靠模体　3—触头　4—靠模杆 5—弹簧　6—键　7—固定架 8—拉杆　9—螺钉　10—槽块
步骤2	**内孔模腔靠模仿形车削** 1）在机床导轨后面安装靠模1（靠模上有曲线沟槽，槽的形状、尺寸与型腔、型面的曲线形状、尺寸相同） 2）在机床中拖板上安装连接板2，滚子安装在连接板端部，并正确地与靠模沟槽配合 3）抽掉中拖板螺纹杆，大拖板纵向移动时中拖板和车刀随靠模作横向移动，车削出和曲线沟槽完全相同的型腔表面	1—靠模　2—连接板

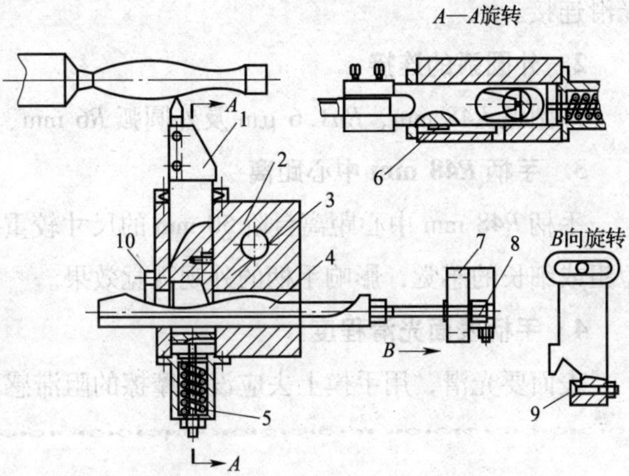

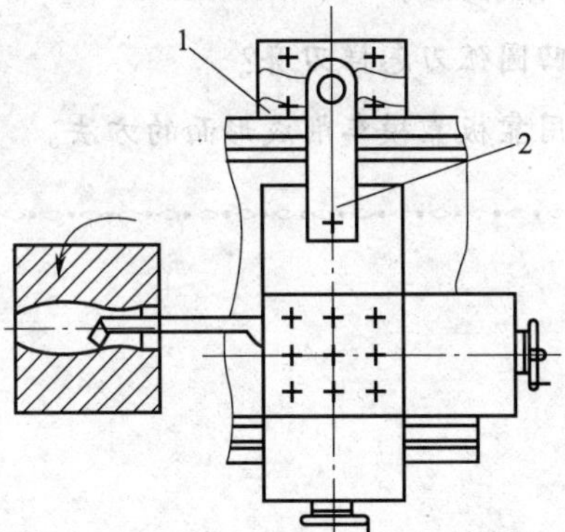

三、操作质量标准

1. 曲线圆弧的连接

曲线内圆弧 $R42$ mm、$Ra1.6$ μm 及外圆弧 $R48$ mm、$Ra1.6$ μm 圆与圆外切要光滑连接。

2. 外圆弧的连接

外圆弧 $R48$ mm、$Ra1.6$ μm 及外圆弧 $R6$ mm、$Ra1.6$ μm 内切要光滑连接。

3. 手柄 $R48$ mm 中心距离

手柄 $R48$ mm 中心距离台阶 50 mm 的尺寸较重要，太短或太长都会使手柄发生短粗或细长的感觉，影响手柄的外观视觉效果。

4. 手柄表面光滑程度

表面要光滑，用手摸上去应没有摩擦的阻滞感。

思 考 题

1. 简述双手控制法车削圆球过程。
2. 计算和练习公式：

(1) 勾股定理：$a^2 + b^2 = c^2$。

(2) 弓形公式：$R^2 = \left(\dfrac{L}{2}\right)^2 + (R - H)^2$。

3. 什么叫成形刀？
4. 凸、凹圆弧刀怎样刃磨？
5. 简述用靠板靠模车削成形面的方法。

第6章 螺纹加工

第1节 米制普通螺纹（M）加工

 **学习单元1　普通螺纹基本牙型**

 学习目标

➢ 掌握识读及计算米制普通螺纹牙型、公差带、标记及车刀几何参数的方法

 知识要求

一、三角连接螺纹分类

三角螺纹基本都属于连接螺纹，主要用于一般结构件的连接。例如，普通三角螺纹（60°）在日常的生产和生活中随处可见；管螺纹在管道连接中起着巨大的作用，包括工业泵体的连接、家庭暖气的连接都采用的是管螺纹。具体三角连接螺纹的分类见表6—1。

表 6—1　　　　　　　　三角螺纹种类

性质	三角螺纹种类			标记示例
三角连接螺纹	普通三角螺纹（60°）			粗牙 M10、细牙 M16×1.5 等
	英制三角螺纹（55°）			3/8″（牙数查表 n=16）
	管螺纹	55°非螺纹密封		G3/4
		55°螺纹密封	圆锥管外螺纹	R3/4
			圆锥管内螺纹	Rc1/2
			圆柱管内螺纹	Rp3/4
		60°圆锥管螺纹		NPT1/2
		米制锥螺纹（公制60°）		ZM10

二、普通三角螺纹的基本牙型

普通三角螺纹的基本牙型，如图 6—1 所示。

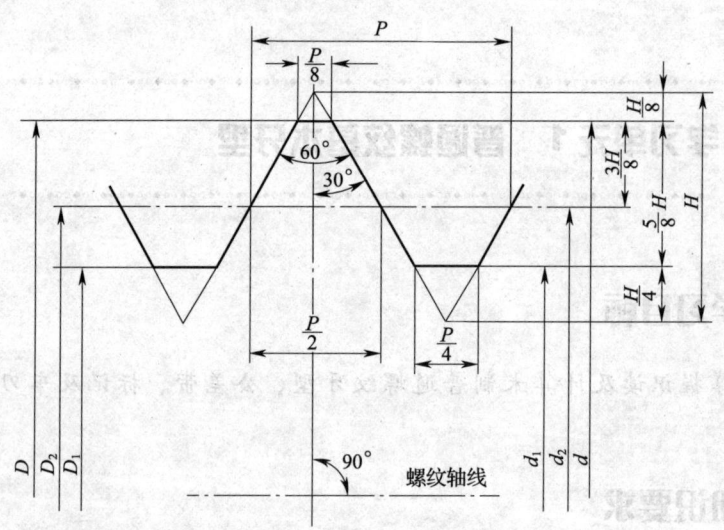

图中：$H=\dfrac{\sqrt{3}}{2}P=0.866\,025\,404P$；　$\dfrac{5}{8}H=0.541\,265\,877P$；　$\dfrac{3}{8}H=0.324\,759\,526P$；

$\dfrac{H}{4}=0.216\,506\,351P$；　$\dfrac{H}{8}=0.108\,253\,175P$

图 6—1　米制普通螺纹的基本牙型

如图 6—1 所示为米制普通螺纹的基本牙型。给出了大径（D）、中径（D_2）、小径（D_1）值，标明了牙型角度为 60°，标明了牙型高度 H 和接触高度（5/8）H，标明了外螺纹的牙尖和内螺纹的牙底有 $H/8$ 的高度，标明了外螺纹的牙底和内螺纹的牙尖有 $H/4$ 的高度。

三、普通三角螺纹背吃刀量尺寸分布

普通三角螺纹背吃刀量尺寸分布（即三角螺纹的车削深度）如图6—2所示。

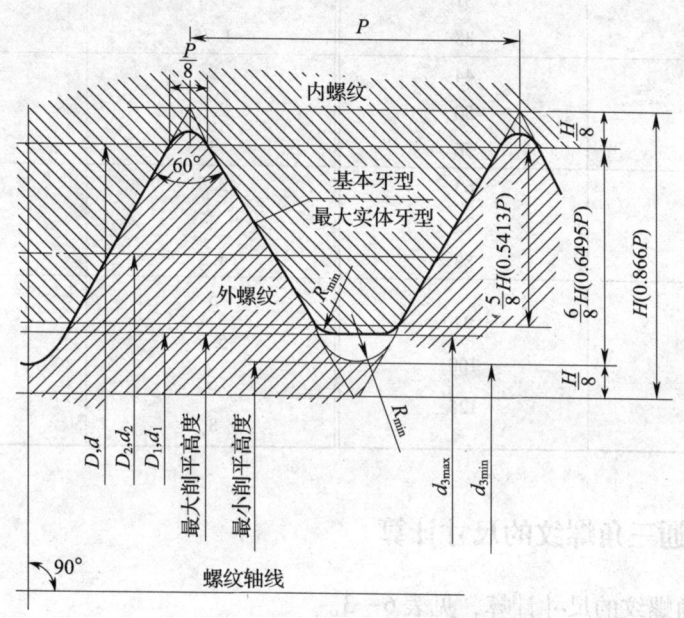

图6—2　普通三角螺纹车削牙型

对外螺纹的小径和内螺纹的大径不规定具体的公差数值。内螺纹牙型槽底可以呈圆弧形，这个牙底圆弧在公称直径 d 以外的 $H/8$ 内，车削深度为 $1.08P + 2 \times R_{min}$（两侧圆弧槽深）。根据要求，如果内螺纹大径削平，车削深度为 $1.08P$。

外螺纹牙底呈圆弧半径，基本牙型过 $H/4$ 处是最大削平高度，为外螺纹的最大小径 d_{3max}，此处外螺纹牙底圆弧半径与内螺纹不能发生干涉，因此实际上在 $H/4$ 处内螺纹的小径（牙顶）直径要大一些，而外螺纹的牙底直径要小一些，充分考虑刀尖部圆弧可能带来的牙型接触性干涉（此处有 R_{min} 表明为外螺纹最小牙底圆弧半径）。最小削平高度为外螺纹的最小小径 d_{3min}，刀尖圆弧深至 $H/8$ 处，即切削深度为 $1.3P$。

四、外螺纹牙型设计

对机械性能等级高于和等于8.8级的螺纹件，其牙底圆弧半径 R 不能小于 $0.125P$，R_{min} 值见表6—2。对机械性能等级低于8.8级的螺纹件，其牙底形状尽可能地与机械性能等级高于和等于8.8级的螺纹牙底形状一致。

内螺纹的设计与其基本牙型相同。

表 6—2　　　　　　　　　　外螺纹最小牙底圆弧半径

螺距 P/mm	$R_{\min}$/μm	螺距 P/mm	$R_{\min}$/μm
0.2	25	1.25	156
0.25	31	1.5	188
0.3	38	1.75	219
0.35	44	2	250
0.4	50	2.5	313
0.45	56	3	375
0.5	63	3.5	438
0.6	75	4	500
0.7	88	4.5	563
0.75	94	5	625
0.8	100	5.5	688
		6	750
1	125	8	1 000

五、普通三角螺纹的尺寸计算

普通三角螺纹的尺寸计算，见表 6—3。

表 6—3　　　　　　　　　　普通三角螺纹的尺寸计算　　　　　　　　　　mm

	名称	代号	计算公式
外螺纹	牙型角	α	60°
	原始三角形高度	H	$H = 0.866P$
	牙型高度	h	$h = \frac{5}{8}H = \frac{5}{8} \times 0.866P = 0.541\,3P$
	大径	d	$D = d = $ 公称直径
	中径	d_2	$d_2 = d - 2 \times \frac{3}{8}H = d - 0.649\,5P$
	小径	d_1	$d_1 = d - 2 \times \frac{5}{8}H = d - 1.082\,5P$
	小径最大极限值	$d_{3\max}$	$d_{3\max} = d - 2 \times \left(\frac{5}{8}H + R_{\min}/2\right) = d - 2 \times \frac{5}{8}H - R_{\min} = d - 1.082\,5P - R_{\min}$
	小径最小极限值	$d_{3\min}$	$d_{3\min} = d - 2 \times \frac{6}{8}H = d - 1.299P$
	牙尖高		$H/8$
	牙尖宽		$P/8$
内螺纹	中径	D_2	$D_2 = d_2$
	小径	D_1	$D_1 = d_1$
	大径	D	$D = d = $ 公称直径
	螺纹升角	ψ	$\tan\psi = \dfrac{nP}{\pi d_2}$

六、外螺纹的牙底与内螺纹的牙尖干涉分析

如图 6—3 所示为普通三角外螺纹车削尺寸分析。

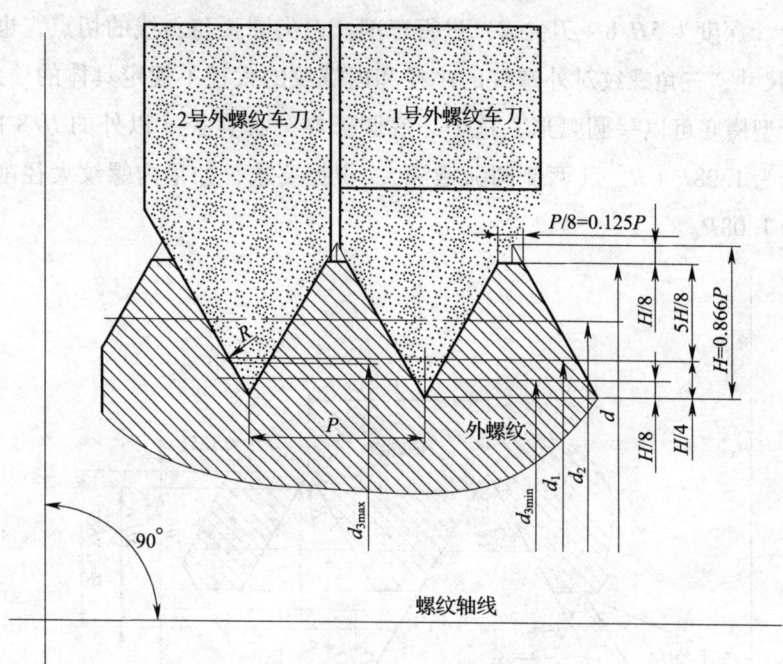

图 6—3　普通三角外螺纹车削尺寸分析

1. 外螺纹牙型分析

如图 6—3 所示为外螺纹牙底呈圆弧半径，基本牙型 $H/4$ 处是小径尺寸 d_1 处。由于 d_1 处牙形设计的需要，也由于刀尖存在刀尖圆弧半径，因此外螺纹牙底呈圆弧半径，但圆弧半径多大是有要求的。圆弧太大时，容易造成外螺纹的牙底与内螺纹的牙尖产生干涉，拧不进去；圆弧太小时，影响螺纹强度。如图 6—3 所示 1 号螺纹车刀处的小径为 d_{3min}，一般指在牙型底部的 $H/8$ 处，如螺纹螺距为 2 mm 时，即背吃刀量为 $1.3P = 1.3 \times 2 = 2.6$（mm）；如图 6—3 所示 2 号螺纹刀处的小径为 d_{3max}，一般指刀尖圆弧过牙型底部的 $H/4$ 处的尺寸，刀尖圆弧 $R_{最小}$ 不过 $H/4$ 处的尺寸处，会与内螺纹的牙尖（内螺纹的小径）产生干涉，螺纹配合不进去，如刀尖磨损后，就会产生此现象，或将刀尖圆弧磨得过大，也会产生此现象。此处背吃刀量应大于 $1.08P = 1.08 \times 2 = 2.16$（mm），实际背吃刀量为 $1.08 \times 2 + R_{min}$，参照表 6—2 中 R_{min} 为 0.25 mm（牙底圆弧半径 R 不能小于 $0.125P$），此时实际背吃刀量为 $1.08 \times 2 + 0.25 = 2.541$（mm）。以上为机械性能等级高于和等于 8.8 级的螺纹件的要求。

2. 内螺纹牙型分析

如图 6—4 所示为内螺纹的被车削牙型。内螺纹的小径 D_1 尺寸为牙尖部削去 $H/4$ 高度，一般用内孔刀先按照 D_1 尺寸车好内径，然后用内螺纹刀按大于 $5H/8$ 的背吃刀量（深度为 $5H/8$ + 刀尖 R）进行车削，刀尖圆弧与斜线的切点，也是必须过 $5H/8$ 尺寸，三角螺纹对外螺纹的小径和内螺纹的大径不规定具体的公差数值。内螺纹牙型槽底可以呈圆弧形，这个牙底圆弧在公称直径 d 以外的 $H/8$ 内即可。背吃刀量为 $1.08P + R_{min}$（两侧圆弧槽深）。根据要求，如果内螺纹大径削平，车削深度为 $1.08P$。

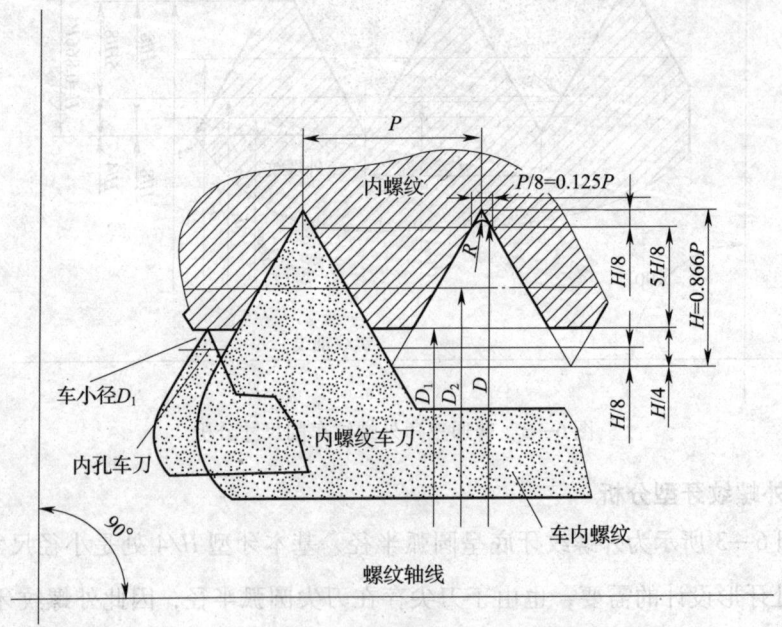

图 6—4 普通三角内螺纹车削尺寸分析

 技能要求

M48 外螺纹牙型车削尺寸的检测

一、操作准备

序号	名称	准备事项
1	材料	M48 螺钉
2	设备	CA6140 车床三爪卡盘及卡盘扳手

三、普通三角螺纹背吃刀量尺寸分布

普通三角螺纹背吃刀量尺寸分布（即三角螺纹的车削深度）如图 6—2 所示。

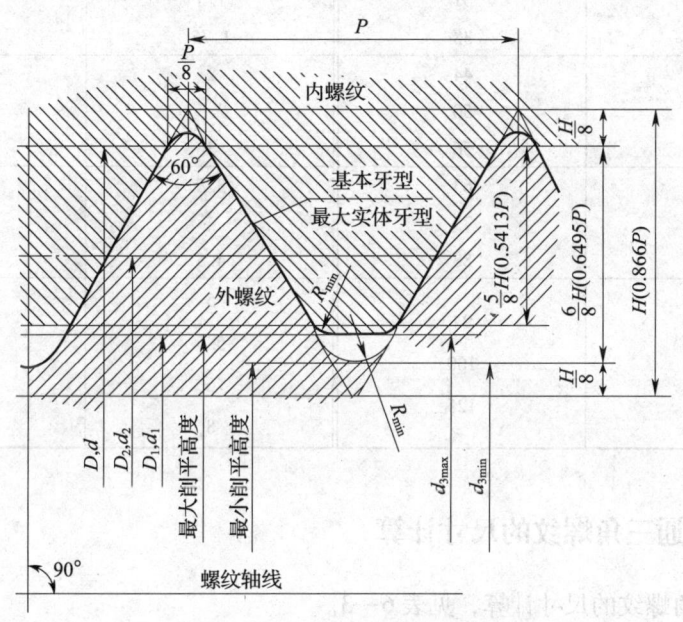

图 6—2 普通三角螺纹车削牙型

对外螺纹的小径和内螺纹的大径不规定具体的公差数值。内螺纹牙型槽底可以呈圆弧形，这个牙底圆弧在公称直径 d 以外的 $H/8$ 内，车削深度为 $1.08P + 2 \times R_{\min}$（两侧圆弧槽深）。根据要求，如果内螺纹大径削平，车削深度为 $1.08P$。

外螺纹牙底呈圆弧半径，基本牙型过 $H/4$ 处是最大削平高度，为外螺纹的最大小径 $d_{3\max}$，此处外螺纹牙底圆弧半径与内螺纹不能发生干涉，因此实际上在 $H/4$ 处内螺纹的小径（牙顶）直径要大一些，而外螺纹的牙底直径要小一些，充分考虑刀尖部圆弧可能带来的牙型接触性干涉（此处有 $R_{\min}$ 表明为外螺纹最小牙底圆弧半径）。最小削平高度为外螺纹的最小小径 $d_{3\min}$，刀尖圆弧深至 $H/8$ 处，即切削深度为 $1.3P$。

四、外螺纹牙型设计

对机械性能等级高于和等于 8.8 级的螺纹件，其牙底圆弧半径 R 不能小于 $0.125P$，$R_{\min}$ 值见表 6—2。对机械性能等级低于 8.8 级的螺纹件，其牙底形状尽可能地与机械性能等级高于和等于 8.8 级的螺纹牙底形状一致。

内螺纹的设计与其基本牙型相同。

表 6—2　　　　　　　　　　外螺纹最小牙底圆弧半径

螺距 P/mm	R_{min}/μm	螺距 P/mm	R_{min}/μm
0.2	25	1.25	156
0.25	31	1.5	188
0.3	38	1.75	219
0.35	44	2	250
0.4	50	2.5	313
0.45	56	3	375
0.5	63	3.5	438
0.6	75	4	500
0.7	88	4.5	563
0.75	94	5	625
0.8	100	5.5	688
1	125	6	750
		8	1 000

五、普通三角螺纹的尺寸计算

普通三角螺纹的尺寸计算，见表 6—3。

表 6—3　　　　　　　　　　普通三角螺纹的尺寸计算　　　　　　　　　　mm

	名称	代号	计算公式
	牙型角	α	60°
	原始三角形高度	H	$H = 0.866P$
	牙型高度	h	$h = \frac{5}{8}H = \frac{5}{8} \times 0.866P = 0.5413P$
	大径	d	$D = d = $ 公称直径
外螺纹	中径	d_2	$d_2 = d - 2 \times \frac{3}{8}H = d - 0.6495P$
	小径	d_1	$d_1 = d - 2 \times \frac{5}{8}H = d - 1.0825P$
	小径最大极限值	d_{3max}	$d_{3max} = d - 2 \times \left(\frac{5}{8}H + R_{min}/2\right) = d - 2 \times \frac{5}{8}H - R_{min} = d - 1.0825P - R_{min}$
	小径最小极限值	d_{3min}	$d_{3min} = d - 2 \times \frac{6}{8}H = d - 1.299P$
	牙尖高		$H/8$
	牙尖宽		$P/8$
内螺纹	中径	D_2	$D_2 = d_2$
	小径	D_1	$D_1 = d_1$
	大径	D	$D = d = $ 公称直径
	螺纹升角	ψ	$\tan\psi = \dfrac{nP}{\pi d_2}$

六、外螺纹的牙底与内螺纹的牙尖干涉分析

如图6—3所示为普通三角外螺纹车削尺寸分析。

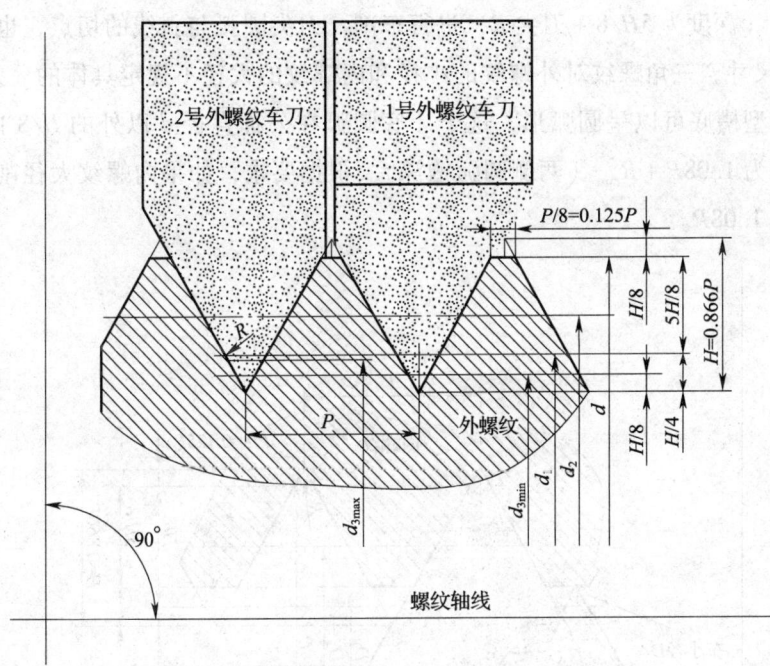

图6—3　普通三角外螺纹车削尺寸分析

1. 外螺纹牙型分析

如图6—3所示为外螺纹牙底呈圆弧半径，基本牙型$H/4$处是小径尺寸d_1处。由于d_1处牙形设计的需要，也由于刀尖存在刀尖圆弧半径，因此外螺纹牙底呈圆弧半径，但圆弧半径多大是有要求的。圆弧太大时，容易造成外螺纹的牙底与内螺纹的牙尖产生干涉，拧不进去；圆弧太小时，影响螺纹强度。如图6—3所示1号螺纹车刀处的小径为d_{3min}，一般指在牙型底部的$H/8$处，如螺纹螺距为2 mm时，即背吃刀量为$1.3P = 1.3 \times 2 = 2.6$（mm）；如图6—3所示2号螺纹刀处的小径为$d_{3max}$，一般指刀尖圆弧过牙型底部的$H/4$处的尺寸，刀尖圆弧$R_{最小}$不过$H/4$处的尺寸处，会与内螺纹的牙尖（内螺纹的小径）产生干涉，螺纹配合不进去，如刀尖磨损后，就会产生此现象，或将刀尖圆弧磨得过大，也会产生此现象。此处背吃刀量应大于$1.08P = 1.08 \times 2 = 2.16$（mm），实际背吃刀量为$1.08 \times 2 + R_{min}$，参照表6—2中$R_{min}$为0.25 mm（牙底圆弧半径$R$不能小于$0.125P$），此时实际背吃刀量为$1.08 \times 2 + 0.25 = 2.541$（mm）。以上为机械性能等级高于和等于8.8级的螺纹件的要求。

2. 内螺纹牙型分析

如图6—4所示为内螺纹的被车削牙型。内螺纹的小径 D_1 尺寸为牙尖部削去 $H/4$ 高度,一般用内孔刀先按照 D_1 尺寸车好内径,然后用内螺纹刀按大于 $5H/8$ 的背吃刀量(深度为 $5H/8+$ 刀尖 R)进行车削,刀尖圆弧与斜线的切点,也是必须过 $5H/8$ 尺寸,三角螺纹对外螺纹的小径和内螺纹的大径不规定具体的公差数值。内螺纹牙型槽底可以呈圆弧形,这个牙底圆弧在公称直径 d 以外的 $H/8$ 内即可。背吃刀量为 $1.08P+R_{\min}$(两侧圆弧槽深)。根据要求,如果内螺纹大径削平,车削深度为 $1.08P$。

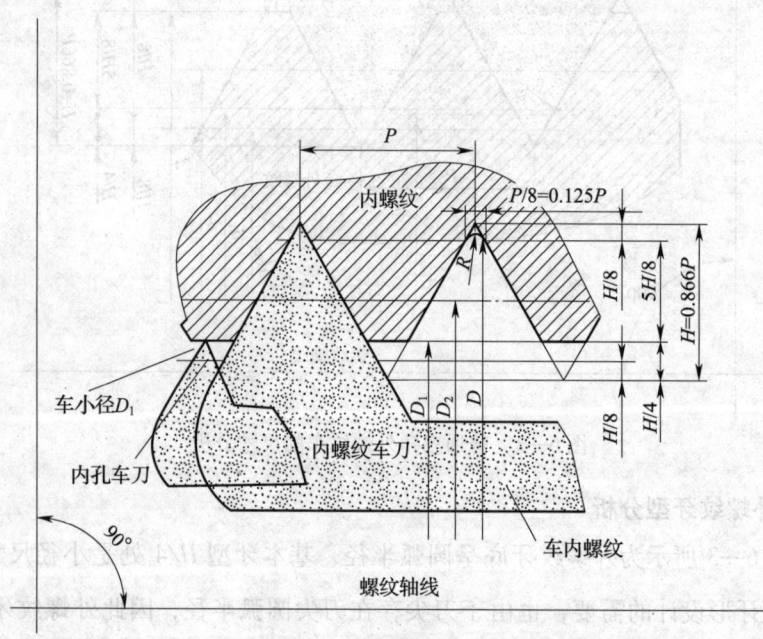

图6—4 普通三角内螺纹车削尺寸分析

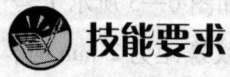 **技能要求**

M48 外螺纹牙型车削尺寸的检测

一、操作准备

序号	名称	准备事项
1	材料	M48 螺钉
2	设备	CA6140 车床三爪卡盘及卡盘扳手

续表

序号	名称		准备事项
3	工艺装备	刃具	60°螺纹车刀
4		量具	游标卡尺0.02 mm/（0~150 mm）、螺纹样板
5		工、附具	活顶尖、钻夹具、活扳手、旋具等常用工具

二、操作步骤

如图6—5所示，螺钉成品工件的螺纹拧不进螺母，必须经过测量和检测查找不合格原因。

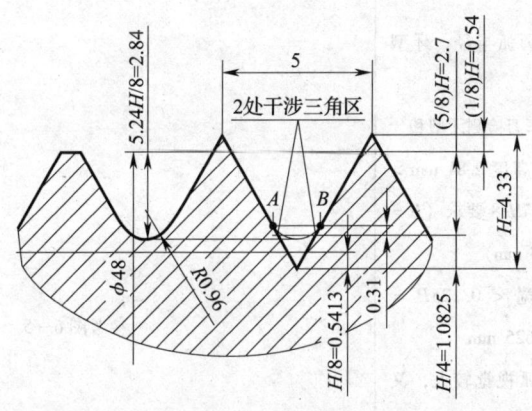

图6—5 螺纹不合格原因检测和分析

在装配此工件时，发现大批量产品都不合格，原因是螺母都拧不进去。首先排除了机床造成螺纹误差的原因，开始分析工件螺纹的加工尺寸。如图6—5所示显示了由于刀尖圆弧太大，造成 A、B 两处区域在 $5H/8$ 处形成三角干涉区间，$5H/8$ 处是内螺纹的平头顶径处，所以有干涉存在。

序号	操作步骤	操作简图
步骤1	检测螺纹外径 用卡尺测量外径，测量尺寸为 $\Phi 47.8$ mm，螺纹大径合格	$\Phi 47.8$

续表

序号	操作步骤	操作简图
步骤2	检测螺距 用螺距规检测螺距,螺距为5 mm,符合M48普通粗牙螺纹要求	
步骤3	在车床上用螺纹车刀检测牙型和牙型深度 1)牙底呈圆弧半径,牙型基本完整 2)用螺纹车刀检测牙型和牙型深度。牙型高度2.84 mm > 2.7 mm,符合$5H/8$要求($H = 0.866 \times 5 = 4.33$ mm) 3)牙尖宽 $< 0.125P = 0.125 \times 5 = 0.625$ mm 4)刀尖圆弧视觉较大,又由于牙型高度2.84 mm距离$0.65P$(3.25 mm)差距较大,怀疑是由于螺纹车刀刀头圆角太大造成底部干涉,如图A和B两点是底部圆弧与螺纹两侧面的切点高于$H/4$线,造成切线下面两个干涉三角区,所以螺母拧不进去	参考图6—5
步骤4	查表6—2得外螺纹最小牙底圆弧半径 得牙底圆弧半径为0.625 mm,按此修螺纹车刀刀头,将螺纹背吃刀量逐渐加深至$d_{3\min}$(即$d - 2 \times \dfrac{6}{8} H$)处附近,则可使螺母与螺杆配合合格	

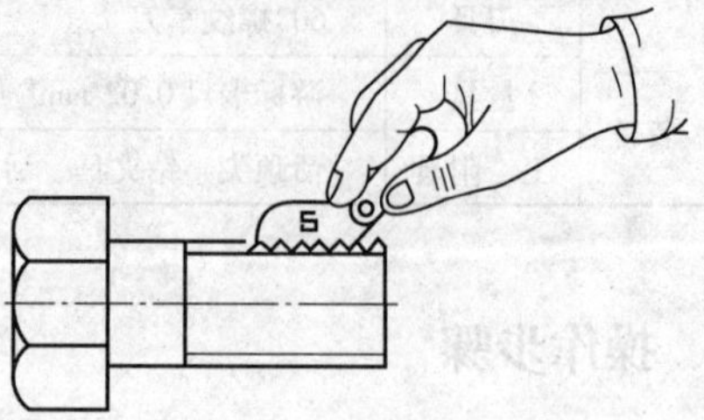

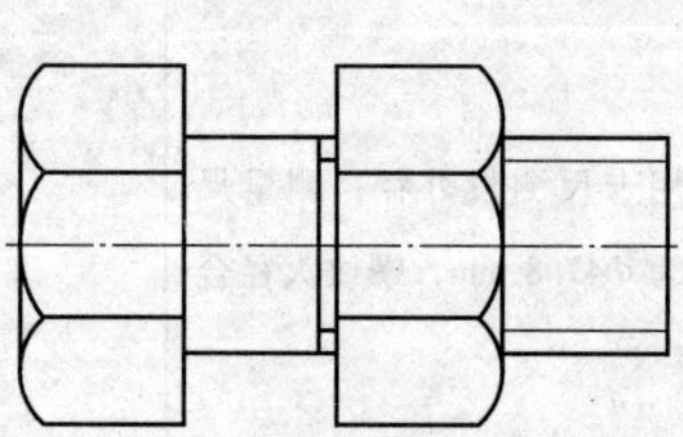

三、操作质量标准

如图6—1所示普通三角螺纹的基本牙型及图6—2所示普通三角螺纹背吃刀量尺寸分布所需要达到的标准要求。

1. 普通三角螺纹车削经验数据

在一般螺纹车刀的刃磨中,刀尖圆弧不能测量得很准,其牙底形状尽可能地与机械性能等级高于和等于8.8级的螺纹牙底形状一致。因此,一般背吃刀量从1.08P至1.3P为止。经验数据为,背吃刀量从1.08P深度开始测量,至中间值1.2P时,基本达到配合程度,进刀至1.3P的背吃刀量已经到达底部的H/8处,一般情况下,螺纹也属于最松的状态,不能再进刀了。

2. 车削螺纹背吃刀量经验数据举例

【例6—1】 M16普通螺纹的背吃刀量计算:

未参照8.8级螺纹件标准,牙型底削平时为$1.08P = 1.08 \times 2 = 2.16$(mm)深度。

参照8.8级螺纹件标准,牙型底削平时为$1.08P + R_{min} = 1.08 \times 2 + 0.25 = 2.41$(mm)深度。

参照或不参照8.8级螺纹件标准,牙型底圆弧时的最深度尺寸为$1.3P = 1.3 \times 2 = 2.6$(mm)。

学习单元2　普通外螺纹车刀刃磨

学习目标

- ➢ 认知米制普通螺纹车刀几何参数
- ➢ 了解刃磨螺纹车刀相关知识
- ➢ 掌握螺纹车刀的装夹方法

知识要求

一、硬质合金、高速钢外螺纹刀具

硬质合金外螺纹刀具如图6—6所示。

如图6—7a所示为背前角等于零度的高速钢螺纹车刀，如图6—7b所示为背前角大于零度的高速钢螺纹车刀。

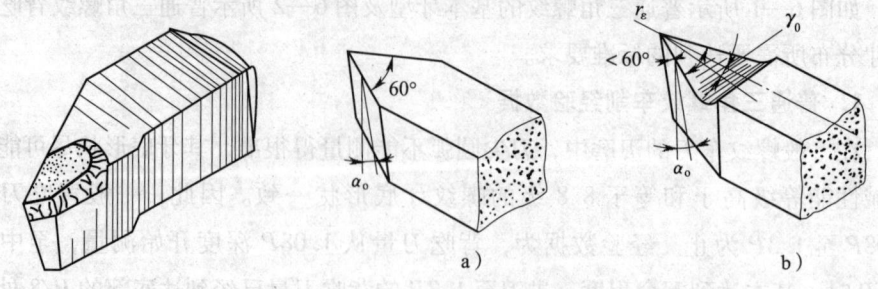

图6—6　硬质合金外螺纹车刀

图6—7　60°普通螺纹车刀
a) 车刀前角 γ_0 等于零度的车刀
b) 车刀前角 γ_0 大于零度的车刀

如图6—7所示螺纹车刀为60°普通螺纹车刀，如图6—7a所示的车刀前角 γ_0 等于零度的高速钢螺纹车刀用于精车，如图6—7b所示的车刀前角 γ_0 大于零度的螺纹车刀用于粗车。螺纹车刀有高速钢和硬质合金材料两种，高速钢螺纹车刀适用于低速车削螺纹，硬质合金螺纹车刀适用于高速车削螺纹。

普通螺纹车刀还有左、右侧后角 α_0，刀尖圆弧半径 r_ε 等几何形状的要求。

二、刃磨后的螺纹车刀应达到的要求

由于螺纹车刀属于成型刀具，车削过程中螺旋运动对车刀后角的影响较车外圆时大，所以刃磨后的螺纹车刀应达到以下要求。

1. 刀尖角等于牙型角

车刀的刀尖角直接影响螺纹的牙型角，精车螺纹车刀的前角为零度时，刀尖角等于被加工螺纹的牙型角。如车普通螺纹时刀尖角等于60°；车英制三角形螺纹时，刀尖角等于55°。

2. 车刀左右切削刃要求

车刀的左右切削刃必须是直线（滚珠丝杠螺纹除外）且对称（锯齿形螺纹除外）。

3. 车刀工作后角的影响

车刀的工作后角受螺纹升角的影响，两侧后角的大小应磨得不相等，进给方向一侧的后角 α_0 应磨得比螺纹外角大几度，产生切削时的后角。但大直径、小螺距的三角形螺纹其螺纹升角对车刀两侧后角的影响可忽略不计。

4. 车刀背前角的要求和作用

在实际工作中,用高速钢螺纹车刀低速车削螺纹时,如选用背前角等于零度的车刀,会使切削不顺利,排屑也比较困难,牙型两侧表面粗糙度也不易车至图样要求。当螺纹车刀背前角为 5°~15°时,则车削会比较顺利,容易车出比较光洁的牙型两侧表面。

当螺纹车刀的背前角不等于零度时,由于两侧切削刃不通过螺纹轴线,车出的螺纹牙侧不是直线,而会是曲线,这种误差对要求不高的螺纹来说可以忽略不计。当螺纹车刀的背前角不等于零度时,车出的螺纹牙型角要大于标准牙型角,按照螺纹牙型角的技术要求,刃磨后的刀尖角应适当减小。

三、用特制螺纹样板测量的方法

实际测量时常用特制的较厚的螺纹样板来测量,有纵向前角的车刀刀尖角的测量如图 6—8 所示。

为减小背前角对螺纹牙型角的影响,高速钢螺纹精车刀的纵向前角应取得小些 (0°~5°)。

在实际操作时应注意的是,具有较大背前角的螺纹车刀在车削时会产生一个较大的背向分力,这个力有把车刀向工件里面拉的趋势。如果中滑丝杆与螺母之间的间隙较大,就会产生"扎刀"现象。

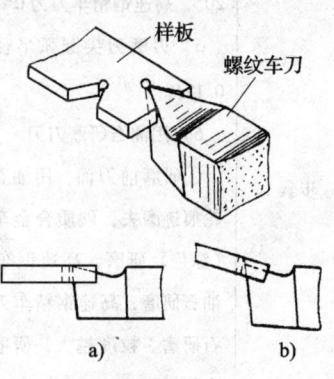

图 6—8　用螺纹样板检验刀尖角
a) 正确　b) 错误

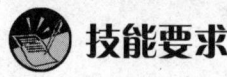

刃磨、研磨、装夹螺纹车刀

一、操作准备

序号	名称		准备事项
1	材料		硬质合金、高速钢螺纹车刀
2	设备		砂轮机
3	工艺装备	刃具	氧化铝及碳化硅砂轮
4		量具	螺纹样板
5		工、附具	活扳手、旋具等常用工具

二、操作步骤

序号	操作步骤	操作简图
步骤1	刃磨、研磨高速螺纹车刀 1）刃磨刀尖角 $\varepsilon_r \leq 60°$ 2）刃磨左侧后角 α_{01} 为 $4° \sim 8°$ 3）刃磨右侧后角 α_{02} 为 $3° \sim 6°$ 4）刃磨前角，高速钢粗车刀为 $20°$，高速钢精车刀为 $0° \sim 5°$ 5）刃磨刀尖圆弧半径 r_ε，取 $R \approx 0.12P$ 6）用油石研磨刀刃 ①研磨前刀面，用油石平研，将砂轮痕迹磨去，硬质合金车刀用碳化硅（绿色）研磨，高速钢车刀用白刚玉油石研磨，高速钢精车刀用棕刚玉油石研磨。粒度越大，研磨越光，但研磨量越少 ②研磨两侧后刀面。研磨时除保证角度外，还应该保证刃带的角度和光洁、宽窄，刃带的角度不能因为研磨而成为负后角，这是因为油石不是直线研磨运动而是曲线研磨运动所致	$3°\sim6°$　$4°\sim8°$　r_ε　$60°$　$5°\sim20°$
步骤2	刃磨、研磨硬质合金螺纹车刀 1）硬质合金螺纹车刀刃磨时，硬质合金螺纹刀的刀尖角不应太虚，要保证刀尖的强度，背前角 γ_p 为 $\pm 3°$ 之间，刀尖角要略小于牙型角，后角一般选择较小 2）车刀刃磨后角一般在 $3° \sim 6°$ 之间，磨削后，对刀尖及左右侧刃要经过精细研磨，要研磨光，而且有负倒棱	$0.2\sim0.4$　$-5°$　$0.2\sim0.4$　$3°$　$4°\sim6°$　$59°30'$　$R\approx 0.12P$　$\gamma_p = 3° \sim -3°$ 背前角

续表

序号	操作步骤	操作简图
步骤3	螺纹车刀的装夹 1) 为保证车削出正确的螺纹牙型，装夹螺纹车刀时要求刀尖与工件轴线等高，刀尖的角平分线应垂直于工件轴线。为了防止振动和扎刀，刀尖可略高于工件中心 2) 将螺纹样板靠在工件已加工外圆或端面上，使螺纹车刀两侧切削刃与螺纹样板的角度槽对齐，可做透光检查，如图所示。如车刀歪斜，可用铜棒轻轻敲击刀杆，使刀尖与样板的槽形对齐，符合要求后将车刀夹紧。夹紧后应复查一次，防止夹紧过程中刀具移动 3) 机床调整。在高速车削螺纹中，无论"倒顺车"挑扣，还是"抬闸"挑扣，都要求机床各调整点准确灵活，而且机构不松动	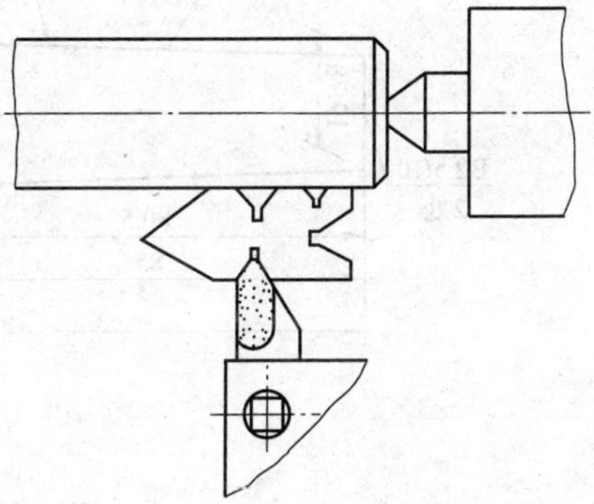

学习单元3　普通外螺纹车削

学习目标

- 掌握米制普通螺纹公差带、标记及车削加工
- 掌握普通螺纹的种类、用途及有关计算方法
- 掌握普通螺纹标记及常用 M5～M24 螺距知识
- 掌握车削螺纹切削用量的选择方法

知识要求

一、螺纹锥度轴识读

以图 6—9 所示为例，螺纹锥度轴有 M16 螺纹需要车削。

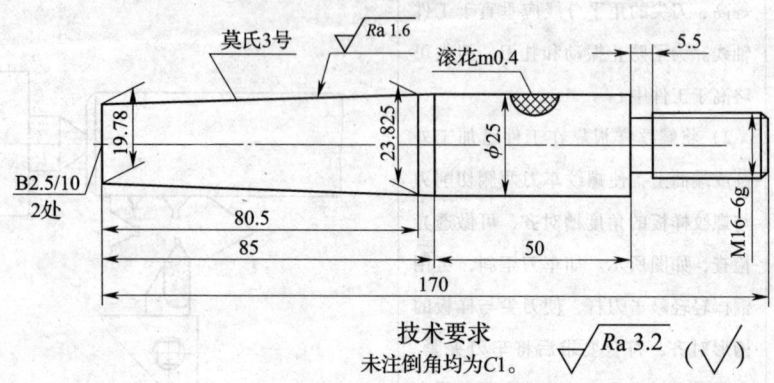

图 6—9　螺纹锥度轴

图示左侧有莫氏 3 号锥度轴，中间部位有 m 0.4 滚花，右侧有 M16 - 6g 普通螺纹。

二、常用普通三角螺纹螺距及中径尺寸

常用普通三角螺纹螺距及中径尺寸，见表 6—4。

表 6—4　　　　　常用三角螺纹螺距及中径值　　　　　mm

公称直径 D、d		螺距 P	中径 D_2 或 d_2
第一系列	第二系列		
3		0.5	2.675
4		0.7	3.545
5		0.8	4.480
6		1.0	5.35
8		1.25	7.188
10		1.5	9.026
12		1.75	10.863
	14	2	12.701
16		2	14.701
	18	2.5	16.376

续表

公称直径 D、d		螺距 P	中径 D_2 或 d_2
第一系列	第二系列		
20		2.5	18.376
24		3	22.051
	27	3	25.051

三、用螺距规等量具检验螺纹螺距

测量螺距时，可用钢板尺测量（也可用游标卡尺进行测量），如图 6—10 所示，测量螺距 P 为 6 mm 时，可测出 4 个螺距等于 24 mm 来验证，如果螺距较小，那么可以量出 10 个螺距的长度，再计算出其螺距的长度。也可用螺距规进行测量，如图 6—11 所示，螺距规一般为三角形螺纹的螺距。螺距标记在每一瓣上，测量时按照螺距标记找出所用的一瓣进行测量，螺距规可简单、准确地测量所加工和使用的一般螺纹。螺距规有米制、英制等种类。

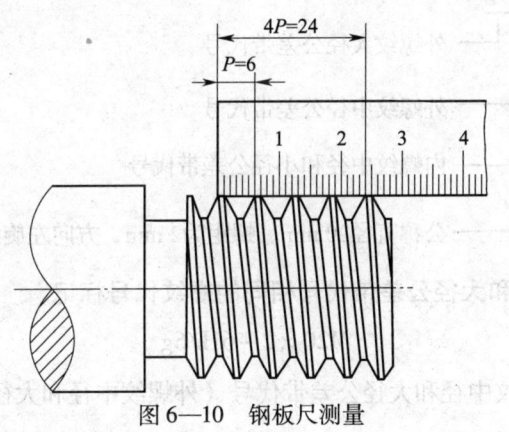

图 6—10 钢板尺测量

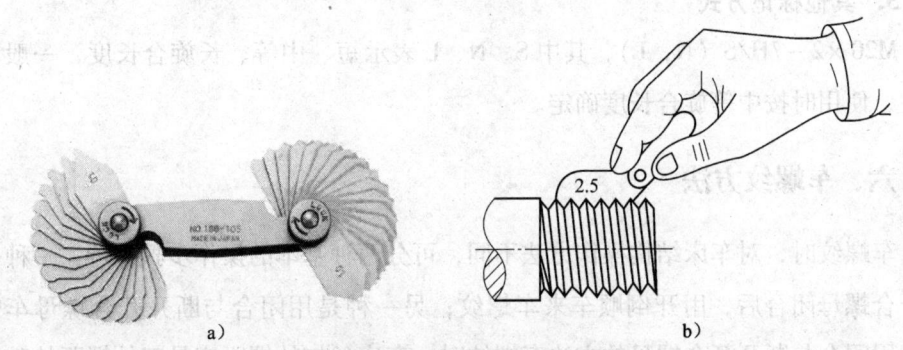

图 6—11 螺距规测量
a) 螺距规　b) 用螺距规测量螺距的准确性

四、用螺纹环规检测三角形外螺纹

用通、止规检测螺纹时（见图 6—12），通规过、止规不过则为合格。螺纹环规检测属于牙型综合检测，对牙型的角度和各部分尺寸都同时进行限制。

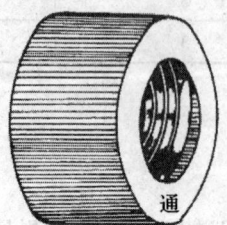
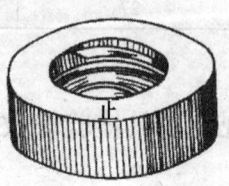

图 6—12　螺纹套规

五、螺纹代号标记

1. 普通螺纹代号标记

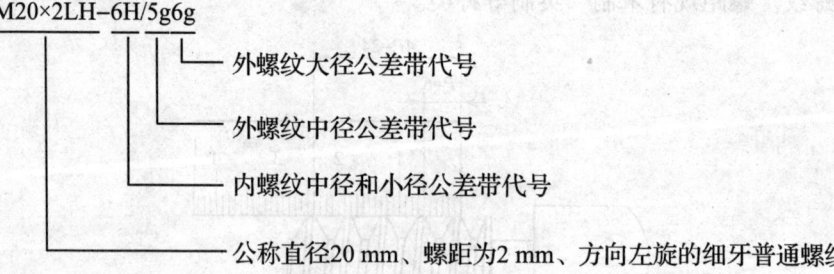

2. 外螺纹中径和大径公差带代号相同的螺纹代号标记

$$M20 \times 2 - 6H/6g$$

其中 6g 为外螺纹中径和大径公差带代号（外螺纹中径和大径公差带代号相同）。

3. 其他标记方式

M20×2－7H/S（N，L），其中 S、N、L 表示短、中等、长旋合长度，一般不标注，使用时按中等旋合长度确定。

六、车螺纹方法

车螺纹时，对车床结构操作方法不同，可分两种基本的操作步骤进行：一种是将开合螺母闭合后，用开倒顺车来车螺纹；另一种是用闭合与断开开合螺母车螺纹。用闭合与断开开合螺母的方法车螺纹时，车床丝杠的螺距应是工件螺距的整数倍，如不是整数倍，则应使用倒顺车法来车削螺纹，否则会使螺纹产生乱扣。

技能要求1

闭合与断开开合螺母车螺纹手动操作

一、操作准备

序号	名称		准备事项
1	材料		45钢，Φ30 mm×175 mm
2	设备		CA6140车床三、四爪卡盘及卡盘扳手
3	工艺装备	刀具	90°外圆车刀、45°端面车刀、B2.5/10中心钻、外沟槽车刀、60°螺纹车刀
4		量具	游标卡尺0.02 mm/（0~200 mm）、千分尺0.01 mm（0~25 mm）、M16螺纹量规
5		工、附具	钻夹具、回转顶尖、划线盘、活扳手、旋具等常用工具

二、操作步骤

序号	操作步骤	操作简图
步骤1	闭合与断开开合螺母车螺纹的操作要点 开动车床使工件旋转，使刀尖尽可能少地切入工件，在工件外圆表面车出一条轻微可见的刀痕即可，并记住刻度；摇回中滑板手柄，使刀尖做纵向位移与工件外圆脱离接触；回车停在距轴端5~10 mm空挡处，调整中滑板刻度环的零位，作为控制车刀横向切入螺纹深度的起始点	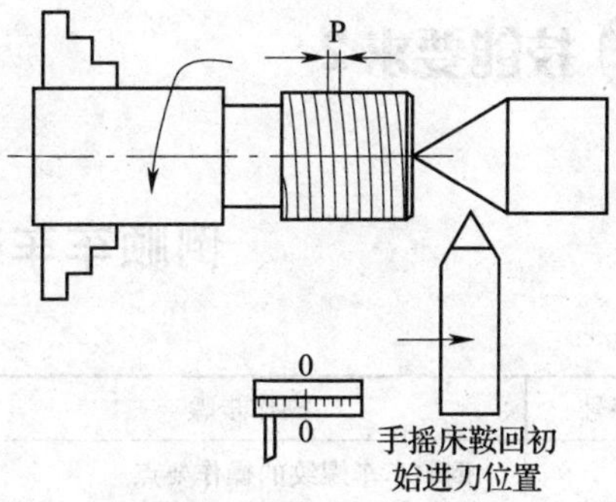
步骤2	进刀准备 左手握中滑板手柄做进退刀的准备，右手握开合螺母的操纵手柄，中滑板每次进刀后，右手将开合螺母手柄向下压，如图所示	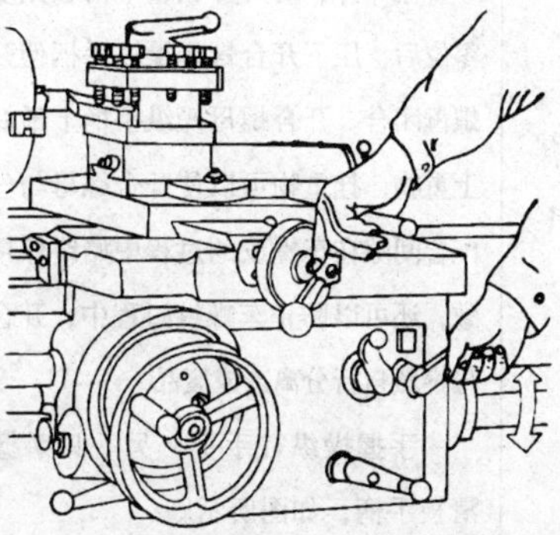

续表

序号	操作步骤	操作简图
步骤3	进刀结束 开合螺母闭合后，床鞍做轴向移动，右手仍握住手柄，做使手柄向上抬起的准备 当刀尖进入退刀位置时，左手快速摇动中滑板手柄退刀，刀尖退出工件的同时，右手迅速将开合螺母手柄抬起，使开合螺母与丝杠脱离接触，床鞍立刻停止移动	退刀 抬起开合螺母，床鞍停止进给
	摇动床鞍手轮，将车刀退至起始位置 重复前述操作动作，直至将螺纹车至尺寸	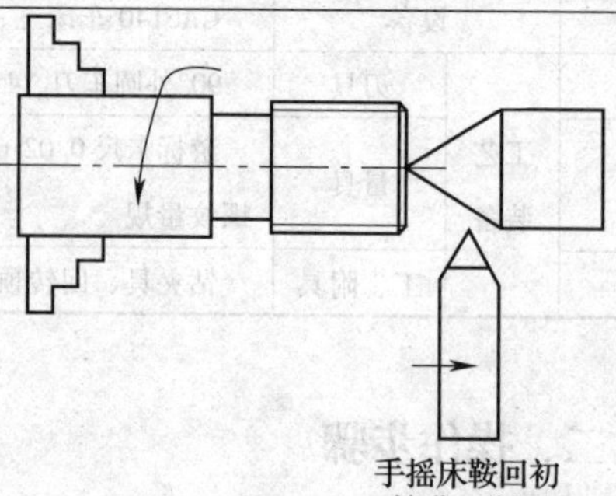 手摇床鞍回初始进刀位置

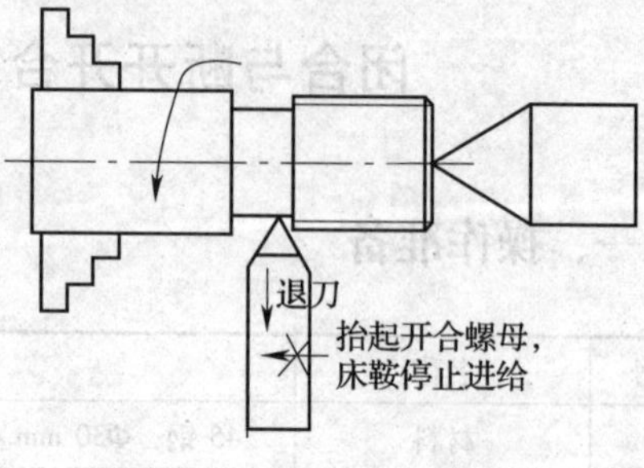

技能要求2

倒顺车车螺纹手动操作

序号	操作步骤	操作简图
步骤1	倒顺车车螺纹的操作要点 　　开动车床，对刀并调整中滑板刻度环零位后，压下开合螺母操纵手柄使开合螺母闭合。开合螺母操纵手柄上最好挂上重物，挂重物可以使开合螺母与丝杠配合间隙在车螺纹的过程中始终保持一致，还可以防止车螺纹过程中，开合螺母突然自行分离造成废品 　　一手握操纵杠手柄，另一只手握中滑板手柄，如图所示	重物

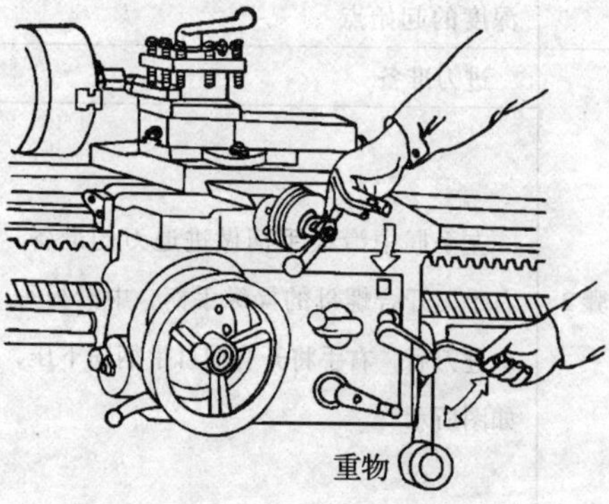

续表

序号	操作步骤	操作简图
步骤2	进刀准备 1）用中滑板刻度控制背吃刀量，将操纵杠向上提起，主轴正转，床鞍做纵向移动 2）当刀尖离退刀位置2~3 mm时，做好退刀准备，将操纵杠向下移动，主轴由于惯性作用仍在做正向旋转，但转速逐渐下降 3）刀尖进入退刀位置就快速摇动中滑板手柄退出车刀，如图所示	（转速减慢／退刀路线／快速退刀）
步骤3	退刀路线 刀尖离开工件时，迅速下压操纵杠，使主轴反转，床鞍则同时做纵向复位移动。床鞍移至刀尖距工件端面5 mm左右的位置，将操纵杠抬至中间位置使主轴停止转动，重复前述动作，将螺纹车至尺寸	（床鞍自动回初始进刀位置）

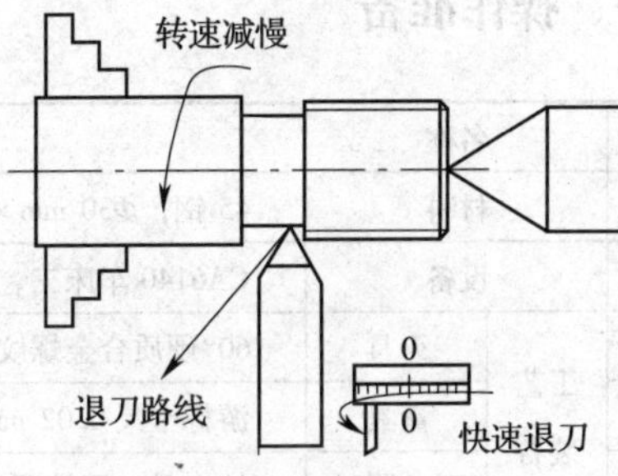

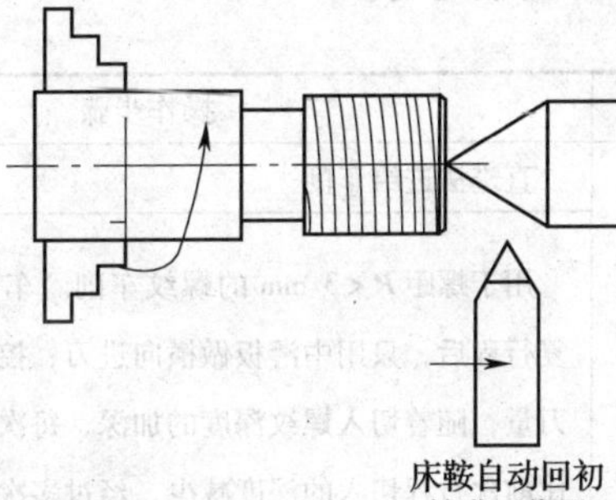

技能要求3

车削三角形螺纹时的进刀操作

用左右车削法和斜进法车螺纹时，车刀是一侧刀刃参加切削，所以不易产生"扎刀"现象。

采用左右切削法时，小滑板（车刀）向左或向右的进刀量不能过大，精车时应小于0.05 mm，否则会使牙底过宽或凸凹不平。

高速车削螺纹中，只能采用直进法。对螺距稍大的螺纹，可用微量斜进法，但注意不要挤掉刀片。切削中，开始时切削深度可以大一些。

高速车削螺杆螺纹时，要做到眼疾手快，上刀尺寸要准，用2或3刀车削完毕，保证质量。在车削过程中，有弯曲让刀的可能，因此应注意加强工件的刚度。用硬质合金螺纹车刀进行高速车削外螺纹，不但效率高，而且螺纹两侧较光。

一、操作准备

序号	名称		准备事项
1	材料		45钢，$\Phi 30$ mm $\times 175$ mm
2	设备		CA6140车床三、四爪卡盘及卡盘扳手
3	工艺装备	刃具	60°硬质合金螺纹车刀
4		量具	游标卡尺0.02 mm/（0~200 mm）、螺纹量规
5		工、附具	钻夹具、回转顶尖、划线盘、活扳手、旋具等常用工具

二、操作步骤

序号	操作步骤	操作简图
步骤1	直进法进给车削 用于螺距 $P<3$ mm 的螺纹车削。车削螺纹时，每次往复行程后，只用中滑板做横向进刀，控制螺纹车刀的背吃刀量，随着切入螺纹深度的加深，每次行程切入的深度都比前次行程切入的深度减少，经过多次行程，将螺纹车至图样要求为止。直进法车螺纹可以得到较正确的牙型，但车刀两侧刀刃同时车削，容易产生"扎刀"现象	进刀方式
步骤2	左右切削法进给车削 用于大螺距 $P>3$ mm 的螺纹车削。车螺纹时，每次往复行程后，除了用中滑板作横向进刀外，同时用小滑板把车刀向左或向右作轴向进给切入，进行粗精车（俗称"赶刀"或"借刀"），经多次行程将螺纹车至图样要求。如用硬质合金螺纹刀，因为是焊接或机夹刀片不牢固，则向左或向右作微量切入	精车余量 进刀方式

三、注意事项

1. 开车前，应先调整中、小滑板间隙及松紧度。

2. 检查摩擦离合器、制动器是否灵活。
3. 检查开合螺母间隙。
4. 根据工件进、退刀距离选择转速。

 技能要求 4

螺纹锥度轴加工

一、操作准备

序号	名称		准备事项
1	材料		45 钢，Φ30 mm × 175 mm
2	设备		CA6140 车床三、四爪卡盘及卡盘扳手
3	工艺装备	刃具	90°外圆车刀、45°端面车刀、B2.5/10 中心钻、外沟槽车刀、m0.4 滚花刀、60°螺纹车刀
4		量具	游标卡尺 0.02 mm/（0~200 mm）、千分尺 0.01 mm/（0~25 mm）、钢直尺、锥度量规、螺纹量规
5		工、附具	钻夹具、回转顶尖、划线盘、活扳手、旋具等常用工具

二、操作步骤

序号	操作步骤	操作简图
步骤 1	装夹毛坯外圆，探出 140 mm 1）车平端面 2）钻中心孔，顶上工件 3）粗、精车 Φ25 mm 4）车外圆 Φ16 mm 5）滚花	滚花 m0.4，Φ25，Φ16，40，95，135
步骤 2	调头装夹滚花部位 1）车平端面，长度 170 mm 2）车外圆至 Φ24.05 mm 3）扳角度盘至 1.5°，进行粗车 4）校正角度，精车 1:19.92 锥度，保证大、小头尺寸	40，Φ16，Φ25，Φ24.05，Φ19.78，85，170

续表

序号	操作步骤	操作简图
步骤3	调头装夹滚花部位 1）切槽 Φ13 mm×5.5 mm 2）车削螺纹 M16 3）倒角 C1	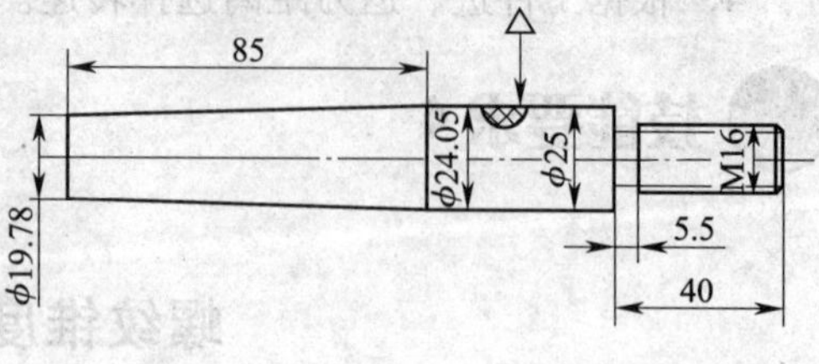

三、操作质量标准

1. 滚花要求

Φ25 滚花部位，要求滚花完整，尖部突出。

2. 锥体要求

（1）锥体锥度 1∶19.92、Ra1.6 μm，接触率 65% 为不达标，视为不合格。

（2）锥体大小端尺寸 Φ24.05 mm 和 Φ19.78 mm 按照未注公差检验。

（3）中心孔要求：中心孔 B2.5/10 两处要求尺寸准确，表面光洁。

（4）其他尺寸要求：其他长度尺寸及倒角尺寸按照未注公差检验。

学习单元4 普通内螺纹车刀刃磨

学习目标

- 掌握识读米制普通内螺纹牙型、公差带、标记及车刀几何参数的方法
- 掌握内螺纹车刀的装夹方法
- 掌握内螺纹车刀的刃磨要求和方法

知识要求

一、内螺纹加工所用车刀

钻削底径用麻花钻头如图 6—13a 所示，内孔刀如图 6—13b 所示，内孔车槽刀

如图 6—13c 所示，硬质合金内孔螺纹刀如图 6—13d 所示，高速钢内孔螺纹刀如图 6—13e 所示。

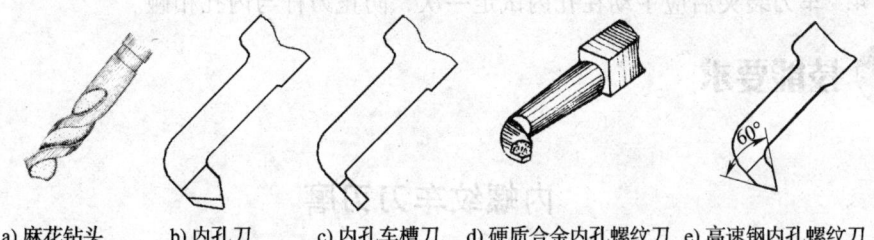

　　a) 麻花钻头　　b) 内孔刀　　c) 内孔车槽刀　　d) 硬质合金内孔螺纹刀　　e) 高速钢内孔螺纹刀

图 6—13　车削简单内孔螺纹工件车刀

　　钻削底径用麻花钻头主要用于内孔粗加工，内孔刀主要用于内孔的半精加工和精加工，内孔车槽刀主要用于螺纹的退刀槽用，硬质合金内孔螺纹刀主要用于高速车削螺纹，高速钢内孔螺纹刀主要用于低速精车螺纹。

　　内切槽刀刃磨角度与外切槽刀角度基本相同，内切槽刀只是在径向的后角刃磨角度随着内孔直径磨成两次后角或圆形后角。内孔刀与内螺纹刀具有的角度相同，只是角度数值不同。

　　普通三角形内螺纹车刀的刃磨要求是要解决刀杆粗细受限制、刚度不足的困难，内螺纹车刀车削内螺纹时，由于刀杆刚度不足，刀杆被切削抗力推回而弯曲产生让刀，使背吃刀量达不到预定的深度，如果误认为背吃刀量进给少了，就要多给进给量，此时可能又由于进刀太深而产生扎刀现象。要学会赶刀法车削内螺纹，通过螺母的车削掌握低速车削三角形内螺纹的方法。

二、内螺纹车刀的装夹方法

　　内螺纹零件形状常见的有两种，即通孔、平底孔，其中通孔内螺纹相对容易加工。

　　内螺纹车刀的装夹方法如图 6—14 所示。装夹的过程中应注意如下几点。

　　1. 刀杆不应伸出过长，刀杆伸出的长度应比螺纹的深度长 10~20 mm。

　　2. 调整车刀高度，使刀尖略高于工件旋转中心（0.5 mm），用手旋紧刀架螺钉。

　　3. 把螺纹样板靠在已车过的工件端

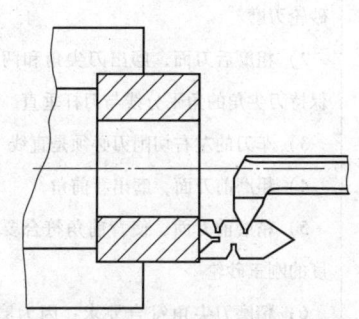

图 6—14　装夹内螺纹车刀的对刀方法

面或外圆上,将刀尖两侧刀刃与角度槽两侧对准做透光检查,位置正确后,将刀架螺钉旋紧后,用螺纹样板再次检查。

4．车刀装夹后应手动在孔内试走一次,防止刀杆与内孔相碰。

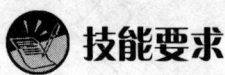技能要求

内螺纹车刀刃磨

一、操作准备

序号	名称		准备事项
1	材料		硬质合金、高速钢螺纹车刀
2	设备		砂轮机
3	工艺装备	刃具	氧化铝及碳化硅砂轮
4		量具	螺纹样板
5		工、附具	活扳手、旋具等常用工具

二、操作步骤

刃磨高速钢内螺纹车刀,三角形内螺纹车刀和三角形外螺纹车刀,两者切削部分的几何形状基本相同,刀杆部分形状和内孔车刀相同。

序号	操作步骤	操作简图
步骤1	粗、精磨刀面 1）粗磨:高速钢内螺纹车刀选用粗粒度的刚玉砂轮刃磨 2）粗磨后刀面,磨出刀尖角和两侧后角,注意保持刀尖角的角平分线与刀杆垂直 3）车刀的左右切削刃必须是直线 4）粗前刀面,磨出背前角 5）精磨前刀面,使背前角符合要求。选用细粒度的刚玉砂轮 6）精磨刀尖角符合要求:因为磨出了背前角,刀尖角必须按修正后的数值刃磨	60° 30° 30°

续表

序号	操作步骤	操作简图
步骤2	后角磨成圆弧形 内螺纹车刀后角应比外螺纹车刀后角适当大些，磨成小于内孔的圆弧形	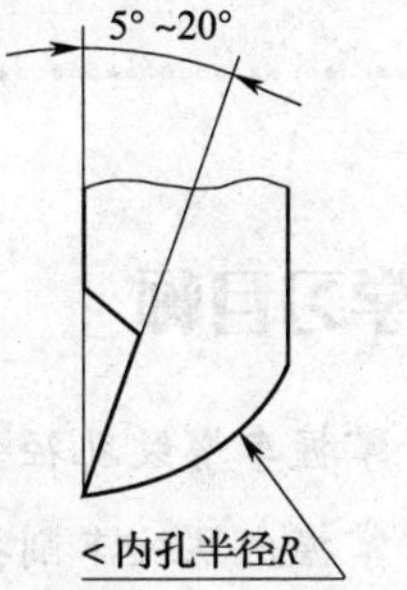 （图示：$5°\sim20°$，$<$ 内孔半径 R）
步骤3	后角磨成两段 如图所示，磨成两段后角 α_{01} 和 α_{02}。	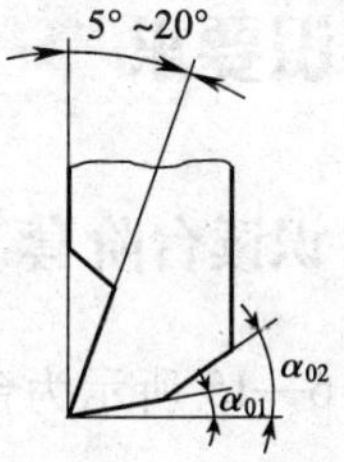 （图示：$5°\sim20°$，α_{01}，α_{02}）
步骤4	刃磨后角值 1）如图所示为内螺纹车刀两侧后角值，正对运动方向的后角因为有螺旋升角的缘故，故要大于背对运动方向的后角 2）精磨后刀面，使左、右两侧后角符合要求	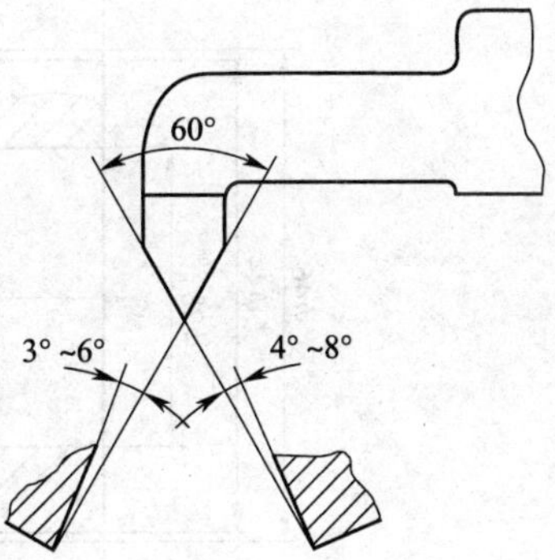 （图示：$60°$，$3°\sim6°$，$4°\sim8°$）
步骤5	研磨 用油石研磨前、后刀面和刀尖	

三、注意事项

当精车内螺纹时，背前角可以取至 $0°$。

学习单元 5　普通内螺纹车削

 学习目标

> 掌握车螺纹孔径知识
> 掌握内螺纹车削技术
> 掌握用螺纹塞规检测内三角螺纹的方法

 知识要求

一、识读台阶套

如图 6—15 所示为台阶套，内有普通三角螺纹。

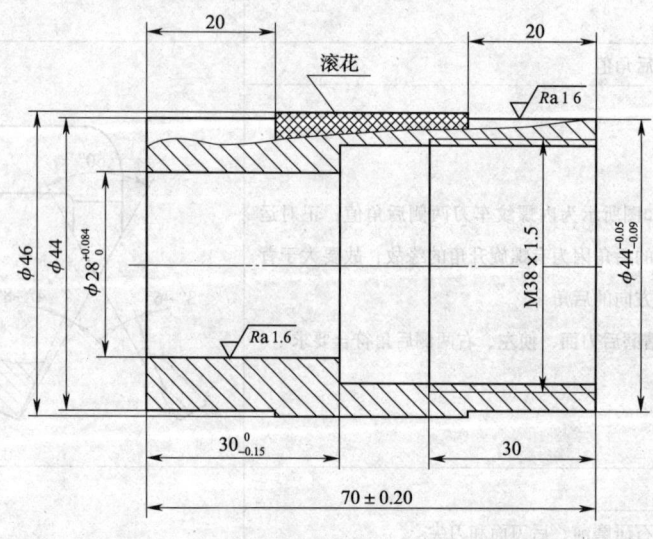

技术要求
1. 全部倒角$C1$；
2. 禁止抛光。

图 6—15　台阶套

图样右侧内孔有 M38 × 1.5 普通螺纹，左侧有直孔，外圆有要求较严的 $\Phi 44_{-0.09}^{-0.05}$ mm 尺寸，内孔有 $\Phi 28_{\ 0}^{+0.084}$ mm 尺寸要求，外圆有 m0.3 滚花。涉及普通螺纹内孔直径控制尺寸 $\Phi 36.38$ mm，螺纹刀尖圆角半径 R 值等。

二、用螺纹塞规检测内三角螺纹

用通、止规检测螺纹时,螺纹塞规如图6—16所示,通规过、止规不过为合格。螺纹量规检测属于牙型综合检测,对牙型的角度和各部尺寸都同时进行限制。

三、车削各种孔径螺纹的方法

1. 车通孔内螺纹

(1) 确定车刀纵向进、退刀位置

开动车床将螺纹车刀刀尖移入孔内,在孔口处与孔壁轻微接触后,快速移动床鞍将车刀退出孔口外,调整中滑板刻度至零位,作为车螺纹切入深度的起始位置。然后按退刀方向摇中滑板手柄使刀尖离开孔壁 1 mm 左右(应注意消除刻度环空行程的影响),用粉笔在中滑板刻度环上画线,作为横向退刀位置记号。

(2) 确定车刀轴向退刀位置

移动床鞍使车刀移入孔内至孔的终端外约两个螺距长度停止,调整床鞍刻度环的零位或在刀杆上做标记,作为轴向退刀位置记号。

2. 车平底孔内螺纹

(1) 刃磨平底孔螺纹车刀

车刀的几何角度与刃磨方法和通孔内螺纹车刀相同,但应控制刀尖至刀杆左侧面的距离,一般要小于1/2退刀槽宽度。左侧切削刃要磨得短一些,可使切削刃两侧在退刀槽中留有一定空隙,如图6—17所示。

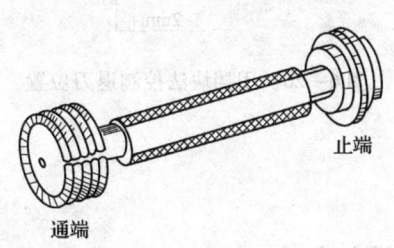

图6—16 螺纹塞规

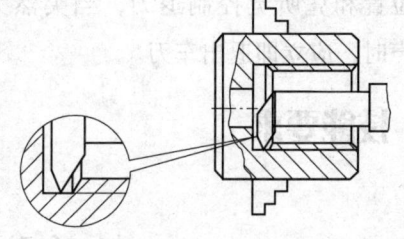

图6—17 平底孔螺纹车刀的要求

(2) 车螺纹孔径

车螺纹孔径,端面及孔两端倒角,车退刀槽的直径尺寸应大于内螺纹大径基本尺寸;槽宽为2或3个螺距。孔与端面应保持垂直,如图6—18所示。

(3) 控制退刀位置的措施

由于车平底孔内螺纹观察十分困难,因此应采取措施严格控制退刀位置,常用方法如下。

1）刻度控制法。移动床鞍，当刀尖对准退刀槽中间位置时，将床鞍刻度调至零位或用粉笔画线做记号，作为退刀位置。

2）标记法。移动床鞍使刀尖对准退刀槽中间位置时，在车床导轨或刀杆上做出标记（见图6—19），作为退刀位置。车螺纹时应仔细看着标记退刀。

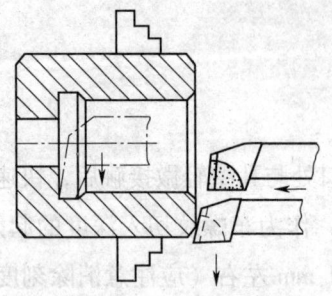 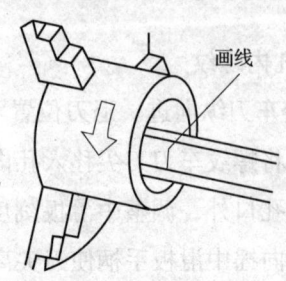

图6—18 车平底螺纹孔　　图6—19 用标记法控制退刀位置

3）挡块法。移动床鞍，当刀尖对准退刀槽中间位置时，将靠近工件的刀架螺钉旋松（另一螺钉可不松），将垫刀片或铜皮放在刀杆上，并使之与螺纹孔端面相距1～2 mm（见图6—20），旋紧刀架螺钉（旋紧后应检查车刀是否发生位移）。车螺纹时当挡块随刀杆移动至距螺纹孔端面1～2 mm的位置时，将车刀快速退出。

4）感觉法。当螺纹孔的直径较大、长度较短时，可直接目测刀尖在退刀槽中的位置和凭听觉控制退刀，当突然无切削声时，应立即退出车刀。

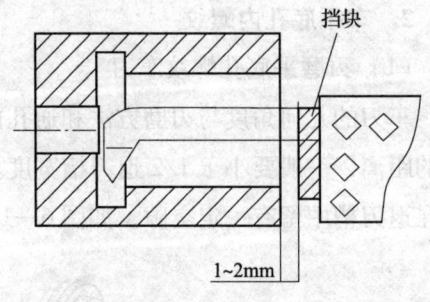

图6—20 用挡块法控制退刀位置

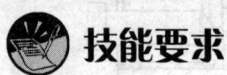 技能要求

台阶套车削

一、操作准备

序号	名称	准备事项
1	材料	45钢，ϕ50 mm×75 mm
2	设备	CA6140车床三、四爪卡盘及卡盘扳手

续表

序号	名称		准备事项
3	工艺装备	刃具	90°外圆车刀，45°弯头车刀，内孔车刀，内孔60°螺纹车刀，内孔精车刀，滚花刀，Φ26 mm、Φ34 mm钻头，中心钻A2/5
4		量具	游标卡尺0.02 mm/（0~150 mm）、钢直尺、内径百分表0.01 mm/（18~35 mm）、千分尺0.01 mm/（25~50 mm）、60°螺纹规
5		工、附具	钻夹具、回转顶尖、划线盘、活扳手、旋具等常用工具

二、操作步骤

序号	操作步骤	操作简图
步骤1	装夹毛坯外圆 1）车平端面 2）钻中心孔，顶上顶尖 3）车外圆 Φ46 mm 4）车外圆 Φ44 mm 5）在外圆 Φ46 mm 处滚花	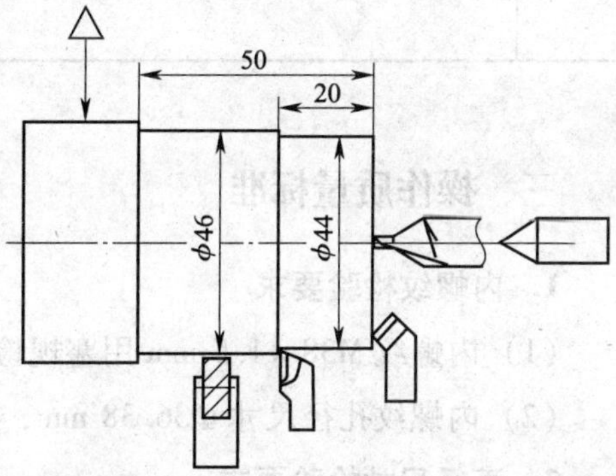
步骤2	撤去顶尖 钻孔 Φ26 mm	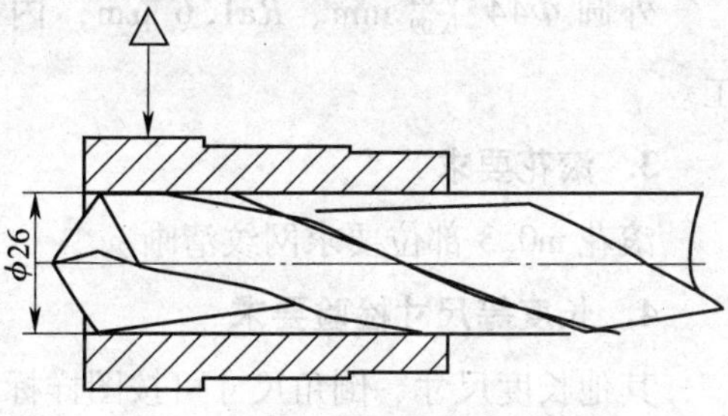
步骤3	粗、精车内孔 1）粗车孔 Φ26 mm 至 Φ27.8 mm 2）精车 Φ28 mm 至尺寸	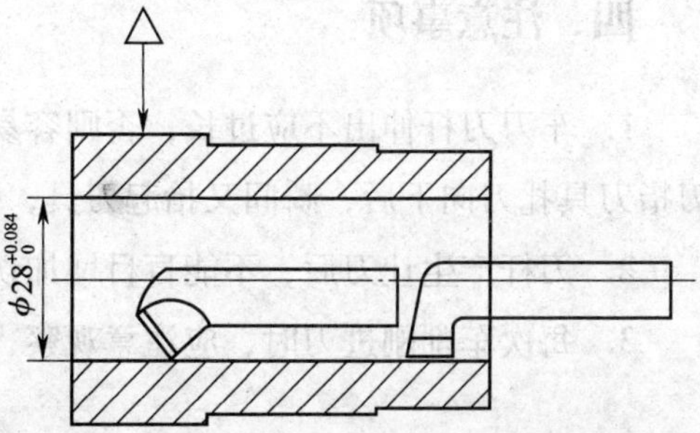

续表

序号	操作步骤	操作简图
步骤4	调头装夹外圆 $\Phi 44$ mm 1) 车平端面，长 70 mm 2) 车削外圆 $\Phi 44_{-0.09}^{-0.05}$ mm 3) 车螺纹内径 $\Phi 36.38$ mm，长 40 mm 4) 车内螺纹 M38×1.5 mm，长 30 mm	

三、操作质量标准

1. 内螺纹检验要求

（1）内螺纹 M38×1.5 mm 用塞规检验。

（2）内螺纹孔径尺寸 $\Phi 36.38$ mm，按 GB/T 1804 - m 检验。

2. 直径尺寸检验要求

外圆 $\Phi 44_{-0.09}^{-0.05}$ mm、$Ra1.6$ μm，内孔 $\Phi 28_{0}^{+0.084}$ mm、$Ra1.6$ μm 按要求加工。

3. 滚花要求

滚花 m0.3 部位要求网纹清晰。

4. 长度等尺寸检验要求

其他长度尺寸、倒角尺寸可按图样标注公差或未注公差值加工。

四、注意事项

1. 车刀刀杆伸出不应过长，否则容易产生"扎刀""啃刀""让刀"现象。啃刀指刀具扎刀向下后，瞬间又抬起刀具，交替出现的现象。

2. 刀杆产生让刀后，不能盲目增加切削深度。

3. 每次车削刚进刀时，应注意观察，防止中滑板多摇一圈。

学习单元 6　攻螺纹前螺纹底径查表及攻螺纹

 学习目标

> 掌握攻螺纹前螺纹底径查表和计算能力
> 掌握攻螺纹方法

 知识要求

一、尾柄内螺纹工件及攻螺纹刃具

钻削底径用麻花钻头如图 6—21a 所示；攻螺纹刃具为丝锥如图 6—21b 所示。

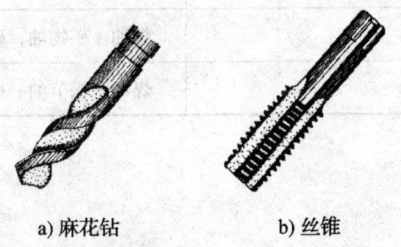

a) 麻花钻　　b) 丝锥

图 6—21　攻螺纹用钻头与丝锥

加工工件如图 6—22 所示的尾柄，在工件的右端内部有 M12 普通螺纹，左端有球体 SR12.5 mm，外圆有滚花。

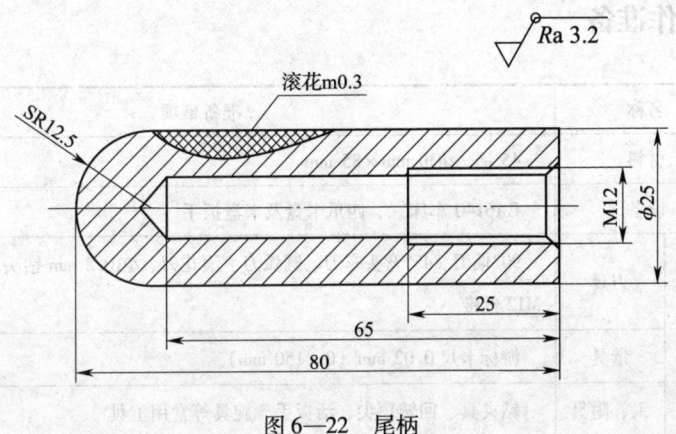

图 6—22　尾柄

二、攻螺纹孔径的尺寸及切削液

攻螺纹的孔径尺寸查表的目的是为了快速、准确地获得加工的数据,在查表之前,应明确螺纹的种类及要求,然后分门别类进行查表。

1. 普通螺纹钻底孔尺寸

普通螺纹钻底孔用钻头直径尺寸见附录表9。

2. 攻螺纹切削液

攻螺纹切削液选择,见表6—5。

表6—5　　　　　　　　　　　切削液选择表

工件材料	切削液
结构钢、合金钢	硫化油、乳化液
耐热钢	60%硫化油 + 25%煤油 + 15%脂肪酸
灰铸铁	75%煤油 + 25%植物油,乳化液,煤油
铜合金	煤油 + 矿物油,硫化油
铝及合金	煤油、松节油、极压乳化液

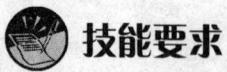 技能要求

攻　螺　纹

一、操作准备

序号	名称		准备事项
1	材料		45钢,Φ30 mm×85 mm
2	设备		CA6140车床三、四爪卡盘及卡盘扳手
3	工艺装备	刃具	90°偏刀、45°弯头车刀、圆弧刀、滚花刀、Φ10.2 mm钻头、中心钻A2/5、M12丝锥
4		量具	游标卡尺0.02 mm (0～150 mm)
5		工、附具	钻夹具、回转顶尖、活扳手、旋具等常用工具

二、操作步骤

序号	操作步骤	操作简图
步骤1	装夹毛坯外圆 1）车端面见平 2）钻中心孔 3）顶上顶尖 4）车外圆至 $\varPhi 25$ mm×70 mm 5）滚花	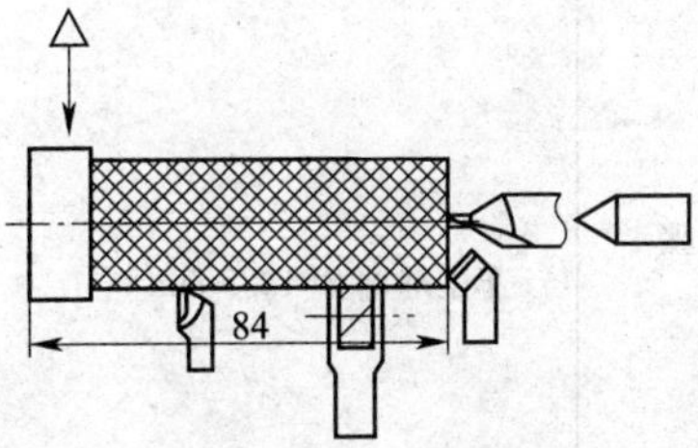
步骤2	撤掉顶尖 1）钻孔 $\varPhi 10.2$ mm×65 mm	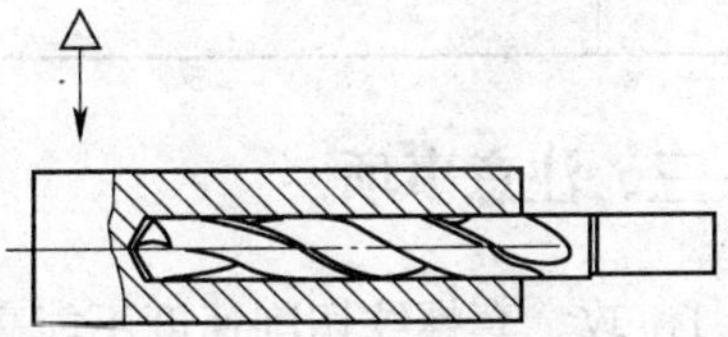
	2）准备攻螺纹 螺纹 M12、深 25 mm	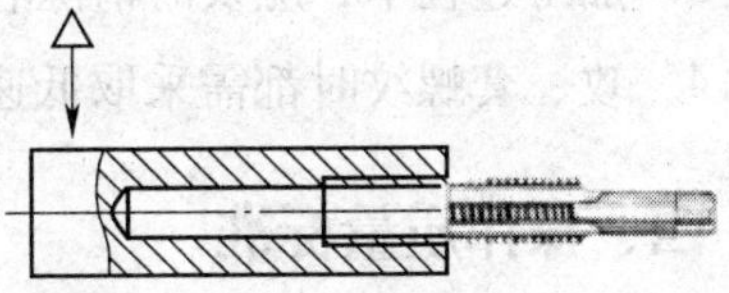
步骤3	工件攻螺纹工艺 1）把攻螺纹工具装在车床尾座锥孔内，丝锥1尾部的方榫（见图）装在工具的方孔中 2）移动尾座使丝锥靠近工件，锁紧尾座 3）根据工件螺纹的长度，在丝锥上、攻螺纹工具上做标记或采用其他办法控制丝锥攻入工件的深度 4）开车，加切削液，转动尾座手轮，当丝锥切入几牙后，攻螺纹工具能自动跟随丝锥向前移动时即停止转动手轮 5）丝锥移动至所需的尺寸时，开倒车退出丝锥	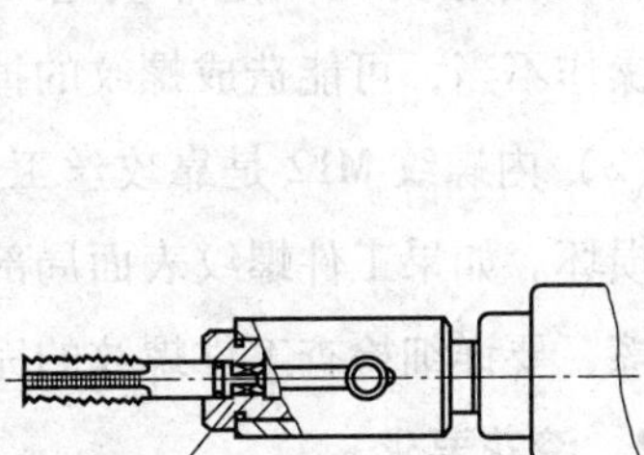

续表

序号	操作步骤	操作简图
步骤4	调头装夹滚花外圆 车削球部 SR12.5 mm	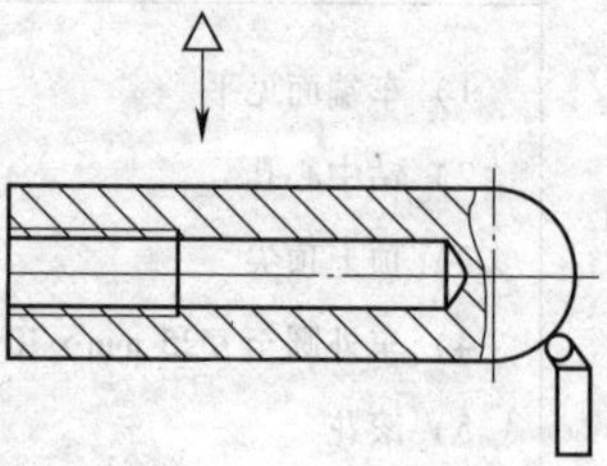

三、注意事项

1. 攻、套螺纹切削速度不能高。
2. 加工时，丝锥和板牙不能歪斜。
3. 加工过程中，应及时清除容屑槽内的切屑。
4. 攻、套螺纹时都需采取低速，并且要加切削液。

四、操作质量标准

如图 6—22 所示尾柄工件需要达到的标准要求。

1. 内螺纹操作及检验要求

（1）内螺纹 M12 是靠攻丝工具加工的，攻丝时，由于螺纹牙型是一次攻出，由于操作不当，可能造成螺纹的掉牙损坏。

（2）内螺纹 M12 是靠攻丝工具加工的。攻丝时，必须进行润滑和排屑，防止丝锥损坏。如果工件螺纹表面局部没有润滑到位，没有润滑油痕迹，势必容易造成干摩擦，要详细检查工件螺纹的完整性，检查丝锥的完整性。

2. 滚花要求

滚花 m0.3 要做到网纹清晰。

3. 圆弧部分及其他部分

球体要车削均匀，球体及其他尺寸部位按未注公差值进行加工。

学习单元7 套螺纹前螺纹杆径的查表及套螺纹

学习目标

> 掌握套螺纹前螺纹杆径查表和计算能力
> 掌握套螺纹工艺要求和方法

知识要求

一、识读螺纹杆工件

如图6—23 螺纹杆所示，加工 M16 螺纹。

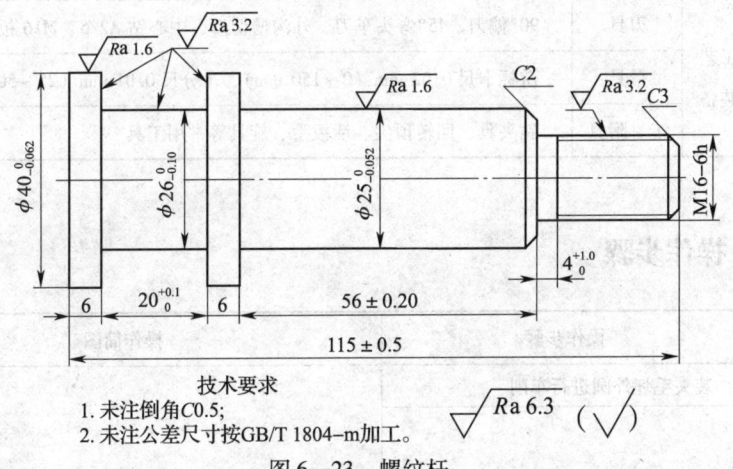

技术要求
1. 未注倒角C0.5;
2. 未注公差尺寸按GB/T 1804—m加工。

图6—23 螺纹杆

如图6—23 所示为螺纹杆，在工件右面有 M16 – 6h 普通螺纹，用板牙套出，台阶外圆 $\Phi 40_{-0.062}^{\ 0}$ mm 有公差要求，在左面外沟槽外圆有 $\Phi 26_{-0.10}^{\ 0}$ mm 和槽宽 $20_{\ 0}^{+0.1}$ mm 的尺寸要求，右侧台阶轴有 $\Phi 25_{-0.052}^{\ 0}$ mm 和长度（56 ± 0.20）mm 的要求。

二、套螺纹的杆径尺寸确定

外螺纹套螺纹时可以用板牙，板牙如图6—24 所示。

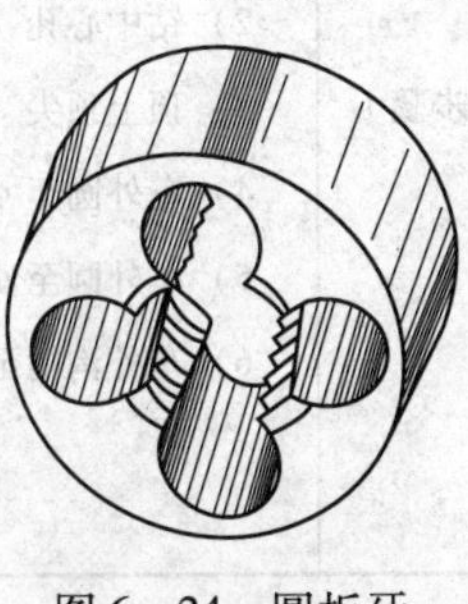

图6—24 圆板牙

用板牙加工螺纹时,需要按技术要求查表获得套螺纹的杆径要求。

查表获得套螺纹的杆径尺寸的目的是为了快速准确地获得加工的工艺准备,在查表之前,应明确螺纹的种类及要求,然后分门别类地进行查表。

工件圆杆直径的确定见附录表10。

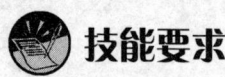 技能要求

螺纹杆加工

一、操作准备

序号	名称		准备事项
1	材料		45钢,$\phi 45$ mm×120 mm
2	设备		CA6140车床三、四爪卡盘及卡盘扳手
3	工艺装备	刃具	90°偏刀、45°弯头车刀、外沟槽切刀、中心钻A2/5、M16板牙
4		量具	游标卡尺0.02 mm（0~150 mm）、千分尺0.01 mm（25~50 mm）
5		工、附具	钻夹具、回转顶尖、活扳手、旋具等常用工具

二、操作步骤

序号	操作步骤	操作简图
步骤1	装夹毛坯外圆进行车削 1）车端面见平 2）钻中心孔 3）顶上顶尖 4）车外圆至$\phi 40$ mm 5）车外圆至$\phi 25$ mm 6）车外沟槽至$\phi 26$ mm	$20^{+0.1}_{0}$, $Ra\ 1.6$, $C2$, $\phi 40^{0}_{-0.062}$, $\phi 26^{0}_{-0.10}$, $\phi 25^{0}_{-0.052}$, $\phi 18$, 56 ± 0.20

续表

序号	操作步骤	操作简图
步骤2	车削螺纹部分 1）为保证套螺纹的质量，套螺纹前应将工件螺纹外圆的直径车至接近螺纹大径的最小极限尺寸，车外圆至 ϕ15.7 mm 2）工件端面倒角，角度大小可按图样标准加工，倒角后的端面直径应小于螺纹小径，使板牙容易切入工件，倒角 C3	（图：车外圆至 ϕ15.7，倒角 C3）
步骤3	调头，装夹 ϕ25 mm 外圆 车端面，长度（115±0.5）mm	（图：车端面，长度 115±0.5）
步骤4	装板牙 1）把套螺纹工具装在车床尾座上，将圆板牙（见图 a）装入滑动夹套 3 内，使螺钉 2 对准板牙上的锥坑后拧紧（见图 b） 2）板牙装入套螺纹工具时，应使其端面与工件轴线垂直（见图 a）。	两个平面平齐 a) 圆板牙装入滑动夹套 锥坑 b) 圆板牙

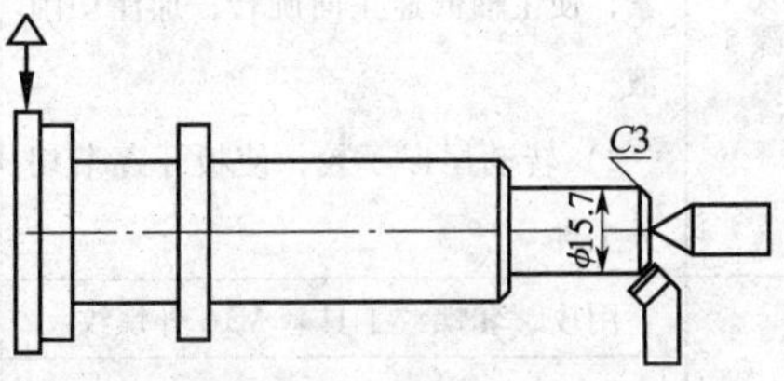

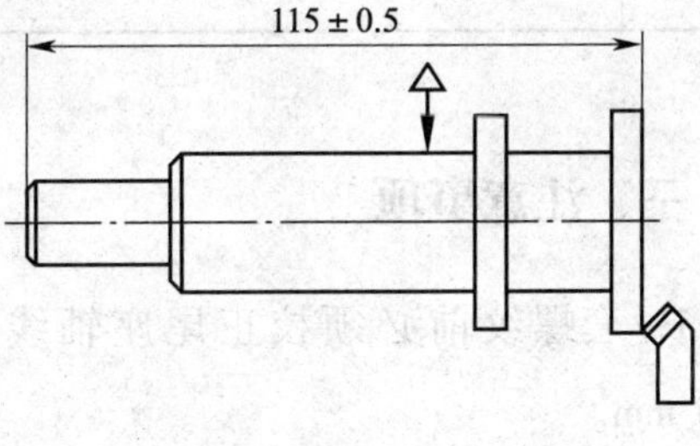

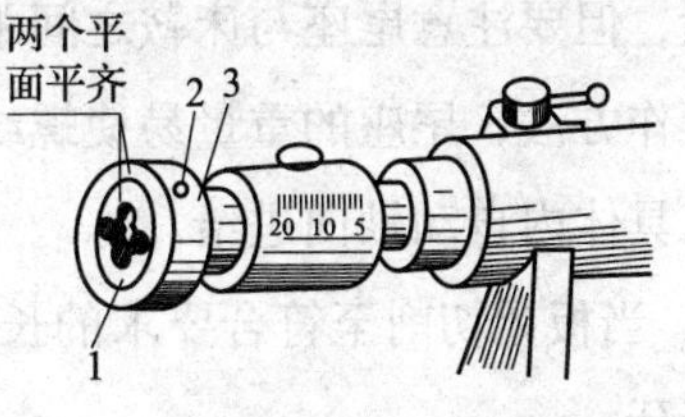

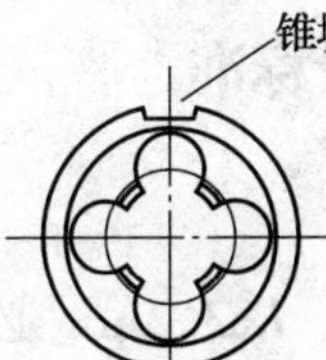

续表

序号	操作步骤	操作简图
步骤5	套螺纹夹具靠近工件 1）将尾座移到工件前适当位置锁紧，使主轴低速正向旋转，加注切削液 2）转动尾座手轮，使板牙逐渐切入工件	
步骤6	用攻、套螺纹工具套M16外螺纹 1）当板牙切削至符合要求的长度时，立即停车 2）然后开倒车，使工件反转退出板牙	

三、注意事项

1. 套螺纹前必须校正尾座轴线与主轴轴线水平方向的偏移量不得大于 0.05 mm。

2. 转动尾座手轮，使板牙逐渐切入（应防止板牙与工件碰撞性接触）工件 3 或 4 牙后，停止转动手轮（螺距较大的也可在停止转动手轮的同时松开尾座的锁紧装置，但要注意尾座与床鞍之间距离应大于工件螺纹长度；螺距小的工件不宜用此种操作方法，尾座的重量易使螺纹产生废品）。在旋转着的工件带动下，滑动夹套在工具体内自动轴向进给。

3. 当板牙切削至符合要求的长度时，应立即停车，然后开倒车，使工件反转退出板牙。

四、操作质量标准

（1）螺纹要求

螺纹 M16 – 6 h、$Ra3.2\ \mu m$ 必须保证套螺纹前的尺寸准确。

（2）直径要求

为使各处外径 $\Phi 25_{-0.052}^{0}$ mm、$Ra1.6\ \mu m$、$\Phi 40_{-0.062}^{0}$ mm、$Ra1.6\ \mu m$、$\Phi 26_{-0.10}^{0}$ mm、$Ra3.2\ \mu m$ 的尺寸按公差和表面粗糙度要求得以保证，应采用高速精车。

(3) 槽宽要求

槽宽 $20^{+0.1}_{0}$ mm、$Ra3.2$ μm 及长度（56±0.20）mm、（115±0.5）mm、$4^{+1.0}_{0}$ mm 的尺寸按公差和表面粗糙度要求加工。

(4) 未注公差尺寸要求

其他未注公差尺寸按照未注公差加工。

(5) 倒角要求

工件加工后的倒角按照要求加工，有倒钝锐角 $C0.5$ mm 共 4 处。

第 2 节 英制螺纹加工

- ➢ 掌握英制螺纹牙型、公差带、标记及车刀几何参数
- ➢ 掌握每英寸牙数与公称直径关系的经验公式
- ➢ 掌握按英制牙数变换手柄位置并车削 55°牙型角的方法
- ➢ 掌握计算牙型尺寸及刃磨螺纹车刀的方法
- ➢ 掌握攻螺纹前螺纹底径的计算方法及攻螺纹方法
- ➢ 掌握按技术要求查表获得加工所需要的攻螺纹的孔径要求并加工内螺纹的技术

一、英制螺纹识读

如图 6—25 所示工件的螺纹部分为英制外螺纹。

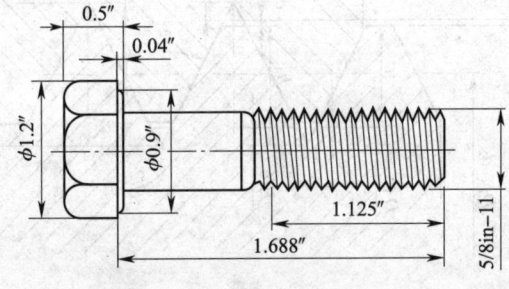

图 6—25 英制螺纹车削工件

如图所示为英制螺钉，标注为英寸单位。

该工件所有外径和长度、倒角标注为英制单位，螺纹标注为英寸单位 5/8 in - 11，其中，5/8 in 表示 5 英分，即 25.4 mm × 5/8 = 15.875 mm；11 表示每英寸长度上有螺纹牙数 11 个。

英制螺纹在我国目前所见较少，只是在部分英制机械进行配件加工中使用，英制尺寸在美标中采用。

英制长度单位表示方法：

1′表示 1 英尺

1″表示 1 英寸 = 25.4 mm

1 英尺 = 12 英寸

1 英寸 = 8 英分

由于英制长度单位不是十进制单位，常常用分数来表示。如 1/4″ 表示 1/4 英寸，就是 2 英分；3/4″ 表示 3/4 英寸，就是 6 英分。一般来说，管材中说的"几分"的管子就是"几英分"的管子。

二、英制螺纹与米制尺寸的换算

英制螺纹在进口设备中常见，螺纹的公称直径用英寸表示。它用每英寸长度中的牙数（n）换算出螺距的大小，螺距 $P = \dfrac{1''}{n} = \dfrac{25.4}{n}$ （mm）。

英制三角螺纹（55°）标记，3/8″（牙数查表 $n = 16$）。

三、英制螺纹基本牙型及尺寸

英制螺纹基本牙型及尺寸计算如图 6—26 所示。

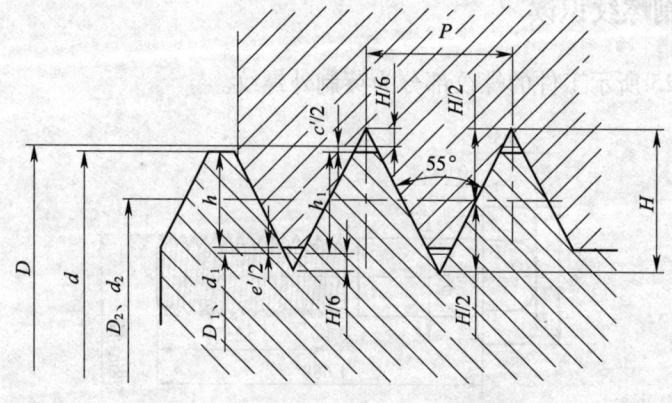

图 6—26　英制螺纹基本牙型及尺寸

英制螺纹尺寸计算公式,见表6—6。

表6—6　　　　　　　　　　基本尺寸计算公式

名称	代号	计算公式
内、外螺纹大径	D、d	
内、外螺纹小径	D_1、d_1	
内、外螺纹中径	D_2、d_2	
理论高度	H	$H = 0.96049P$
工作高度	h	$h = h_1 - \dfrac{e'}{2}$
牙型高度	h_1	$h_1 = 0.64033P - \dfrac{c'}{2}$
螺距	P	
内、外螺纹大径间隙	c'	$c' = 0.075P + 0.05$
内、外螺纹小径间隙	e'	$e' = 0.148P$

四、英制螺纹部分基本尺寸

英制螺纹部分基本尺寸见表6—7。

表6—7　　　　　　　　　英制螺纹部分基本尺寸表　　　　　　　　　　mm

公称直径 d/in	每英寸牙数 n	螺距 P	螺纹直径			间隙		牙型高度 h_1
			大径 d	中径 d_2	小径 d_1	c'	e'	
3/16	24	1.058	4.63	4.085	3.408	0.132	0.152	0.611
1/4	20	1.270	6.20	5.537	4.724	0.150	0.186	0.739
5/16	18	1.411	7.78	7.034	6.131	0.158	0.209	0.824
3/8	16	1.588	9.36	8.509	7.492	0.165	0.238	0.934
(7/16)	14	1.814	10.93	9.951	8.789	0.182	0.271	1.071
1/2	12	2.117	12.5	11.345	9.989	0.200	0.311	1.255
(9/16)	12	2.117	14.08	12.932	11.577	0.208	0.313	1.251
5/8	11	2.309	15.65	14.397	12.918	0.225	0.342	1.366
3/4	10	2.540	18.81	17.424	15.798	0.240	0.372	1.506
7/8	9	2.822	21.96	20.418	18.611	0.265	0.419	1.674
1	8	3.175	25.11	23.367	21.334	0.290	0.466	1.888

五、了解和解决英制内螺纹的底径计算

螺纹底径计算过程,了解英寸制螺纹钻底孔尺寸,英寸制螺纹钻底孔用转头直径尺寸(mm),查附录表11。

查表或计算攻螺纹的孔径尺寸的目的是为了快速、准确地获得加工的工艺准备,在查表或计算之前,应明确螺纹的种类及要求,然后分门别类地进行计算和查表。

加工英制三角螺纹

一、操作准备

序号	名称		准备事项
1	材料		45 钢，$\Phi 35$ mm×60 mm
2	设备		CA6140 车床三、四爪卡盘及卡盘扳手
3	工艺装备	刃具	90°外圆车刀、45°弯头车刀、外圆 55°螺纹车刀、中心钻 A2/5
4		量具	游标卡尺 0.02 mm/（0~150 mm）、钢直尺、55°螺距规
5		工、附具	钻夹具、回转顶尖、划线盘、活扳手、旋具等常用工具

二、操作步骤

序号	操作步骤	操作简图
步骤1	装夹毛坯外圆进行车削 1）车端面见平 2）钻中心孔 3）顶上顶尖	
步骤2	车削螺纹部分 1）粗、精车外径 $\Phi 1.2''$（30.48 mm），长度＞55.6 mm 2）粗、精车台阶直径 $\Phi 0.9''$（22.86 mm） 3）粗、精车螺纹外径 15.65 mm（查表 6—7），长度 1.688''（42.875 mm） 4）划螺纹长度印迹 1.125''（28.575 mm）	
步骤3	车削螺纹 按照英制牙数 11 牙挂轮车削（5/8''）英寸螺纹	

续表

序号	操作步骤	操作简图
步骤4	切断 将工件按照总长（55.6+1）mm 切断	
步骤5	掉头加工 掉头按照 2.188″长度（55.6 mm）加工尺寸	

三、操作质量标准

1. 英制螺纹 5/8 in-11 加工时要查表将大径等数值查出，以便加工。

公称直径 d/in	每英寸牙数 n	螺距 P	螺纹直径			间隙		牙型高度 h_1
			大径 d	中径 d_2	小径 d_1	c'	e'	
5/8	11	2.309	15.65	14.397	12.918	0.225	0.342	1.366

2. 外径、长度换算成米制尺寸加工。

> **思 考 题**
>
> 1. 车削的螺纹深度计算方法？
> 2. 查螺纹的各种表格的方法？
> 3. 车削各种孔径螺纹的方法？
> 4. 螺纹量规使用方法？
> 5. 为何用螺距规等量具检验螺纹螺距？

第7章
车床设备维护与调整

第1节 卡盘清洗与修复

学习单元1 三爪卡盘清洗与拆装

 学习目标

- 在主轴上装卸三爪自定心卡盘和四爪单动卡盘
- 对三爪自定心卡盘零部件进行拆装清洗
- 根据装夹需要,更换正、反卡爪

 知识要求

一、卡盘知识

如图7—1所示三爪、四爪自定心卡盘,熟悉和掌握三爪自定心卡盘清洗拆装过程。

如图7—1a所示三爪自定心卡盘是车床上常用的工夹具,卡盘要经常清洗,以保证使用精度和使用的灵活性。

第 7 章 车床设备维护与调整

a)

b)

图 7—1　自定心卡盘

a) 三爪自定心卡盘　b) 四爪自定心卡盘

二、三爪自定心卡盘盘体内的结构

如图 7—2 所示卡盘盘体 7 内由卡盘爪 13、小锥齿轮 10（俗称"葫芦头"）、大锥齿轮 11（背面为大锥齿轮 11，正面为平面螺纹 12，11 及 12 为一个工件，俗称"盘丝"）、后盖、定位销柱、螺栓等。如图 7—3 所示为大、小锥齿轮啮合状态，图中 9 为方孔，用来塞进卡盘扳手方榫，进行转动，从而带动大锥齿轮转动。如图 7—4 所示为平面螺纹与卡盘爪啮合状态，大锥齿轮转动后，平面螺纹转动，从而带动卡盘爪直线移动。

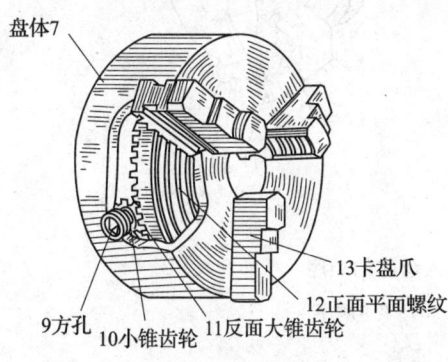

图 7—2　盘体结构

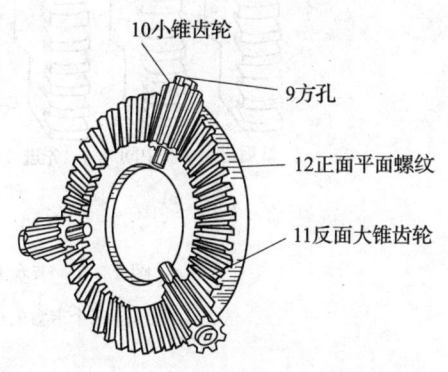

图 7—3　大、小锥齿轮啮合

如图 7—5 所示的卡盘爪为正反爪能够轮换使用的组合结构，只要将紧固螺丝松开并卸掉，就可将前一半拿下，经擦拭后翻 180°重新装上，就可变换正反爪进行使用了。

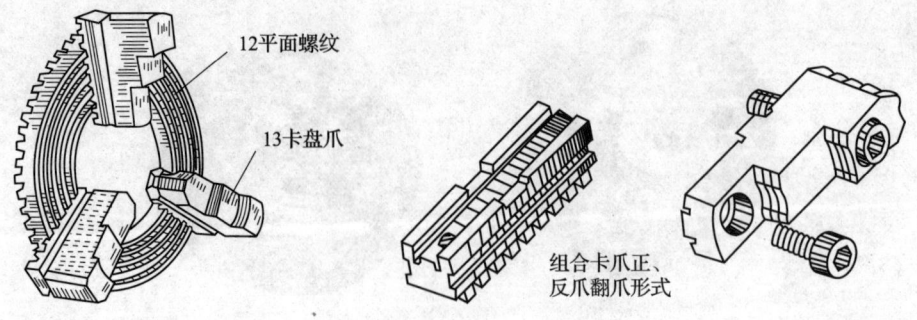

图7—4 平面螺纹与卡盘爪啮合　　图7—5 正反爪能够轮换使用的组合结构图

如图7—6所示为卡盘爪进入盘体的顺序，由于三个卡盘爪要依次旋进平面螺纹头端，要保证三个爪同时移动时夹口的同轴度，因此，三个卡盘爪第一牙的位置不能一样，后进的爪的牙要少一部分，如图7—6a所示。后进的牙刚一旋进时，爪就必须往前多进一些，保证三个爪的夹爪口的同轴度。装入卡爪时，平面螺纹必须逆转，然后依次按卡盘爪牙缺由小到大进行装配，如图7—6b所示。

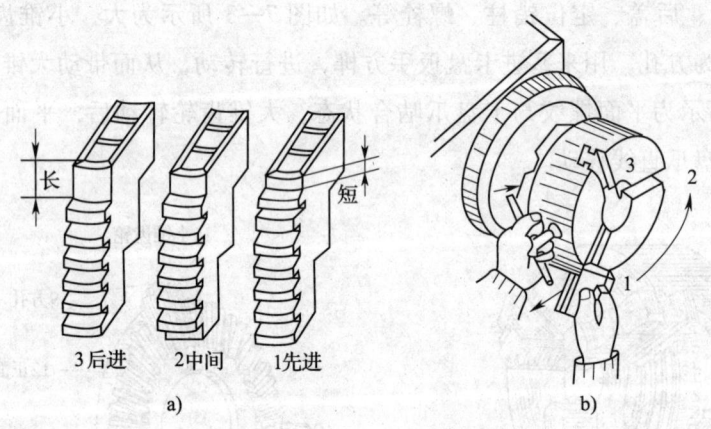

图7—6 卡盘爪进入盘体的顺序
a) 三个卡盘的位置　b) 表卡顺序

三、卡盘清洗

卡盘在长期使用后，由于油垢和铁屑在卡盘内部各个零部件之间的黏附，使卡盘的运动受到阻滞，运动不灵活，尤其三爪的向心运动会产生极大的偏差，这时需要对卡盘进行拆卸、清洗，以恢复加工精度。

卡盘的拆卸与清洗

一、操作准备

序号	名称	准备事项
1	设备	CA6140车床三爪卡盘及卡盘扳手
2	工、附具	内六角扳手、活扳手、旋具等常用工具

二、操作步骤

序号	操作步骤	操作简图
步骤1	拆卸卡盘 主轴3前端与卡盘连接盘4连接，通过连接盘4的锥面与平面定位连接卡盘体7。连接盘4被螺栓5和锁紧盘2固定在主轴3上，通过螺母6拧紧。主轴轴肩端面有一圆柱体7（未画出），与连接盘4端面上的圆柱孔配合，构成端面键，起传递转矩作用。紧定锁紧盘螺钉1是当锁紧盘2转过一个角度过后，再将其紧固 拆卸步骤： 1）松开紧固锁紧盘螺钉1 2）松开连接螺栓5的螺母6 3）将锁紧盘2转过一定角度，使锁紧盘2的开口变大 4）然后整体卸下卡盘连接盘4及盘体7	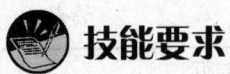 1—紧定锁紧盘螺钉　2—锁紧盘　3—主轴 4—卡盘连接盘　5—连接盘与盘体连接螺栓 6—连接螺栓螺母　7—盘体　8—连接螺钉 9—方孔　14—销钉　15—端面键配合孔 16—连接盘定位端面　17—连接盘定位锥面

续表

序号	操作步骤	操作简图
步骤2	脱开卡盘连接盘与盘体 松开卡盘连接盘4与盘体7之间的连接螺钉8,将卡盘连接盘4及盘体7脱开	18—压盖螺钉　19—压盖
步骤3	卸下压盖19 打开压盖螺钉18,卸下压盖19	
步骤4	卸小锥齿轮 拧出销钉,拔出小锥齿轮10,如图7—3所示	
步骤5	卸大锥齿轮 倒出盘丝11及12,滑出卡盘爪13即可,如图7—3、图7—4所示	

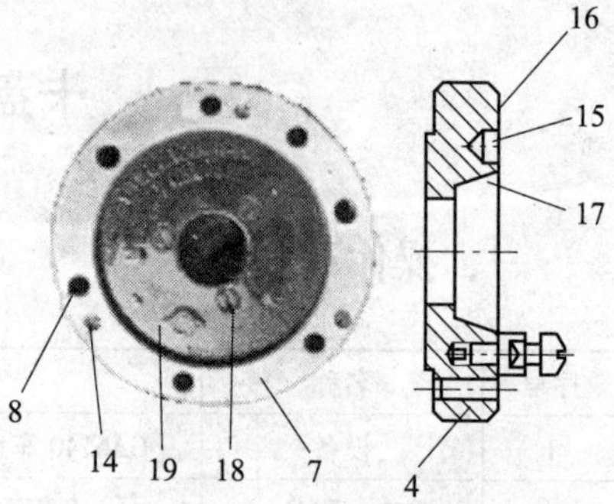

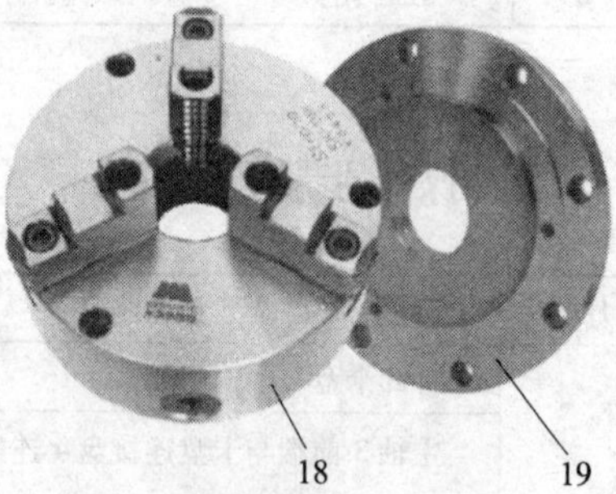

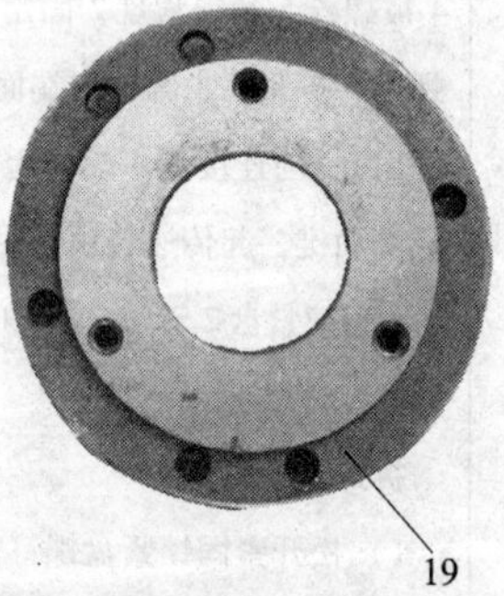

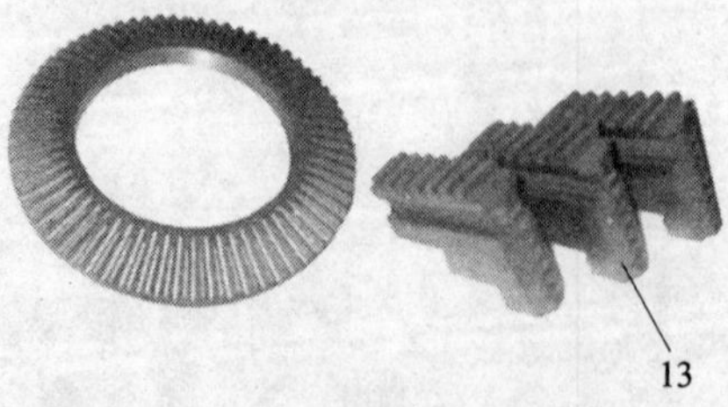

续表

序号	操作步骤	操作简图
步骤6	卡盘清洗 用毛刷蘸洗油将各零件进行刷洗，将油泥、锈蚀等稀释刷掉，露出原来的金属加工表面。对于磕伤表面用油石进行研磨，清洗后不要滴入过多润滑油，以防污物粘在盘丝和卡盘爪平面螺纹上，影响盘丝的转动和装夹工件的精度 清洗后，转动小锥齿轮带动大锥齿轮，以查看转动自如情况	
步骤7	卡盘的安装顺序 将盘丝（11 大锥齿轮及 12 平面螺纹）装入盘体7，塞入小锥齿轮10，拧进销钉，挡住小锥齿轮向外滑出，将后盖拧紧，将卡盘连接盘4 与盘体7 进行连接，将连接螺栓5 连带卡盘体对接到主轴3 上，转过锁紧盘2，挡住卡盘体，紧固螺母6，紧固螺钉1，即完成全部操作动作	

学习单元2　三爪卡盘内口精度的修复

学习目标

➢ 三爪卡盘内口的装夹面用夹具进行修复的方法

知识要求

一、三爪卡盘内口修复的必要性和受力分析

修理卡盘爪的内牙和外牙是保证卡盘爪的内、外牙与主轴轴线的同轴度，进而保证工件的同轴度质量的措施。

三爪卡盘的内孔修复需要专门的夹具，模拟夹工件受力向外，使三个爪均匀受

力后,再用车刀或磨头对三爪内圆进行修磨,即利用一个套圈套在卡盘爪的两个侧斜面向内紧力,这时可车削内牙圆弧面;利用一个外套圈套在外牙上向外撑力,这时可车削修整外牙圆弧面。

二、制作车削外牙和内牙的夹具

车削外牙时,只需将一套圈套在任一牙上,就可使卡盘爪均匀向外受力,如图7—7a 所示。如图 7—7b 所示为将卡盘爪钩手套在卡盘爪上,修理卡盘爪内牙。如图 7—7c 为卡盘爪钩手夹具。清理卡盘盘丝,对号旋进卡盘爪,上好夹具,如图7—7a 所示为修外牙套圈,将套圈套在外爪上,使卡盘爪向外受力,进行车外牙,当工件套在外牙上时,与用夹具修的受力方向一致,可保证同轴度误差最小。如图 7—7b 所示为修内牙钩手,将钩手套在爪上后,使卡盘爪向内受力,使三个钩手抻紧,模仿夹外圆状态,进行车内牙,当工件夹在内牙上时,与用夹具的受力方向一致,保证同轴度误差最小。

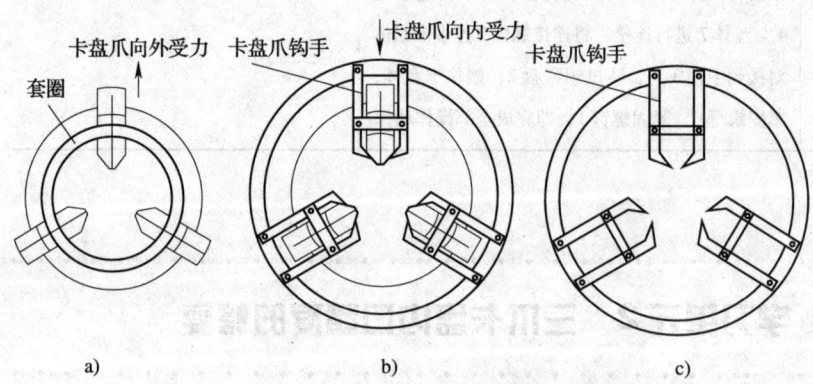

图 7—7 修卡盘爪的夹具
a) 修外爪 b) 修内爪 c) 修内爪夹具

三、修整卡盘爪车刀

选择转速 $n < 50$ r/min,刃磨刀具,内孔刀具需要 2 种,车内孔刀具选用刚度较大的 90°内孔刀(见图7—8),如图 7—9 所示为内牙的尖沟车削刀具。

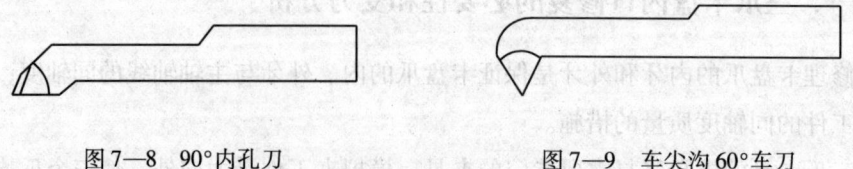

图 7—8 90°内孔刀   图 7—9 车尖沟60°车刀

四、修复卡盘爪的磨削

由于长时间的使用，三爪卡盘卡爪内口会被磨损，往往呈喇叭形，且定心不好，影响工件的装卡和加工精度。为此，采用了如图 7—10 所示的研磨方法，对三爪卡盘卡爪的内口进行了修复。这种方法简单、经济，使用效果好。

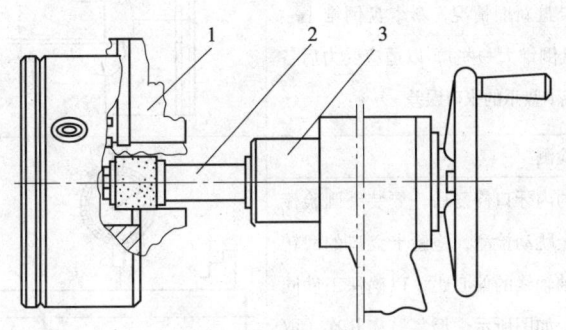

图 7—10　修复卡盘内口
1—卡盘　2—内孔磨具　3—尾座套筒

研磨时，先选择直径小于卡盘体内孔的砂轮，其磨料为白刚玉，粒度为 46～60#，安装在带有莫氏锥柄的磨杆上，以便于安装在车床尾座上。然后将卡盘爪移至与砂轮接触，开动车床，使卡盘以大于 960 r/min 的速度旋转，再驱动尾座手轮使砂轮前后移动，往复研磨几次后，把卡爪适当收紧，这样反复研磨几次，视爪面都研磨好即可。

 技能要求

卡盘爪内孔修复

一、操作准备

序号	名称		准备事项
1	材料		
2	设备		CA6140 车床三爪卡盘及卡盘扳手
3	工艺装备	刃具	
4		量具	
5		工、附具	内六角扳手、活扳手、旋具等常用工具

二、操作步骤

序号	操作步骤	操作简图
步骤1	倒锥的车削 车削内口时，注意倒锥前后差为 0.05 mm 左右（视卡盘新旧情况，新卡盘倒锥小一些，旧卡盘倒锥大一些），以适应受力后各部间隙造成卡盘爪的张口误差	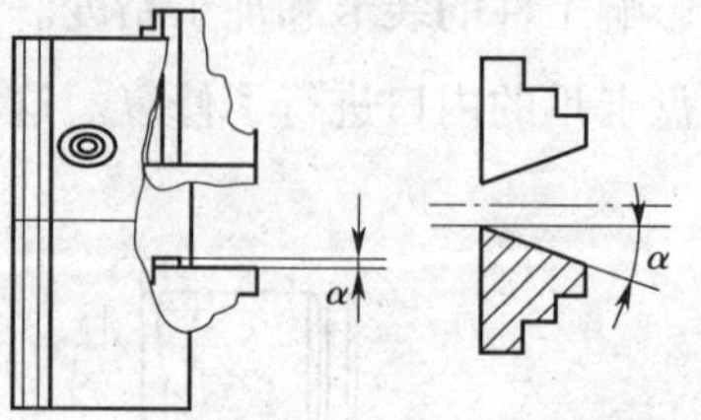 
步骤2	同轴度检测 卡盘爪的内牙口修复后，要装夹圆验棒压表进行全跳动检测，检验卡盘口的回转中心与主轴轴线的偏心距，以确保工件同轴度精度，如图所示，反复装夹几次，取最坏的结果值为修复依据和今后加工精度的参考值	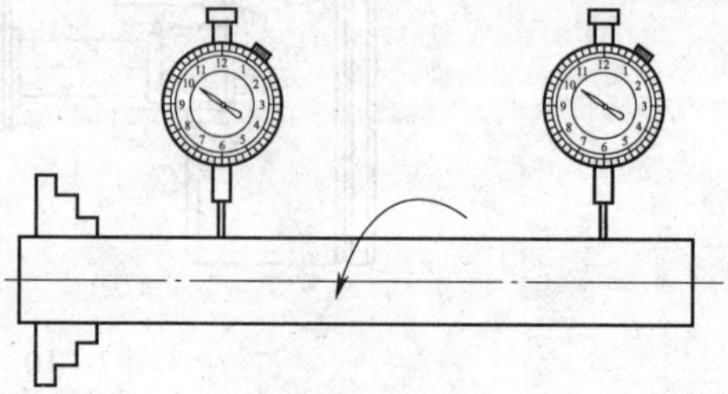 18—压盖螺丝 19—压盖

第 2 节　滑动部位清洗、调整

学习单元 1　床鞍、中小滑板、三杠的调整

学习目标

1. 床鞍、中小滑板、三杠的清洗及作用原理
2. 床鞍、中小滑板等结构不拆卸进行清洗保养和间隙调整知识
3. 丝杠、光杠、变向操纵杠三杠进行清洗保养的机床例行保养知识

知识要求

床鞍压板、中小滑板镶条间隙调整的结构如图 7—11 所示。

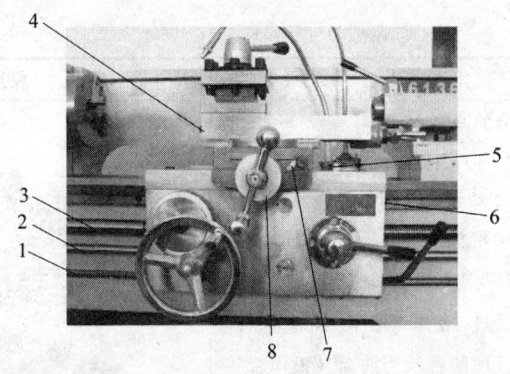

图 7—11　三杠、床鞍压板、中小滑板镶条等结构
1—变向操纵杠　2—光杠　3—丝杠　4—小滑板镶条　5、6—床鞍压板　7—中滑板镶条　8—刻度盘

在机床使用中，床鞍的运动平稳性全靠床鞍两侧的压板调整得出最佳的间隙状态，调整过紧时，床鞍运动的阻力较大，而且润滑油会被刮掉；调整过松时，床鞍受力后后侧和尾座方向会抬起，产生扎刀现象。中滑板镶条调整过松时，受力后前部会抬起，产生扎刀现象；小滑板镶条调整过松时，受力后后部会抬起，产生扎刀现象；过紧时，用手摇不动。三杠的两端润滑不充分，都会导致右侧轴头研死；刻度盘润滑不充分，会导致刻度圈与机体摩擦，刻度不准。以上叙述的结构一方面需要随时进行间隙调整，一方面要进行充分润滑。加工量较大时，由于机床的温度升温后，油液的蒸发和消耗加大，再加上铁锈等对调整面的污染，一个班的工作时间要超过一次以上进行润滑保养。

 **技能要求**

认知床鞍压板、中小滑板镶条间隙调整的结构

一、操作准备

序号	名称		准备事项
1	材料		
2	设备		CA6140 车床三爪卡盘及卡盘扳手
3	工艺装备	刃具	
4		量具	
5		工、附具	内六角扳手、活扳手、旋具等常用工具

二、操作步骤

序号	操作步骤	操作简图
步骤1	床鞍压板部分的调整 床鞍压板部分是控制整体刀架部分（包括床鞍、度盘、中滑板、小滑板、方刀架）的受力机件，刀具受力后，床鞍托板太松会导致整体刀架部分倾斜，使床鞍尾部方向翘起，产生振动、扎刀。如图所示为前面（操作者一侧）靠近主轴侧的压板	
步骤2	尾座侧压板 前面靠近尾座侧的压板如图所示	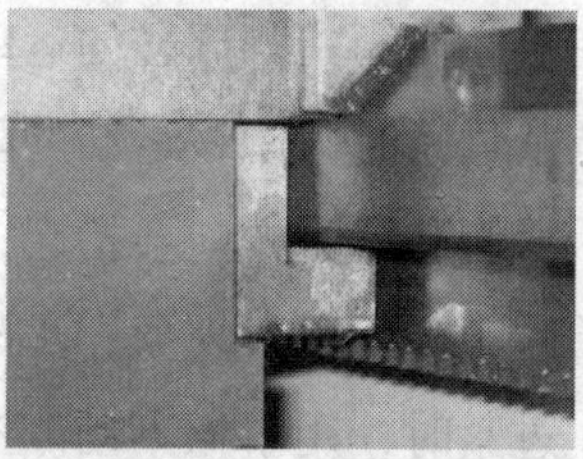
步骤3	床鞍后面压板 床鞍后面的压板如图所示	
步骤4	调整床鞍后面的压板 调整床鞍后面的压板时 1）松开调整螺钉2，紧固紧固螺钉3 2）然后以调整螺钉2调整滑动板1，以微动为正常间隙量 3）备好调整螺钉2的螺母，进行间隙量调整 4）调整前面（靠近操作者一侧）压板时，一般直接用紧固螺钉5紧固压板6 5）紧固后自然留有间隙量	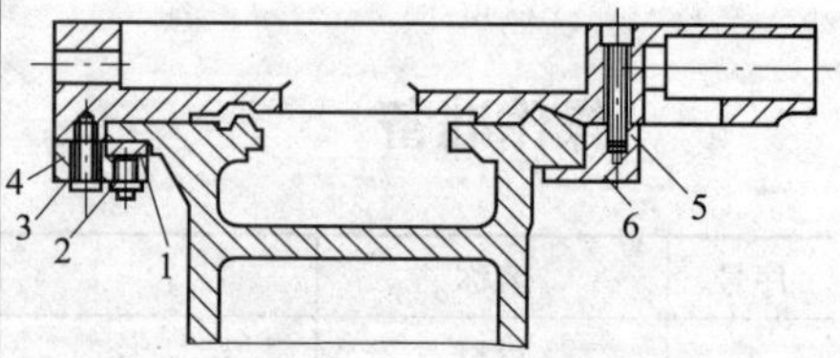 1—滑动板 2—调整螺钉 3，5—紧固螺钉 4，6—压板

续表

序号	操作步骤	操作简图
步骤5	小滑板镶条调整 小滑板的间隙量调整用镶条进行调整，如图 a 及图 b 所示	 镶条前端调整螺丝 a)  b) a) 小滑板镶条前端调整 b) 小滑板镶条后端调整
步骤6	中滑板镶条调整 中滑板的间隙量调整用镶条进行调整，如图 a 及图 b 所示 镶条是一头大、一头小。大头在前端，旋进时是拧紧，调整时 1）需松开镶条移动方向的螺钉 2）然后紧固另一侧螺钉，到合适的松紧度 3）再紧固双侧螺钉	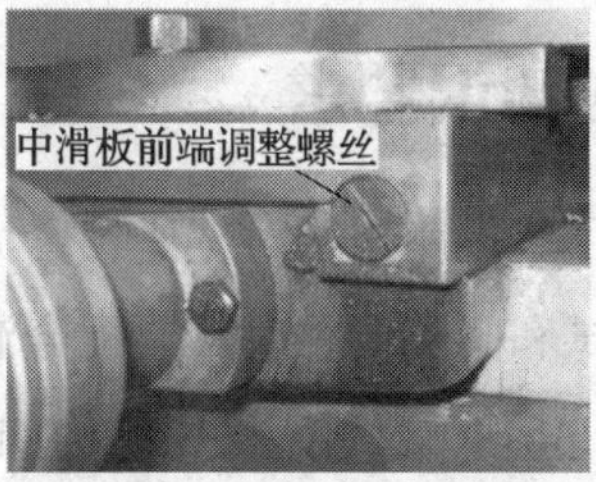 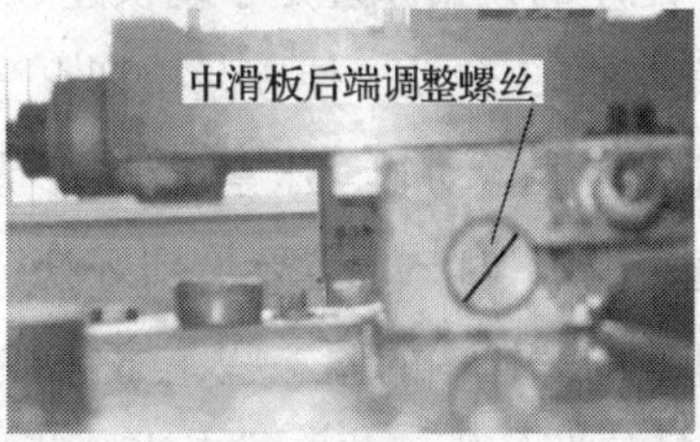 中滑板前端调整螺丝 a) 中滑板后端调整螺丝 b) a) 中滑板镶条前端调整 b) 中滑板镶条后端调整

续表

序号	操作步骤	操作简图
步骤7	中滑板刻度圈调整 刻度圈松动时会自行转动，因而无法读准刻度值。调整方法 1）可先拧出调节螺母2和紧固螺母3 2）拉出圆盘5 3）把弹簧片4扭弯些，以增大其弹力 4）然后重新装回去，使间隙适当时，拧紧紧固螺母3	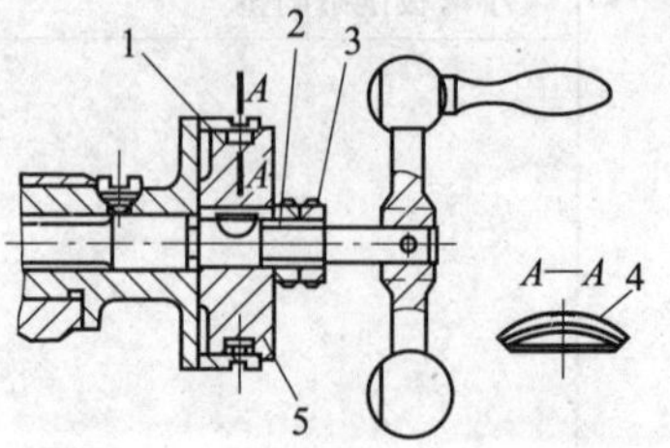 ![操作简图] 1—刻度圈　2—调节螺母　3—紧固螺母 4—弹簧片　5—圆盘

学习单元2　尾座调整

 学习目标

➤ 尾座结构调整点和清洗

 知识要求

了解尾座结构对尾座锁紧力的调整，会产生较好的结果。对尾座结构进行不拆卸擦拭和间隙调整时，要配合润滑进行。

CA6140型车床尾座结构如图7—12所示。

尾座的锁紧原理是手动快速锁紧尾座。锁紧时，拉动快速锁紧手柄11，其带动偏心轴13转动，使锁紧拉杆6上下运动，也带动锁紧杠杆5上下运动，当锁紧杠杆5向上运动时，压紧压板4，从而压紧导轨底部，使尾座不能移动。拉动锁紧快速手柄11时，位置要恰到好处，如果拉到头后还没有将尾座锁住，就要将锁紧拉杆6的螺栓调的紧一些；如果离拉到头还很远，拉紧力又不够，就要将锁紧拉杆6的螺栓调的松一些；或者当锁紧拉杆6的螺栓的位置已经比较合适时，这时将圆螺母10进行调整，调节锁紧杠杆5的位置。当加工长期不动尾座时，或切削力较大时，就要锁紧锁紧螺母7，将尾座牢靠地锁紧在固定队位置。在以上这些调整点都需要灵活转动，需要润滑到位。

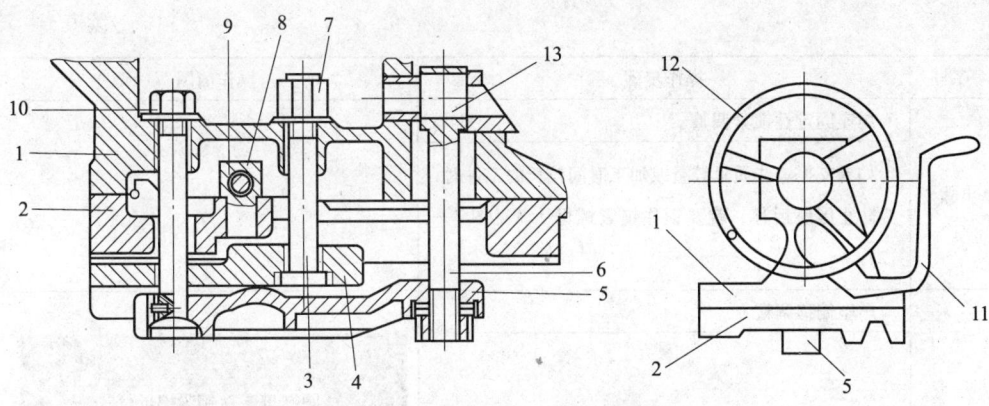

图 7—12　CA6140 型车床尾座结构

1—尾座体　2—尾座底板　3—螺杆　4—压板　5—锁紧杠杆　6—锁紧拉杆　7—锁紧螺母
8—调整螺钉　9—调偏螺母　10—圆螺母　11—快速锁紧手柄　12—手轮　13—偏心轴

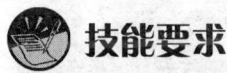 **技能要求**

不拆卸擦拭尾座和间隙调整

一、操作准备

序号	名称		准备事项
1	材料		
2	设备		CA6140 车床三爪卡盘及卡盘扳手
3	工艺装备	刃具	
4		量具	
5		工、附具	内六角扳手、活扳手、旋具等常用工具

二、操作步骤

序号	操作步骤	操作简图
步骤1	进行快速手柄松紧调整 　　在尾座频繁移动或支撑一些质量较轻的工件时，可以用快速锁紧手柄 11 锁住尾座（见图 7—12） 　　如果发生快移手柄提起后，快速手柄拉起时太紧，可松一些圆螺母 10；反之，如果锁紧手柄拉起时太松，可紧一下圆螺母 10（见图 7—12）	

续表

序号	操作步骤	操作简图
步骤2	尾座固定性锁紧调整 如果支撑一些质量较重或加工时间较长的工件时，为防止尾座后移，就要锁住锁紧螺母7（见图7—12）	
步骤3	尾座偏移调整 如果要进行尾座偏移，就要用调整螺钉8对调偏螺母9进行调整，使螺母带动尾座位移，如图7—12所示	

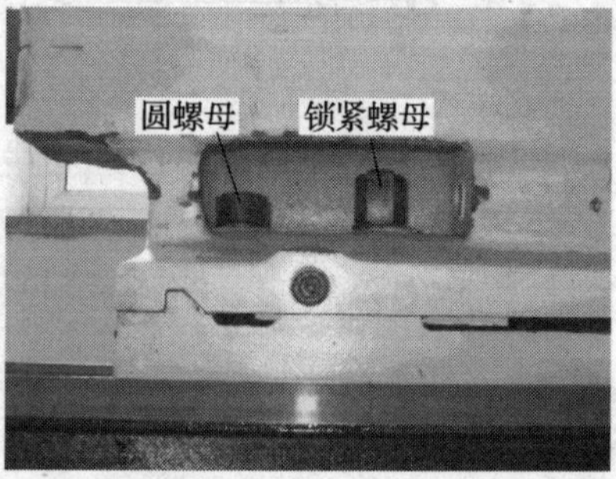

学习单元3 方刀架的调整及润滑

▶ 方刀架结构拆装和清洗

一、方刀架的调整及润滑的方法

对方刀架等结构进行不拆卸擦拭和间隙调整时，要配合润滑进行。

方刀架的润滑和擦拭几乎是随时都在进行的，方刀架转动的灵活和精确定位需要润滑和清洗，有铁锈、铁屑时会影响方刀架转动的灵活性，一般清洗后用手快速转动方刀架，会由于惯性多转几下，发出钢球定位的"啪啪"声，方刀架每重复转同一个位置，刻度都是一样的为调整准确。

二、方刀架组成零件

方刀架组成零件如图 7—13 所示。

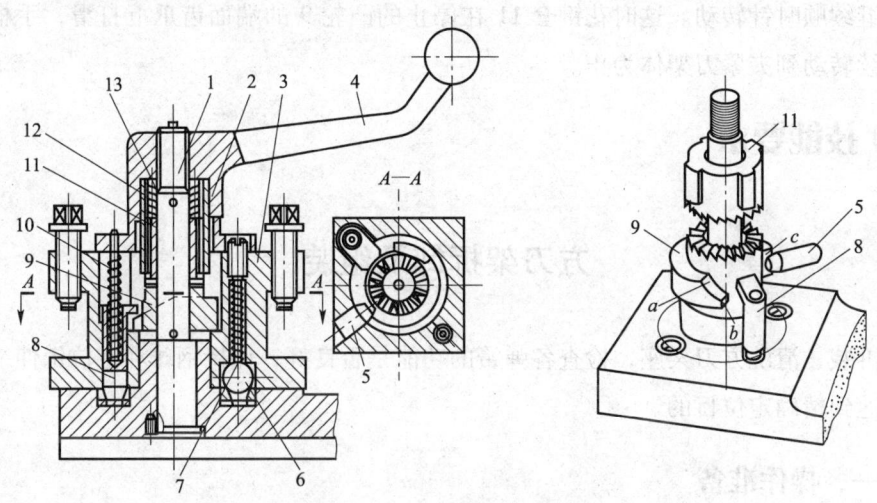

图 7—13 方刀架结构
1—中心轴 2—销钉 3—刀架 4—手柄 5—销子 6—钢球
7，10，13—弹簧 8—圆锥定位销 9—凸轮 11—外花键套 12—内花键套

方刀架主要组成零件有中心轴 1，其起到定位轴作用，一般一个班需要几次润滑；刀架 3 是装夹刀具装置，基准台面要平整；手柄 4 的作用是摇动和锁紧刀架摇把，在操作时用力要恰当；内、外花键套（12 及 11）要清洁，定期清洗，满足啮合和转动的需要。

三、方刀架运动机理

为了使方刀架体转位时获得准确的位置，用圆锥定位销 8 插入小溜板上的定位孔中定位。方刀架转位过程中的松夹、拔销、转位、定位以及夹紧等动作，都由手柄 4 操纵。逆时针转动手柄 4，使其从中心轴 1 的螺纹上拧松时，刀架体便被松开。同时通过内花键套 12（用销钉 2 与手柄连接）带动外花键套 11 转动，外花键套的下端有锯齿形齿爪与凸轮 9 的端面齿啮合，因而凸轮也被带着沿逆时针方向转动。凸轮转动时，先由其上的斜面 a 将定位销 8 从定位孔中拔出，接着其缺口的垂直侧面 b 与装在刀架体中的销子 5 相碰，带动刀架 3 一起转动，同时钢球 6 从定位孔中滑出。

当刀架转至所需的位置时，钢球 6 在弹簧 7 的作用下进入另一定位孔，使刀架进行初定位。然后反向转动手柄，在弹簧 13 的作用下，通过齿爪的斜面把凸轮 9

也带动一起旋转,当凸轮上斜面 a 脱离定位销 8 的钩形尾部时,在弹簧 10 的作用下,圆锥定位销 8 插入新的定位孔中,使刀架体实现精确定位;接着凸轮上的缺口另一垂直面 c 与销子 5 相碰,凸轮被挡住不再转动。但此时,手柄仍可带着花键套一起继续顺时针转动。这时花键套 11 在停止的凸轮 9 的端面齿爪上打滑,手柄可以继续转动到夹紧刀架体为止。

技能要求

方刀架拆卸及组装

拆装、清洗方刀架座,检查各弹簧的功能是否良好,保持钢球和定位销伸缩自如,达到精确定位目的。

一、操作准备

序号	名称		准备事项
1	材料		
2	设备		CA6140 车床三爪卡盘及卡盘扳手
3	工艺装备	刃具	
4		量具	
5		工、附具	内六角扳手、活扳手、旋具等常用工具

二、操作步骤

序号	操作步骤	操作简图
步骤 1	拆卸方刀架步骤 1)逆时针旋转手柄 4,直至卸下 2)取出弹簧 13、花键套筒 11 3)打开上盖 4)取出弹簧 10 及定位销 8 5)取出方刀架体	

续表

序号	操作步骤	操作简图
步骤2	如图所示的方刀架，已经是一个拆卸状态，将方刀架拆卸后放在洗油中刷拭干净，重新组装 1）清洗全部零部件 2）给各零部件上油 3）组合并安装方刀架	

三、注意事项

1. 方刀架内各弹簧功能一定要良好，否则要及时更换。
2. 经常拆装、清洗方刀架，每天浇油润滑。
3. 刀架转位时，不要用力过猛，以免影响定位精度。
4. 在拆卸过程中，方刀架锁死。旋转手柄4，方刀架不动被卡住，是由于弹簧10的失效，而造成圆锥定位销8定位错误，拧开弹簧10已无济于事，刀架被旋转手柄4下部的圆垫圈压死。此时需要打出内花键套12与手柄4连接的销钉2，使手柄4空转，与内花键套12脱离，摇开手柄4后，方能打开方刀架，由此看出经常清洗的重要性。方刀架的定位基准面（底面）也经常塞进杂物，也需要经常清洗、用油石修复，才能保证刀具定位的准确。

学习单元4　中滑板丝母调整

 学习目标

➢ 中滑板丝母间隙调整原理

 知识要求

在工作中要随时对中滑板摇动的间隙进行调整，保证进刀尺寸和动作的准确性。

如图7—14所示为中滑板丝母结构图。在中滑板丝母结构中，螺钉4起到上下平衡定位套5的作用，使中滑板螺纹杆7与丝杆轴头保持水平，不能上下弯曲，螺钉2的调整主要用于消除铜螺母1与螺纹杆7的径向间隙，当螺钉3上下调整时，楔块8会使铜螺母1和6向两侧挤压，消除螺母1和6与螺纹杆的轴向间隙。这样才能使中滑板螺纹杆7转动自如，而且间隙较小，保证进刀的精确性。

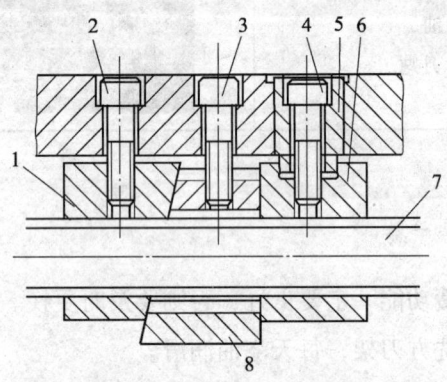

图7—14 中滑板丝母结构
1—轴向间隙调整铜螺母 2，3，4—调整螺钉 5—定位套
6—螺纹杆水平调整铜螺母 7—螺纹杆 8—楔块

中滑板丝母调整

一、操作准备

序号	名称		准备事项
1	材料		
2	设备		CA6140车床三爪卡盘及卡盘扳手
3	工艺装备	刃具	
4		量具	
5		工、附具	内六角扳手、活扳手、旋具等常用工具

二、操作步骤

操作步骤	操作简图
3个螺钉调整的先后顺序及效果 1）先拧紧螺钉4，带起丝母6，使中滑板螺纹杆7处于水平位置，如果不在水平位置，应在机修指导下，拆下中滑板在螺母6上方加薄铜皮，使拧紧螺钉4后，中滑板丝杆处于水平位置，以正、反松快为准 2）然后紧或松螺钉3，带动楔块8上下移动，使铜螺母1、6左右移动，调整与中滑板牙槽侧面的间隙量。楔块8调整合适后，即螺母1、6处在最佳状态 3）可轻一些带紧螺钉2，以螺纹杆7自如转动即可	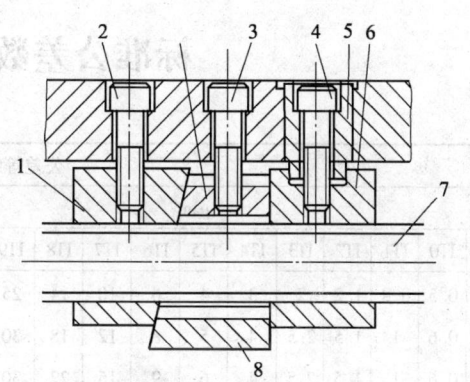

思 考 题

1. 简述卡盘清洗的作用。
2. 三爪卡盘内口的装夹面修复的方法？
3. 请阐述修复三爪卡盘精度夹具作用。
4. 床鞍压板的作用是什么？
5. 中、小滑板的塞铁怎样调整？
6. 请叙述方刀架拆卸及组装过程。

附　　录

附录表1

标准公差数值

基本尺寸 /mm	公差等级																	
	/μm												/mm					
	IT01	IT0	IT1	IT2	IT3	IT4	IT5	IT6	IT7	IT8	IT9	IT10	IT11	IT12	IT13	IT14	IT15	IT16	IT17	IT18
≤3	0.3	0.5	0.8	1.2	2	3	4	6	10	14	25	40	60	0.10	0.14	0.25	0.40	0.60	1.0	1.4
>3~6	0.4	0.6	1	1.5	2.5	4	5	8	12	18	30	48	75	0.12	0.18	0.30	0.48	0.75	1.2	1.8
>6~10	0.4	0.6	1	1.5	2.5	4	6	9	15	22	30	58	90	0.15	0.22	0.36	0.58	0.90	1.5	2.2
>10~18	0.5	0.8	1.2	2	3	5	8	11	18	27	43	70	110	0.18	0.27	0.43	0.70	1.10	1.8	2.7
>18~30	0.6	1	1.5	2.5	4	6	9	13	21	33	52	84	130	0.21	0.33	0.52	0.84	1.30	2.1	3.3
>30~50	0.6	1	1.5	2.5	4	7	11	16	25	39	62	100	160	0.25	0.39	0.62	1.00	1.60	2.5	3.9
>50~80	0.8	1.2	2	3	5	8	13	19	30	46	74	120	190	0.30	0.46	0.74	1.20	1.90	3.0	4.6
>80~120	1	1.5	2.5	4	6	10	15	22	35	54	87	140	220	0.35	0.54	0.87	1.40	2.20	3.5	5.4
>120~180	1.2	2	3.5	5	8	12	18	25	40	63	100	160	250	0.40	0.63	1.00	1.60	2.50	4.0	6.3
>180~250	2	3	4.5	7	10	14	20	29	46	72	115	185	290	0.46	0.72	1.15	1.85	2.90	4.6	7.2
>250~315	2.5	4	6	8	12	16	23	32	52	81	130	210	320	0.52	0.81	1.30	2.10	3.20	5.2	8.1
>315~400	3	5	7	9	13	18	25	36	57	89	140	230	360	0.57	0.89	1.40	2.30	3.60	5.7	8.9
>400~500	4	6	8	10	15	20	27	40	63	97	155	250	400	0.63	0.97	1.55	2.50	4.00	6.3	9.7

附录表 2

轴的基本偏差数值

基本尺寸≤500 mm

基本偏差代号		上偏差 es									js[②]	下偏差 j	
		a[①]	b[②]	c	cd	d	e	ef	f	fg	g	h			
基本尺寸/mm						所有的级							5级与6级	7级	8级
大于	至														
—	3	-270	-140	-60	-34	-20	-14	-10	-6	-4	-2	0	-2	-4	-6
3	6	-270	-140	-70	-46	-30	-20	-14	-10	-6	-4	0	-2	-4	—
6	10	-280	-150	-80	-56	-40	-25	-18	-13	-8	-5	0	-2	-5	—
10	14	-290	-150	-95	—	-50	-32	—	-16	—	-6	0	-3	-6	—
14	18														
18	24	-300	-160	-110	—	-65	-40	—	-20	—	-7	0	-4	-8	—
24	30														
30	40	-310	-170	-120	—	-80	-50	—	-25	—	-9	0	-5	-10	—
40	50	-320	-180	-130											
50	65	-340	-190	-140	—	-100	-60	—	-30	—	-10	0	-7	-12	—
65	80	-360	-200	-150											
80	100	-380	-220	-170	—	-120	-72	—	-36	—	-12	0	-9	-15	—
100	120	-410	-240	-180											
120	140	-460	-260	-200	—	-145	-85	—	-43	—	-14	0	-11	-18	—
140	160	-520	-280	-210											
160	180	-580	-310	-230											
180	200	-660	-340	-240	—	-170	-100	—	-50	—	-15	0	-13	-21	—
200	225	-740	-380	-260											
225	250	-820	-420	-280											
250	280	-920	-480	-300	—	-190	-110	—	-56	—	-17	0	-16	-26	—
280	315	-1 050	-540	-330											
315	355	-1 200	-600	-360	—	-210	-125	—	-62	—	-18	0	-18	-28	—
355	400	-1 350	-680	-400											
400	450	-1 500	-760	-440	—	-230	-135	—	-68	—	-20	0	-20	-32	—
450	500	-1 650	-840	-480											

续表

下偏差 ei																
k		m	n	p	r	s	t	u	v	x	y	z	za	zb	zc
4至7级	≤3级 ≥8								所有的级						

k(4-7)	k(≤3,≥8)	m	n	p	r	s	t	u	v	x	y	z	za	zb	zc
0	0	+2	+4	+6	+10	+14	—	+18	—	+20	—	+26	+32	+40	+60
+1	0	+4	+8	+12	+15	+19	—	+23	—	+28	—	+35	+42	+50	+80
+1	0	+6	+10	+15	+19	+23	—	+28	—	+34	—	+42	+52	+67	+97
+1	0	+7	+12	+18	+23	+28	—	+33	— +39	+40 +45	— —	+50 +60	+64 +77	+90 +108	+130 +150
+2	0	+8	+15	+22	+28	+35	— +41	+41 +48	+47 +55	+54 +64	+63 +75	+73 +88	+98 +118	+136 +160	+188 +218
+2	0	+9	+17	+26	+34	+43	+48 +54	+60 +70	+68 +81	+80 +97	+94 +114	+112 +136	+148 +180	+200 +242	+274 +325
+2	0	+11	+20	+32	+41 +43	+53 +59	+66 +75	+87 +102	+102 +120	+122 +146	+144 +174	+172 +210	+226 +274	+300 +360	+405 +480
+3	0	+13	+23	+37	+51 +54	+71 +79	+91 +104	+124 +144	+146 +172	+178 +210	+214 +254	+258 +310	+335 +400	+445 +525	+585 +690
+3	0	+15	+27	+43	+63 +65 +68	+92 +100 +108	+122 +134 +146	+170 +190 +210	+202 +228 +252	+248 +280 +310	+300 +340 +380	+365 +415 +465	+470 +535 +600	+620 +700 +780	+800 +900 +1 000
+4	0	+17	+31	+50	+77 +80 +84	+122 +130 +140	+166 +180 +196	+236 +258 +284	+284 +310 +340	+350 +385 +425	+425 +470 +520	+520 +575 +640	+670 +740 +820	+880 +960 +1 050	+1 150 +1 250 +1 350
+4	0	+20	+34	+56	+94 +98	+158 +170	+218 +240	+315 +350	+385 +425	+475 +525	+580 +650	+710 +790	+920 +1 000	+1 200 +1 300	+1 500 +1 700
+4	0	+21	+37	+62	+108 +114	+190 +208	+268 +294	+390 +435	+475 +530	+590 +660	+730 +820	+900 +1 000	+1 150 +1 300	+1 500 +1 650	+1 900 +2 100
+5	0	+23	+40	+68	+126 +132	+232 +252	+330 +360	+490 +540	+595 +660	+740 +820	+920 +1 000	+1 100 +1 250	+1 450 +1 600	+1 850 +2 100	+2 400 +2 600

附录表 3

线性尺寸的极限偏差数值

mm

公差等级	尺寸分段			
	0.5~3	>3~6	>6~30	>30~120
精密 f	±0.05	±0.05	±0.1	±0.15
中等 m	±0.1	±0.1	±0.2	±0.3
粗糙 c	±0.2	±0.3	±0.5	±0.8
最粗 v	—	±0.5	±1	±1.5
公差等级	尺寸分段			
	>120~400	>400~1 000	>1 000~2 000	>2 000~4 000
精密 f	±0.2	±0.3	±0.5	—
中等 m	±0.5	±0.8	±1.2	±2
粗糙 c	±1.2	±2	±3	±4
最粗 v	±2.5	±4	±6	±8

附录表 4

倒圆半径与倒角高度尺寸的极限偏差数值

mm

公差等级	尺寸分段			
	0.5~3	>3~6	>6~30	>30
精密 f	±0.2	±0.5	±1	±2
中等 m	±0.2	±0.5	±1	±2
粗糙 c	±0.4	±1	±2	±4
最粗 v	±0.4	±1	±2	±4

附录表 5

一般用圆锥的锥度和锥角

基本值		推算值		
系列一	系列二	圆锥角 α		锥度 C
120°				1:0.288 675
90°				1:0.500 000
	75°			1:0.651 613
60°				1:0.866 025
45°				1:1.207 107
30°				1:1.866 025
1:3		18°55′28.7″	18.924 644°	—
	1:4	14°15′0.1″	14.250 033°	—
1:5		11°25′16.3″	11.421 186°	—
	1:6	9°31′38.2″	9.527 283°	—
	1:7	8°10′16.4″	8.171 234°	—
	1:8	7°9′9.6″	7.152 669°	—
1:10		5°43′29.3″	5.724 810°	—
	1:12	4°46′18.8″	4.771 888°	—
	1:15	3°49′5.9″	3.818 305°	—
1:20		2°51′51.1″	2.864 192°	—
1:30		1°54′34.9″	1.909 682°	—
	1:40	1°25′56.8″	1.432 222°	—
1:50		1°8′45.2″	1.145 877°	—
1:100		0°34′22.6″	0.572 953°	—
1:200		0°17′11.3″	0.286 478°	—
1:500		0°6′52.5″	0.114 591°	—

附录表 6

特殊用途圆锥的锥度和锥角

基本值	推算值		备注
	圆锥角 α	锥度 C	
18°30′	—	—	1:3.070 115	纺织工业
11°54′	—	—	1:4.797 451	
8°40′	—	—	1:6.598 442	
7°40′	—	—	1:7.464 208	
7:24	16°35′39.4″	16.594 290°	1:3.428 571	机床主轴、工具配合
1:9	6°21′34.8″	6.359 660°	—	电池接头
1:16.666	3°26′12.2″	3.436 716°	—	医疗设备
1:12.262	4°40′12.6″	4.669 884°	—	贾各锥度 No.2
1:12.972	4°24′51.1″	40 414 716°	—	No.1
1:15.748	3°38′13.4″	3.637 060°	—	No.33
1:18.779	3°3′1.0″	3.050 200°	—	No.3
1:19.264	2°58′24.8″	2.973 556°	—	No.6
1:20.288	2°49′24.7″	2.823 537°	—	No.0
1:19.002	3°0′52.4″	3.014 543°	—	莫氏锥度 No.5
1:19.180	2°59′11.7″	2.986 582°	—	No.6
1:19.212	2°58′53.8″	2.981 618°	—	No.0
1:19.254	2°58′30.6″	2.975 179°	—	No.4
1:19.922	2°52′31.4″	2.875 406°	—	No.3
1:20.020	2°51′41.0″	2.861 377°	—	No.2
1:20.047	2°51′26.7″	2.857 417°	—	No.1

附录表 7

工具柄自锁外圆锥尺寸及公差

（单位：mm）

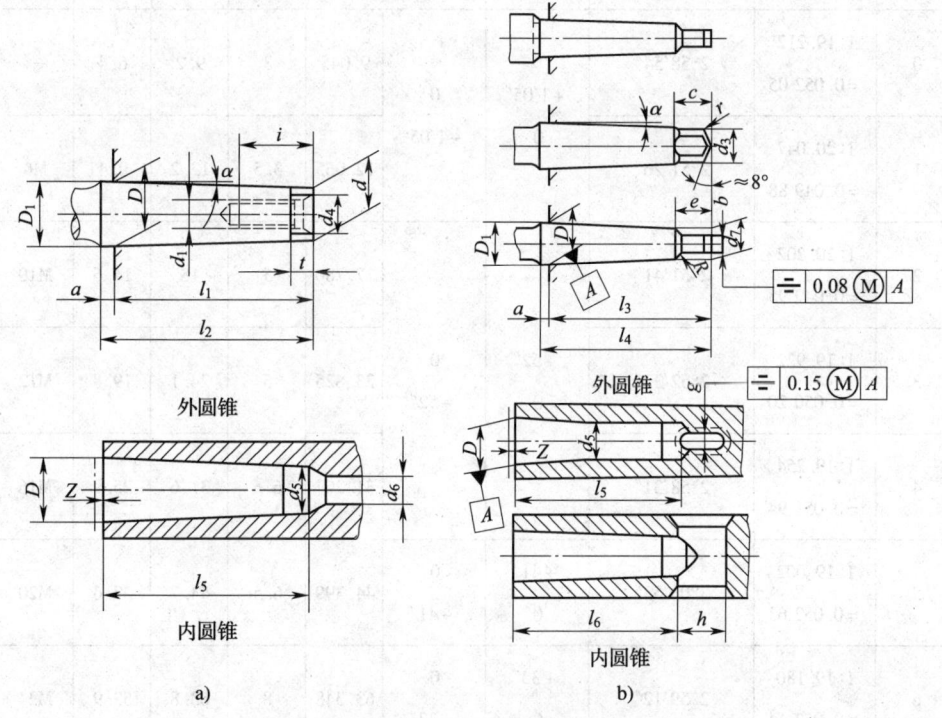

a) 不带扁尾的外圆锥和内圆锥　b) 带扁尾的外圆锥和内圆锥

名称		锥度	圆锥角 α			外圆锥					
			基本尺寸	极限偏差		D 基本尺寸	a 基本尺寸	$D_1 \approx$ 基本尺寸	$d \approx$ 基本尺寸	d_1 基本尺寸	$d_2 \approx$ 基本尺寸
				外圆锥	内圆锥						
米制圆锥	4	1:20=0.05	2°51′51″	+1′43″ 0	0 −1′43″	4	2	4.1	2.9	—	—
	6			+1′22″ 0	0 −1′22″	6	3	6.2	4.4		

续表

名称	锥度	圆锥角 α			外圆锥					
		基本尺寸	极限偏差		D	a	$D_1 \approx$	$d \approx$	d_1	$d_2 \approx$
			外圆锥	内圆锥	基本尺寸	基本尺寸	基本尺寸	基本尺寸	基本尺寸	基本尺寸
莫氏圆锥	0	1:19.212 =0.05205	2°58′54″	+1′05″ 0	0 −1′05″	9.045	3	9.2	6.4	—	6.1
	1	1:20.047 =0.04988	2°51′26″			12.065	3.5	12.2	9.4	M6	9
	2	1:20.202 =0.04995	2°51′41″			17.780	5	18	14.6	M10	14
	3	1:19.922 =0.05020	2°52′32″	+52″ 0	0 −52″	23.825	5	24.1	19.8	M12	19.1
	4	1:19.254 =0.05194	2°58′31″			31.267	6.5	31.6	25.9	M16	25.2
	5	1:19.002 =0.05263	3°00′53″	+41″ 0	0 −41″	44.399	6.5	44.7	37.6	M20	36.5
	6	1:19.180 =0.05214	2°59′12″	+33″ 0	0 −33″	63.348	8	63.8	53.9	M24	52.4
米制圆锥	80	1:20=0.05	2°51′52″	+33″ 0	0 −33″	80	8	80.4	70.2	M30	69
	100					100	10	100.5	88.4	M36	87
	120					120	12	120.6	106.6	M36	105
	160			+26″ 0	0 −26″	160	16	160.8	143	M48	141
	200					200	20	201	179.4	M48	177

续表

名称		外圆锥											
		d_{3max}	d_{4max}	l_{1max}	l_{2max}	l_{3max}	l_{4max}	b		e_{max} c_{max}	i_{min}	R_{max}	r	t_{max}
								基本尺寸	极限偏差				基本尺寸	
米制圆锥	4	4	—	2.5	23	25	—	—	—	—	—	—	—	2
	6	6	—	4	32	35	—	—	—	—	—	—	—	3
莫氏圆锥	0	6	6	50	53	56.5	59.5	3.9	0 −0.18	10.5	—	4	1	4
	1	8.7	9	53.5	57	62	65.5	5.2		13.5	16	5	1.2	5
	2	13.5	14	64	69	75	80	6.3	0 −0.22	16	24	6	1.6	5
	3	18.5	19	81	86	94	99	7.9		20	28	7	2	7
	4	24.5	25	102.5	109	117.5	124	11.9	0 −0.27	24	32	8	2.5	9
	5	35.7	35.7	129.5	136	149.5	156	15.9		29	40	10	3	10
	6	51	51	182	190	210	218	19	0 −0.33	40	50	13	4	16
米制圆锥	80	67	67	196	204	220	228	26		48	65	24	5	24
	100	85	85	232	242	260	270	32		58	80	30	5	30
	120	102	102	268	280	300	312	38	0 −0.39	68	80	36	6	36
	160	138	138	340	356	380	396	50		88	100	48	8	48
	200	174	174	412	432	460	480	62	0 −0.46	108	100	60	10	60

附录表 8

工具柄自锁内圆锥尺寸及公差

mm

名称		内圆锥								
		d_5		d_6	l_{5min}	l_6	g		h	Z
		基本尺寸	极限偏差	基本尺寸		基本尺寸	基本尺寸	极限偏差	基本尺寸	基本尺寸
米制圆锥	4	3	+0.060 0	—	25	21	2.2	+0.41 +0.27	8	0.5
	6	4.6	+0.0750 0	—	34	29	3.2		12	0.5
莫氏圆锥	0	6.7	+0.090 0	—	52	49	3.9	+0.45 +0.27	15	1
	1	9.7		7	56	52	5.2		19	1
	2	14.9	+0.110 0	11.5	67	62	6.3	+0.50 +0.28	22	1
	3	20.2	+0.130 0	14	84	78	7.9		27	1
	4	26.5		18	107	98	11.9	+0.56 +0.29	32	1.5
	5	38.2	+0.160 0	23	135	125	15.9		38	1.5
	6	54.6	+0.190 0	27	188	177	19	+0.63 +0.30	47	2
米制圆锥	80	71.5		33	202	186	26		52	2
	100	90	+0.220 0	39	240	220	32	+0.70 +0.31	60	2
	120	108.5		39	276	254	38		70	2
	160	145.5	+0.250 0	52	350	321	50	+0.71 +0.32	90	3
	200	182.5	+0.290 0	52	424	388	62	+0.80 +0.34	110	3

附录表 9

普通螺纹钻底孔用钻头直径尺寸

mm

计算公式：

$p < 1$ mm 时，$D_0 = d - p$

$p > 1$ mm 时，$D_0 = d - (1 \sim 1.1) p$

式中　p——螺距，mm；

　　　D_0——攻螺纹前钻头直径，mm；

　　　d——螺纹公称直径，mm。

公称直径 d	螺纹 p		钻头直径 D_0	公称直径 d	螺纹 p		钻头直径 D_0	公称直径 d	螺纹 p		钻头直径 D_0
1	粗	0.25	0.75	12	粗	1.75	10.2	30	粗	3.5	26.3
	细	0.2	0.8		细	1.5	10.5		细	3	26.9
						1.25	10.7			2	27.9
						1	11			1.5	28.5
										1	29
2	粗	0.4	1.6	14	粗	2	11.9	33	粗	3.5	29.3
	细	0.25	1.75		细	1.5	12.5		细	3	29.9
						1.25	12.7			2	30.9
						1	13			1.5	31.5
3	粗	0.5	2.5	16	粗	2	13.9*	36	粗	4	31.8
	细	0.35	2.65		细	1.5	14.5		细	3	32.9
						1	15			2	33.9
										1.5	34.5
4	粗	0.7	3.3	18	粗	2.5	15.4	39	粗	4	34.8
	细	0.5	3.5		细	2	15.9		细	3	35.9
						1.5	16.5			2	36.9
						1	17			1.5	37.5
5	粗	0.8	4.2	20	粗	2.5	17.4	42	粗	4.5	37.3
	细	0.5	4.5		细	2	17.9		细	4	37.8
						1.5	18.5			3	38.9
						1	19			2	39.9
										1.5	40.5

续表

公称直径 d	螺纹 p		钻头直径 D_0	公称直径 d	螺纹 p		钻头直径 D_0	公称直径 d	螺纹 p		钻头直径 D_0
6	粗	1	5	22	粗	2.5	19.4	45	粗	4.5	40.3
	细	0.75	5.2		细	2	19.9		细	4	40.8
						1.5	20.5			3	41.9
						1	21			2	42.9
										1.5	43.5
8	粗	1.25	6.7	24	粗	3	20.9	48	粗	5	42.7
	细	1	7		细	2	21.9		细	4	43.8
		0.75	7.2			1.5	22.5			3	44.9
						1	23			2	45.9
										1.5	46.9
10	粗	1.5	8.5	27	粗	3	23.9	52	粗	5	46.7
	细	1.25	8.7		细	2	24.9		细	4	47.8
		1	9			1.5	25.5			3	48.9
		0.75	9.2			1	26			2	49.9
										1.5	50.5

附录表 10

粗牙普通螺纹套丝时工件圆杆直径的确定

mm

工件圆杆直径可按下式计算

$D = d - 0.13p$

式中　D——工件圆杆直径，mm；

　　　d——螺纹公称直径，mm；

　　　p——螺距，mm。

查表如下：套螺纹前圆杆直径尺寸

螺纹直径 d	螺距 p	圆杆直径 D		螺纹直径 d	螺距 p	圆杆直径 D		螺纹直径 d	螺距 p	圆杆直径 D	
		最小直径	最大直径			最小直径	最大直径			最小直径	最大直径
M6	1	5.8	5.9	M20	2.5	19.7	19.85	M48	5	47.5	47.7
M8	1.25	7.8	7.9	M22	2.5	21.7	21.85	M52	5	51.5	51.7
M10	1.5	9.75	9.85	M24	3	23.65	23.8	M60	5.5	59.45	59.7
M12	1.75	11.75	11.9	M27	3	26.65	26.8	M64	6	63.4	63.7
M14	2	13.7	13.85	M30	3.5	29.6	29.8	M68	6	67.4	67.7
M16	2	15.7	15.85	M36	4	35.6	35.8				
M18	2.5	17.7	17.85	M42	4.5	41.55	41.75				

附录表 11

英寸制螺纹钻底孔用钻头直径尺寸

mm

计算公式：

螺纹公称直径　　　　铸铁与青铜　　　　铜与黄铜

3/16in ~ 5/8in　$D_0 = 25\left(d - \dfrac{1}{n}\right)$　　$D_0 = 25\left(d - \dfrac{1}{n}\right) + 0.1$

3/4in ~ $1\dfrac{1}{2}$in　$D_0 = 25\left(d - \dfrac{1}{n}\right)$　　$D_0 = 25\left(d - \dfrac{1}{n}\right) + 0.2$

式中　n——每英寸牙数；

　　　D_0——攻螺纹前钻头直径，mm；

　　　d——螺纹公称直径，in。

螺纹公称直径/in	每英寸牙数	钻头直径/mm		螺纹公称直径/in	每英寸牙数	钻头直径/mm	
		铸铁、青铜	铜、黄铜			铸铁、青铜	铜、黄铜
3/16	24	3.7	3.7	7/8	9	19.1	19.3
1/4	20	5.0	5.1	1	8	21.9	22
5/16	18	6.4	6.5	$1\dfrac{1}{8}$	7	24.6	24.7
3/8	16	7.8	7.9	$1\dfrac{1}{4}$	7	27.8	27.9
7/16	14	9.1	9.3	$1\dfrac{1}{2}$	6	33.4	33.5
1/2	12	10.4	10.5	$1\dfrac{5}{8}$	5	35.7	35.8
9/16	12	12	12.1	$1\dfrac{3}{4}$	5	38.9	39
5/8	11	13.3	13.5	$1\dfrac{7}{8}$	$4\dfrac{1}{2}$	41.4	41.5
3/4	10	16.3	16.4	2	$4\dfrac{1}{2}$	44.6	44.7